日本酒学講義

新潟大学日本酒学センター［編］

What is Sakeology?

ミネルヴァ書房

はじめに

二〇一八年、日本酒で有名な新潟の地にある新潟大学で、世界初・新潟発となる「日本酒学」という新しい学問を確立する取り組みがスタートしました。新潟県の日本酒酒蔵数は八八蔵あり、全国でもっとも多く、その全てが新潟県酒造組合に加盟しています。さらに、新潟県は日本酒を専門に研究する公設研究機関である新潟県醸造試験場を有しており、新潟の日本酒の酒質向上に大きく貢献してきました。新潟は日本を代表する日本酒の銘醸地の一つであると言えます。

「日本酒学」の取り組みは、新潟県、新潟県酒造組合、新潟大学の三者で二〇一七年に「日本酒学」に係る連携協定を締結し、二〇一八年の新潟大学日本酒学センターの設立と新潟大学の全学生を対象としたいわゆる教養科目に相当する「日本酒学」の講義開講により本格的に始動しました。従来、日本酒に関連した学問分野は、醸造学や発酵学など、主に日本酒の生産に関連する分野であるとのイメージがあると思います。しかし、「日本酒学」は、広範な学問を網羅する「対象限定・領域横断型」で、日本文化や伝統に根差した日本酒に対象を絞った学問領域です。このことから、一〇学部からなる総合大学である新潟大学で「日本酒学」がはじまったことは重要な点になります。

「日本酒学」の講義を構成するにあたっては、三者連携の下で産官学それぞれの意見を出し合いながら幾度も検討を重ねました。その結果、座学である「日本酒学A」、二〇際以上の学生に対してきき酒実習や酒蔵見学などを取り入れた「日本酒学B」の構成とすることになりました。この検討により「日本酒学」の基本となる講義内容を固めることができ、それに基づき新潟大学の教員による講義のみならず、各専門分野の一流の講師による講義の構成にすることができました。初年度の「日本酒学A」にどれほどの学生が聴講を希望してくれるか、全くわからない状況でしたが、その心配は必要ありませんでした。現在では新潟大学の学生に広く認知された人気の講義となっています。さらに、二〇二一年からは日本酒学センター若手教員による「日本酒学C」も開講いたしました。

本書は「日本酒学」講義を受講する学生、地方自治体や新潟大学の公開講座として開催される「日本酒学」の講座を受講する方々には教科書や副読本として、また、各大学で始まっている「日本酒学」講義の副読本としてもご活用いただければと存じます。そして、「日本酒学」に興味を持っていただいた皆様方に、「日本酒学」講義を本書を通じて追体験していただき、新たな日本酒の魅力を発見していただくことを期待しております。

二〇二二年一月

新潟大学日本酒学センター・センター長　鈴木一史

日本酒学講義

目次

はじめに

序章　日本酒学への招待

鈴木一史・岸　保行

二〇一八年、新潟大学で、世界初・新潟発となる「日本酒学」という新しい学問を確立する取り組みがスタートしました。日本酒学は、日本酒を対象として、日本酒に関する原料・製造から、流通・販売を通して消費者に届くまで、さらには日本酒に関する歴史・文化・健康に関することまでを網羅した体系的な総合科学としての学問で、それらは、農学、工学、理学、経済学、経営学、人文学、社会学、法学、教育学、医学、歯学、薬学、保健学など、幅広い学問分野を網羅しています。

新潟といえば、コシヒカリに代表される高品質の米、淡麗辛口の日本酒、冬季の豪雪、さらには季節ごとの旬の食材、海の幸、山の幸に恵まれた新潟の郷土料理などがよく知られていますが、皆さんが思い浮かべる新潟の特徴は、実はすべて日本酒に関係している事柄です。この新潟の地で日本酒に対象を限定し、そこから広く領域横断的に学ぶ学問として始まった日本酒学とはどのようなものなのか、本章では日本酒学のコンセプトや設立の経緯について述べたいと思います。

1　日本酒学とは何か？

「日本酒学」と聞いてどのようなイメージをもちますか。「日本酒学」とは読んで字のごとく日本酒に対象を絞った一つの学問分野です。従来の学問は、農学や工学、経済学や社会学といったように、学問分野を特定して、そこから自然現象や社会現象にアプローチする形がとられてきました。それとは異なり、日本酒学では、日本酒に対象を限定して、それぞれの学問分野から日本酒に科学的にアプローチしていき、体系的な総合科学としての「日本酒学」という学問を創り上げる試みになります。様々な学問分野が相互に連携しながら日本酒を対象にした研究をおこなっていくことで、日本酒を領域横断的に研究し、日本酒学に特化した理論構築を目指していきます。そうすることで、新たな学問としての日本酒学を構築していきたいと考えています。本書は、その第一歩となる日本酒学のテキストです。日本酒学を世界へと発信していくために、英語の名称をSakeologyと名付けました。海外では日本酒は一般的にSakeと呼ばれていますので、Sakeに学問を表す接尾語〝ology〟をつけてSakeologyです。

ではなぜ、日本酒に対象を限定するのでしょうか。その理由は、日本酒が置かれている状況や日本酒の特徴から説明することができます。日本酒は、米を原料とする醸造酒です。その歴史は古く、日本の国酒として位置づけられてきました。醸造酒と言っても単なる醸造酒ではなく、「並行複発酵」と呼ばれる糖化と発酵が同時に起こる、非常に複雑な過程の中で生み出される醸造酒なのです。そのため、日本酒の造りのメカニズムに関しては、自然科学の領域で微生物学を基礎に、醸造学や発酵学として長らく研究がおこなわれてきました。

他方で日本酒の国内市場は、一九七三年をピークに縮小しています（国税庁課税部酒税課「令和三年三月　酒のしおり」）。生活習慣の変化や伝統的な儀式の西洋化・簡素化、アルコール飲料の多様化など様々な要因が考えられます。国内市場の縮小とともに、日本酒の酒蔵の数も減少してきました。その一方で、海外市場は少しずつ拡大しており、今日では、海外の日本人ビジネスパーソンや海外在住の日本人向けの消費のみならず現地人による消費へと拡大しています。そのため、今後は海外市場の更なる広がりが期待され、日本酒学は、国内外での日本酒の今後の可能性や新たな展開についての問題解決型の学びを提供する絶好の題材となります。日本酒を対象とする学問を創り上げることで、単なる知識吸収型の座学の学びに閉じない、問題解決型の学びを提供する新しい学問分野を構築することが可能になるのです。

日本酒は米に価値が付けられることで製品となります。そういった意味で、日本酒には様々な世界観が重層的に重なり合っています。米から造られるお酒であるという意味では、農業的な世界観を有しています。それと同時に、杜氏と呼ばれる製造責任者が、並行複発酵という複雑な醸造過程において微生物をコントロールし、糖化や発酵を上手におこないながら高品質な日本酒を造り上げていく。そういった意味では工業的な世界観を有しています。また、日本酒は、そもそも日本の文化や歴史・伝統に埋め込まれてきた製品であるため、文化・歴史的な世界観も有しています。日本酒はこれらの重層的な世界観を有しているため、物語性や地域性、さらには製品情報などが語られながら消費されるという特徴をもっています。このように、日本酒は単に農産物というわけでもなく、工業製品でもない、歴史・文化・伝統と合わさった日本の生活習慣に根差してきた文化的な製品と考えることができます。そのため、自然科学と人文社会科学の双方からの体系的なアプローチが重要となってくるのです。

また、なぜ日本酒学が新潟の地でスタートしたのかその理由を述べたいと思います。日本酒学誕生の背景に少し触れておきたいと思います。日本酒は日本各地のそれぞれの土地で造られており、その土地の食や文化とともに育まれてきました。日本酒の生産量で言えば、兵庫県が一位、京都府が二位で、新潟県は三位ですが（国税庁課税部鑑定企画官「清酒の製造状況等について　令和元酒造年度分」）、新潟県の日本酒酒蔵数は二〇二一年の時点で八八蔵あり（新潟県酒造組合ウェブサイト）、全国でもっとも多くなっています。さらに、新潟県は日本酒を専門に研究する公設研究機関である新潟県醸造試験場を有しており、新潟の日本酒の酒質向上と「淡麗辛口」ブームの誕生に大きく貢献してきました。この点から新潟は日本を代表する日本酒の銘醸地であると言えるでしょう。八八蔵という日本国内で最も多くの日本酒酒蔵が集積しており、新潟県醸造試験場を有する新潟の地で、日本酒学の取り組みがスタートしたのは、必然の結果だったのかもしれません。

日本酒学の取り組みは大学だけでできるものではなく、新潟の酒蔵の協力が必要不可欠です。そこで、新潟県の八八蔵すべてが加入している新潟県酒造組合、さらには新潟県に協力を求めました。その結果、新潟県、新潟県酒造組合、新潟大学の三者で二〇一七年に「日本酒学」に係る連携協定を締結し、産官学の強固な連携体制が確立されました。

日本酒学をスタートさせた新潟大学にはどのような特徴があるでしょうか。新潟大学は、主に、医学部、歯学部、脳研究所、附属病院などがある新潟市中心部の旭町キャンパスと、本部、その他の理系、文系の学部、大学院、附属図書館などがある五十嵐キャンパスの二つのキャンパスから構成されます。一八七〇年に前身となる学校町・共立病院の設置から始まり、一九四九年に新潟大学が設置されました。新潟大学は一〇の学部（人文、教育、法、経済科学、理、医、歯、工、農、創生）からなり、学生数は一万二〇〇〇人以上と国立大学の中では規模の大きな総合大学です。このように、一〇学部からなる総合大学であることが、新潟大学で領域横断型の体系的な日本酒学がはじまった背景としては重要な点です（図序・1）。

日本酒学の取り組みのきっかけは二〇一六年でした。大学において日本酒の研究といえば、当然ながら醸造学や発酵学、微生物学などの日本酒に関連した学問を学ぶ農学部が中心となってきます。新潟大学農学部では新潟県醸造試験場と共同研究をしている教員もいましたが、その活動をさらに発展させていくために、当時の農学部長をはじめ、関連する教員が新潟県醸造試験場との連携を強化して、活動を

図序.1　新潟大学一〇学部から日本酒学にアプローチするイメージ

出典：新潟大学日本酒学センター。

可視化していこうという動きがあり、新潟県醸造試験場との協議を進めていました。同時期に、経済学部（現在の経済科学部）の教員から日本酒の体系的な総合科学としての学問を構築して世界に発信することはできないかという提案がありました。その提案を受けて、有志の教員が集まり、日本酒の造りの領域に流通・販売、消費の研究分野を合わせ込み、日本酒全体を俯瞰するような体系的な学問を作っていくための議論がはじまりました。これをきっかけに、「日本酒学」の講義を立ち上げ、さらには日本酒を対象として、様々な分野が連携した領域横断型の研究を立ち上げていくことになりました。では、次に学問としての日本酒学についてもう少し説明しましょう。

2 「学問」としての日本酒学

日本酒を大学で学ぶ場合、まず思い浮かべるのが農学系の醸造学が学べる大学です。日本酒は微生物の力「アルコール発酵」によってできるため、それを学ぶ学問といえば、醸造学です。なお、醸造学よりも大きなカテゴリーとして、微生物を応用する学問である応用微生物学があり、その上位のカテゴリーとしては農芸化学、その上に農学という構成になっています。醸造学では日本酒のみならず、ビール、ワイン、焼酎などのアルコール飲料に加えて、味噌、醤油、食酢、さらにはチーズやヨーグルトなどの微生物の力を利用した食品とその製造の基礎などを広く学びますが、新潟大学が展開している日本酒学はさらに広く、日本酒に関わる全ての領域を含んだものです。

既に述べた通り、従来、日本酒に関連した学問分野は、醸造学や発酵学など、主に日本酒の生産に関連する分野であり、日本酒学と聞くとこの学問分野を思い浮かべる方が多いと思います。しかし、日本酒は造りの分野のみで完結するわけではありません。酒蔵が丹精を込めて造った日本酒は販売され、そして消費者に美味しく・楽しく消費され、満足してもらうことではじめて完成したと言えるのです。従来までの日本酒の造りにのみ特化した分野を仮に「狭義の日本酒学」と呼ぶとすれば、新潟大学での取り組みは、造りの分野に閉じない、気候や風土などの地域性、酒米の栽培や醸造された製品の流通・販売、また消費現場でのうん蓄の源泉となる歴史や文化、医学や保健学などの多様な領域が内包された

「広義の日本酒学」を射程していることになります。

日本酒の造りは、米である原料に付加価値を付けていくプロセスとして考えることができます。そして、その付加価値は造りの分野のみで生み出さるわけではなく、酒米の栽培や流通・販売・消費の各領域でも生み出されています。消費者の手元に製品が届くまでのすべての価値の連鎖をバリューチェーンと呼びます。それは、酒米の生産から醸造・発酵、そして完成した製品が流通・販売され、最終的に消費者に消費されるまでの一連の価値の連鎖のことで、日本酒学ではこれらのバリューチェーン全体を対象としています。

また、日本酒は、他の様々な製品や現象との組み合わせで価値を増す製品であると考えられます。食とのペアリングはもちろんのこと、酒器や食器との組合せや、どのような場所や状況で飲むかと言ったコトとの組み合わせで価値が増すために、学問としても日本酒に対象を限定していながらも、その拡張性は非常に高く、様々な分野からアプローチすることが可能であり、分野をまたいだ領域横断的な研究をおこなうことができます。そういった意味からも、新潟大学で新たにスタートした日本酒学の取り組みは、多様な領域を内包した総合科学としての日本酒学の確立に向けた挑戦ということになります。

このような日本初・新潟発の日本酒学を創り上げるために、ワイン学（Oenology）を参考にしました。ワインの世界では、ワイン学と呼ばれる学問分野が既に確立されています。ワイン学はワインの醸造学を核として、ブドウの栽培・収穫やワインの流通・販売などの経済・経営やツーリズム、地球温暖化の影響まで、幅広い領域に関連しています。国際的なワイン研究を行っている大学や研究機関のネットワークであるエノビティー・インターナショナル（Oenoviti international）では、まさにそれらのテーマが議論されています。

それでは、日本酒学で展開される研究とはどのような研究になるでしょうか。例えば、日本酒の製造には水が必要です。その水の科学的性質の分析や地質と水との関係性の分析、さらにはその地域の水と関係する気象条件の研究、水源をいかにして守るかについての研究など、日本酒醸造にとって重要となる水に関する研究だけでも様々な研究テーマを挙げることができます。酒米も同様に稲作、田んぼ、品種改良、環境、気象条件、精米など、これも様々な研究対象が考えられます。もちろん醸造・発酵・微生物関係の研究についても同様のことが言えます。さらに、今後は製造方法への新たな技術の導入や機器の改良、新しい製造方法の開発も新たな研究課題として出てくるかもしれません。

また、フランスワインの世界では独特の流通システムが構築され、日本での日本酒の流通とは異なるシステムになっています。ワインがなぜこれだけ世界中に広まったのかを考えてみると、ネゴシアンやクルティエといった中間業者の役割が大きかったことが指摘でき、マーケティングや流通・販売が重要であったことが見て取れます。日本酒が今後これまで以上に世界で普及していくことを考えれば、日本酒の流通・販売、マーケティングも、重要な研究領域と言えるかもしれません。

さらに、日本酒は単なるアルコール飲料ではなく、日本文化、和食との関連など、文化的な側面と関連が深く、また、各地方の日本酒はそれぞれが異なる物語性（ストーリー）をもっています。ワインの世界ではテロワール（フランス語の土地を意味する言葉）という考え方があり、その土地や場所での生産に重きが置かれていますが、日本酒が今後、世界で飲まれるようになるためには日本酒のもつ独自の文化や歴史を背景とした物語性が必要になってきます。そのような観点から考えれば、日本の伝統行事や儀式に不可欠な日本酒を掘り下げて研究することは、日本文化や歴史の理解にもつながるため、重要です。

また、近年ではアルコールの健康に与える影響も問題となっています。日本酒を楽しむためにもそのようなマイナスの要因を研究する必要があります。他方で、ワインにおけるポリフェノールの効果のように、発酵産物である日本酒の中にある有用な物質や酒粕に含まれる機能性物質の研究なども重要ですし、日本酒製造で出てくる副産物の有効利用も重要な研究課題となります。

このように日本酒学では、日本酒に対象を限定することで、自然科学と人文社会科学の幅広い知識を関連性をつけながら得ることが可能になります。近年、特定の狭い専門分野に特化した教育の問題点が指摘され、広い視野を兼ね備え、社会を変革していくイノベーション人材の必要性が求められるようになり、領域横断型の教育が注目されています。日本酒学は、日本酒を対象として幅広い学問分野からアプローチするコンセプトをもっており、まさに対象限定・領域横断型の新しい学問と言うことができるのです。

3　日本酒学の意義と可能性

新潟県・新潟県酒造組合・新潟大学の三者の連携協定によりはじまった「日本酒学」の取り組みは、それぞれの立場で意義のあるものになります。

たとえば、日本酒学の発展により、日本文化の理解や再認識が図られることで、これらが大学での研究対象となるだけでなく、教育にも利用でき、その成果は日本酒の海外展開や海外からの観光客の取り込みにも活用できます。若者のアルコール離れが進む中で、大学で日本酒学の講義を受講した学生が、日本酒を正しく理解した上で楽しみ、そして日本酒の伝道師になることが期待されます。大学は日本酒の伝道師の育成に貢献し、彼らが日本酒業界の発展に貢献してくれることが期待できます。アルコール飲料は正しく飲まないと酩酊することで人に迷惑をかけたり、また、健康にも影響が出たりします。一気飲みも問題となっています。日本酒学の講義では、お酒の嗜み方の教育も行うことで、特にこれからお酒を飲む年齢となる若者への啓蒙活動をおこない、社会にもアルコールの適正飲酒の情報を発信します。

この他にも特に大学にとって重要な意義をいくつか挙げることができます。まずは日本酒学を学問として確立させることにあります。体系的な学問を創り上げていく第一歩として、日本酒学の基盤となる講義の構成を考え、それを日本酒学Aとして二〇一八年から開講しています。これは現段階で大学一年生、二年生が対象の中心となるいわゆる教養科目としての日本酒学講義です。前述の通り、近年では社会の課題解決に取り組む場合、複数の専門領域の理解がないとその解決が困難ということから、学問分野を横断して幅広く学べる学際的な学部が注目され、各地の大学でそういった学部が設立されています。日本酒学はまさに学際的な学問であり、新潟大学での、学部レベルの教育や大学院レベルの学際的な教育に貢献できると考えています。

また、日本酒学の研究も進めています。日本における酒類の研究機関としては独立行政法人酒類総合研究所をはじめ、新潟県には新潟県醸造試験場が、また、全国には公設試験場の中に酒類を研究する部門が設置されているところが多数存在しています。日本の大学機関では、山梨大学のワイン科学研究センター、鹿児島大学農学部の焼酎・発酵学教育研究センターが設置されています。

当初、新潟大学日本酒学センターは、研究推進機構附置コア・ステーションとして、二〇一八年四月に設置されました。日本酒学の構想が動き出してから二年も経たないうちに設立されました。二〇二〇年一月には日本酒学センターが全学共同教育研究組織に格上げされ、一〇名の専任教員に加えて新潟大学の全一〇学部から約五〇名の教員が協力教員として参加する形となり、現在のセンターに拡大してきました。日本酒学センターは、三者連携の協定に基づき、日本酒学に関わる教育、研究、情報発信、国際交流の四本柱で活動を行っています。

日本酒学センターは三つの研究ユニットから構成されています。醸造、酒米などを研究する「醸造ユニット」、経済・社会や歴史・文化の領域からアプローチする「社会・文化ユニット」、そして、医学や保健学の領域から日本酒を研究する「健康ユニット」、これらのユニットに加えて様々な分野の協力教員が加わり、相互に連携していくことで、日本酒に関する領域横断型の研究を深めていく計画です。このように、大学にとっては研究教育の両面から日本酒学という新しい学問にチャレンジし、新潟大学が日本酒学の世界的な研究教育拠点になることを目指しています。

日本酒学の取り組みは新潟だけのものではありません。新潟大学では日本酒学の講義を二〇一八年四月から始めましたが、その半年後には神戸大学で日本酒学入門の講義が始まりました。日本各地に地域に根ざした素晴らしい酒蔵がありますので、全国の大学で日本酒学の取り組みが始まることを期待しています。

4　本書の構成

本書の内容は、新潟大学で全学の学生を対象として実施されている一般教養科目「日本酒学A－1」、「日本酒学A－2」の講義内容を収録しています。全一〇学部の一年生から四年生までの全学生が対象となり、講義を聴講することができます。講義を設計した当初は、定員を二〇〇名としました。講義室の定員は約四〇〇名であり、計画の段階ではこれが満席になるとは予想していませんでした。講義の聴講申し込みはインターネットによる大学のシステムを通じて行われますが、講義日が迫るにつれて急激に申し込み数が伸び、最終的には八二〇名を超える聴講希望者となりました。その結果、初回の講義では講義室に入れない学生も出てきて、廊下にも大行列ができてしまいました。そこで、急遽定員を一〇〇名増やして三〇〇名としてスタートしました。教養科目は一年生、二年生が多く聴講することになりますが、彼らの多くは二〇歳未満です。お酒は飲めない年齢ですが、日本酒学に非常に高い興味・関心を持っていたことを改めて実感しました。

日本酒学の講義は、Ａ－１、Ａ－２、Ｂの三つに分かれていて、Ａ－１、Ａ－２は座学、Ｂは実践的なことを行う集中講義として開講しています。なお、日本酒学Ａ－１は日本酒学の基礎、日本酒学Ａ－２はより発展的な内容となっています。日本酒学Ａ－１、Ａ－２を学んで期末試験をクリアして単位を取得した学生は日本酒学Ｂを受講する資格があります。日本酒学Ｂは新潟県醸造試験場において、きき酒等を学びます。さらには酒蔵にも行き、酒蔵内の見学をして造りの説明を受けます。また、新潟県酒造組合から日本酒からの地域活性化についての講義とディスカッション、日本酒と料理とのペアリングの実践、日本酒を嗜む際のマナーについて学ぶといった実践的な内容となっています。これら日本酒学Ａ、Ｂの内容を検討するにあたっては、新潟大学の教員だけでなく、新潟県酒造組合、新潟県醸造試験場の方々と幾度にもわたる打ち合わせを行いました。その結果、各講義は厳選された内容となり、新潟大学の教員のみならず、その分野のエキスパートが集結した講義となりました。

本書は、二〇一八年の初回となる日本酒学Ａ－１、Ａ－２の講義を基に構成されています。この講義の構成は二〇一八年以降の講義にも受け継がれている基本構成です。

以下、本書の内容を簡単に紹介します。本書は、五部構成です。第Ⅰ部は「日本酒の基礎」として、日本酒の概論（第一章）と歴史（第二章）の解説がまとめられています。第Ⅱ部では「日本酒と地域」と題して、日本酒の地域性と新潟清酒の特徴（第三章）や日本酒の地域性と多様性（第四章）が解説され、さらには新潟清酒業界のこれまでの取り組み（第五章）が紹介されています。第Ⅲ部は、「日本酒と科学」と題して、料理との食べ合わせの科学（第六章）、日本酒と健康（第七章）やアルコールと脳との関係性（第八章）について解説されています。第Ⅳ部は「日本酒と社会」と題して、日本酒酒蔵の企業行動（第九章）やグローバル展開（第一〇章）さらには酒税（第一一章）の解説がまとめられています。第Ⅴ部は「日本酒と文化」と題して、日本酒のマナー（第一二章）や日本酒の世界への伝え方（第一三章）、さらには日本酒と料亭・花街文化（第一四章）の解説がおこなわれています。各部の最後には、それぞれの部の内容に沿ったコラムが入っており、最新の日本酒の研究成果がコンパクトにまとめられています。全体の構成は、基礎から応用へと展開していますが、必ずしも最初の章から順番に読み進めていく必要はありません。読者の興味関心のある章を入り口に様々な視点から日本酒の奥深さを知っていただければと思います。本書を読み終えるころには、日本酒学の奥深さと日本酒への新たな眼差しを獲得していることでしょう。

世界初・新潟大学発でスタートした日本酒学の取り組みを、本書を通じて読者の方に追体験していただき、日本酒の魅力を再認識・再発見していただくことを期待しています。そして、本書の読者が、日本酒学（Sakeology）という新しい学問の発展のための応援団となっていただくことを心からお願いする次第です。

引用・参考文献

国税庁課税部鑑定企画官「清酒の製造状況等について　令和元酒造年度分」（二〇二二年二月三日最終閲覧、https://www.nta.go.jp/taxes/sake/shiori-gaikyo/seizojokyo/2019/pdf/001.pdf）。
国税庁課税部酒税課「令和三年三月　酒のしおり」（二〇二二年二月三日最終閲覧、https://www.nta.go.jp/taxes/sake/shiori-gaikyo/shiori/2021/index.htm）。
新潟県酒造組合ウェブサイト（二〇二二年二月三日最終閲覧、https://www.niigata-sake.or.jp/）。

新潟清酒達人検定協会監修『改訂第二版　新潟清酒ものしりブック　新潟清酒達人検定公式テキストブック』新潟日報事業者、二〇一八年。

エノビティー・インターナショナル（Oenoviti international）ウェブサイト（二〇二二年二月三日最終閲覧、https://www.oenoviti.com/）。

コラム1

清酒酵母とその周辺

西田郁久

日本酒に関わる乳酸菌

乳酸菌は乳酸を生産する細菌の総称で、三〇〇以上の種類がいます。そのうちのいくつかは発酵食品の製造に用いられ、ヒトの腸内細菌として働くものもいます。ここでは日本酒と乳酸菌、そして酵母がどのように関わっているか見てみましょう。

伝統的な生酛《きもと》造りでは、*Lactobacillus sakei*, *Leuconostoc mesenteroides* といった生酛乳酸菌の乳酸発酵環境で清酒酵母を生育させ、雑菌汚染を抑えています。生酛乳酸菌特有の香味成分や機能性成分は、生酛造りの日本酒や酒粕の付加価値を高めます。最近の研究では、この生酛乳酸菌と清酒酵母による直接的な相互作用が明らかとなってきました。清酒酵母はブドウ糖を効率よく分解し、高濃度のエタノールを生産します。しかし、いくつかの生酛乳酸菌は、ブドウ糖以外の、清酒酵母が苦手とする糖の利用を働きかけ、エタノールの生産を抑える働きを持ちます。ここで生酛乳酸菌は、凝集作用をもつプリオン様タンパク質［GAR^+］を清酒酵母で発生させ、清酒酵母の糖の好みに影響を及ぼすと予想されています。また、生酛乳酸菌と酵母の種類の組み合わせパターンにより、［GAR^+］のできやすさや、酵母によるエタノール生産の抑制度合いには差があります（Watanabe et al. 2018）。醪《もろみ》中での乳酸菌と酵母がどのように会話しているのか、研究の進展が期待されます。

一方、生酛乳酸菌以外の乳酸菌やその他の雑菌が、米麹、醸造用品、醪、仕込み水などに混入すると、しばしば白濁を伴う腐造や風味の低下などの異常発酵を引き起こします。特に、火落菌や腐造性乳酸菌と呼ばれる乳酸菌類は、日本酒の病原菌として忌み嫌われ、古くから醸造家や酒問屋、酒販店を悩ませてきました。火入れの徹底により瓶詰後の火落菌の発生は抑えられますが、管理が悪い低アルコール酒や生酒では火落菌が発生しやすいといえます。一般的に火落菌は、エタノールや酸に強いことで知られ、ブドウ糖から乳酸のみ生産するものをホモ火落菌、炭酸ガス発生を伴うものをヘテロ火落菌といいます。ホモ・ヘテロそれぞれの火落菌において、メバロン酸（火落酸とも呼ばれ麹菌がよく生産する物質）を生育に必要とするものを真正火落菌、必要としないものを火落性乳酸菌とそれぞれ呼びます。一方、風味を大きくは損なわずに日本酒の香味や酸の成分を変える乳酸菌も存在し、今後新しい実用乳酸菌を用いた日本酒醸造が発展することでしょう。

日本酒醸造に関わる酵母

酵母は細胞壁を持ち、単細胞で増える菌類の総称で、少なくとも一五〇〇以上の生物種が知られています。この中で、*Saccharomyces cerevisiae* とその近縁種は、製パンやアルコール飲料・バイオエタノールの製造、生命科学の基礎研究などに用いられています。*S. cerevisiae* の体長は五マイクロメートルほどで、母細胞から娘細胞が出芽して増殖することから、出芽酵母と呼ばれます。酒母《しゅぼ》には *S. cerevisiae* の中でも清酒酵母と呼ばれる一群のグループ（品種）のものを主に用います。また、*S. cerevisiae* は自然界の植物や土壌、水などにも存在し、酒蔵に住み付いている蔵付（家付）酵母と呼ばれるものもいます。これらを酒母として用い、地域の個性や蔵元の独自性を出した日本酒も人気です。また、発酵途中に野生の *S. cerevisiae* やその他の雑酵母（*Pichia* 属など）が混入し、日本酒の品質に影響を与えることもあります。

本項では、これらの中でも日本酒醸造で中心的役割を担う清酒酵母に焦点を当ててみましょう。清酒酵母は原料米、米麹、仕込み水からなる醪において、低温でよく生育し、高いアルコール発酵性を示し、芳香性エステルを生成するなど、日本酒醸造に適した特徴を持ちます。ビオチン（ビタミンB_7）生産性や、高い*S*-アデノシルメチオニン生産性、醪における高泡形成、胞子形成不全による交配困難性などでも知られています。人類は、有史以前より酵母を利用してきましたが、微生物としてその存在が認識され出したのは、顕微鏡技術の発展した一九世紀中頃のことです。二〇世紀初頭より日本酒醸造に適した清酒酵母の分離が各地で進みました。現存しないものや頒布中止のものもありますが、多くの有用菌株が日本醸造協会で維持・管理されており、安定的な日本酒製造を可能にしています。これらの清酒酵母は、きょうかい酵母と呼ばれています。きょうかい酵母には１号、７号、７０１号、１９０１号のように番号が振られています。この７０１や１９０１に付いている「０１」は、発酵過程で高泡を出さない「泡なし」を示します。また、各自治体や蔵元、微生物販売会社、大学などの研究機関が独自に保有する清酒酵母も多く存在します。さらに、ワイン酵母や*S. cerevisiae* 以外の酵母（*Lachancea* 酵母など）を用いたユニークな日本酒も開発されています。

近年では、清酒酵母のゲノム（生物を設計・運転するために必要な遺伝情報の一セット）を解析し、日本酒醸造に適した要因を探る取り組みが進められています。ヒトは母親由来と父親由来の二組のゲノムを持つ二倍体生物ですが、多くの清酒酵母も同様に二組のゲノムを持ちます。清酒酵母の中では、きょうかい7号が初めてゲノム解読され（Akao et al. 2011）、その他の菌株でも解析が進んでいます（下飯・藤田二〇〇

七、赤尾二〇一四)。ゲノム解析の結果、清酒酵母は遺伝的に焼酎酵母や泡盛酵母に近く、吟醸香(フルーティーな香り)の多い、きょうかい7号の近縁グループとそれ以外のグループの存在が明らかになってきました。また、ヘテロ接合性の消失(LOH)という仕組みにより、二組あるゲノムに同じ変異が入ることが近縁の清酒酵母同士におけるバラエティーの創出につながると考えられています。

最近では、きょうかい7号酵母における高いエタノール生産メカニズムの解析が進められています。清酒酵母は、エタノールを高生産するにもかかわらず、実は実験室酵母と比べてエタノールや環境ストレスに弱いことが明らかとなってきました。こうした特徴の要因はストレス応答遺伝子である*RIM*(リム)*15*の機能欠損によることが分かりました(Watanabe et al., 2012)。発酵が進んで栄養が枯渇し、アルコール度数が高くなると、酵母は休止期に入り、細胞を保護する必要があります。しかし、きょうかい7号のように*RIM15*が機能不全の場合、休止のためのブレーキがかかりにくく、細胞周期(間期と分裂期を繰り返して細胞分裂する一連の過程)の調節が乱されています。そして、*RIM15*が働かない場合、細胞壁を頑丈に作り、細胞保護物質を蓄積するためのエネルギーが使われなくなり、その代わりにエタノールを高生産していることが分かりました。

一方、注意深い観察結果より、きょうかい1801号酵母の細胞では形態的な変化やゲノムの不安定化が起こりやすいことが明らかとなりました。細胞分裂期に染色体分配を行う際、異常がないかを確認する機構(紡錘体形成チェックポイント)が、きょうかい1801号ではうまく機能しておらず、その原因遺伝子として*CDC55*が同定されました(Tamura et al., 2015, Goshima et al., 2016)。

このように、酵母には種類が多く、清酒酵母だけでも多様です。一方で、清酒酵母におけるエタノール高生産のしくみの類似点も分かってきました。今後、様々な清酒酵母ゲノムの解析が進み、それらの個性を生み出す要因への理解が進むと期待されます。

酵母の育種について

私たち人類は、古来より動植物を品種改良し、家畜化・栽培化することで繁栄してきました。同様に発酵食品で用いられる微生物においてもその実体が知られる悠か昔より改良を重ねてきました。清酒酵母においても例外ではありません。一九五〇年代に遺伝情報がＤＮＡに存在することが発見され、育種法が急速に発展しました。本項では、香味に関わる要素（香気成分、有機酸、アミノ酸など）の生産性に関する清酒酵母の育種方法を中心に見てみましょう。

まず、清酒酵母は一般的に胞子形成が難しく、動植物でみられるような掛け合わせによる交配育種は多くありません。代わりに細胞融合法が用いられる場合はありますが、こちらも一般的ではありません。二〇世紀後半から現在にかけては、遺伝子に変異導入し、優良株を選抜する方法がよくとられています。酵母は、自然環境でも低頻度に突然変異を起こしますが、ＥＭＳ（エチルメタンスルホン酸）などの薬品で処理すると、ＤＮＡの変異頻度を上昇させることができます。これらの方法で、様々な変異パターンを持つ酵母細胞の集団を取得し、次に別の薬品処理を行います。例えば、特定の香味成分やその前駆物質に近い構造の毒性化合物（構造アナログ）で処理します。このとき、酵母が目的成分を高生産すると、競合する毒性化合物の効果を弱めることができ、毒に耐性を示します。さらにこの耐性酵母を化学的に分析することで、真に目的産物を高生産しているかの確認ができ、優良株の選抜ができます。吟醸香の主成分のカプロン酸エチルを高生産する清酒酵母は、セルレニンという薬剤への耐性を指標に単離できます。脂肪酸合成に関わる遺伝子*FAS*（ファス）*2*の特定箇所に変異が入ると、酵母はセルレニン耐性となり、より短鎖の脂肪酸とカプロン酸エチルを同時に高生産します。*FAS2*のカプロン酸エチル高生産に関わる変異DNAの配列は、*BfaI*という制限酵素で特異的に切断されるため、迅速に判別することが可能になりました（田村・平田ほか二〇一五）。

また、プラスミドと呼ばれるDNA運搬体に香味成分の生産性を高める遺伝子を組み込み、酵母で高発現させる遺伝子組換え技術もありますが、日本酒醸造への実用化は行われていません。

二〇二〇年のノーベル化学賞では、生物のDNAをはさみで切ってつなぐようにして遺伝情報を欠損させたり書き換えたりができる、ゲノム編集技術「クリスパー・キャス9（ナイン）」が選ばれました。清酒酵母においてもその技術が活用されており（Ohnuki et al. 2019, Chadani et al. 2021）、香味成分や高泡形成に関わる遺伝子を標的とした品種改良が進んでいます。清酒酵母はその多くが二倍体であり、劣性ホモを得にくいのが欠点ですが、ゲノム編集ではその操作が容易になりました。今後、遺伝子操作の技術革新により、通常の清酒酵母では合成できない機能性成分の生産も可能になることでしょう。

このように、これまで経験的に行ってきた育種が科学的操作で容易に加速できるようになってきました。ただし、急速に進む科学技術は常に正と負の両面を持つため、安全性や技術面での問題点などをよく吟味した上での運用と法整備が重要です。

引用・参考文献

赤尾健「ゲノムから見た清酒酵母の系統分化と育種への新たな視点」『化学と生物』五二巻四号、二〇一四年、二二三～二三二頁。

下飯仁・藤田信之「清酒酵母ゲノム解析の現状と今後の応用」『化学と生物』四五巻八号、二〇〇七年、五三九～五四三頁。

田村博康・栗林喬・久米一規・五島徹也・中村諒・渡邊健一・赤尾健・下飯仁・水沼正樹・平田大「カプロン酸エチル高生産性清酒酵母の迅速識別法」『日本醸造協会誌』一一〇巻一二号、二〇一五年、八二〇～八二六頁。

Akao, T., I. Yashiro, A. Hosoyama, H. Kitagaki, H. Horikawa, D. Watanabe, R. Akada, Y. Ando, S. Harashima, T. Inoue, Y. Inoue, S. Kajiwara, K. Kitamoto, N. Kitamoto, O. Kobayashi, S. Kuhara, T. Masubuchi, H. Mizoguchi, Y. Nakao, A. Nakazato, M. Namise, T. Oba, T. Ogata, A. Ohta, M. Sato, S. Shibasaki, Y. Takatsume, S. Tanimoto, H. Tsuboi, A. Nishimura, K. Yoda, T. Ishikawa, K. Iwashita, N. Fujita, and H. Shimoi. Whole-genome sequencing of sake yeast *Saccharomyces cerevisiae* Kyokai no. 7. *DNA Res.*, 18 (6), 2011, 423-434.

Chadani, T., S. Ohnuki, A. Isogai, T. Goshima, M. Kashima, F. Ghanegolmohammadi, T. Nishi, D. Hirata, D. Watanabe, K. Kitamoto, T. Akao, Y. Ohya, Genome editing to generate sake yeast strains with eight mutations that confer excellent brewing characteristics. *Cells*. 10(6), 2021, 1299.

Goshima, T., R. Nakamura, K. Kume, H. Okada, E. Ichikawa, H. Tamura, H. Hasuda, M. Inahashi, N. Okazaki, T. Akao, H. Shimoi, M. Mizunuma, Y. Ohya, D. Hirata, Identification of a mutation causing a defective spindle assembly checkpoint in high ethyl caproate-producing sake yeast strain K1801. *Biosci. Biotech-*

nol. Biochem., 80(8), 2016, 1657–1662.

Ohnuki, S., M. Kashima, T. Yamada, F. Ghanegolmohammadi, Y. Zhou, T. Goshima, J. Maruyama, K. Kitamoto, D. Hirata, T. Akao, Y. Ohya, Genome editing to generate nonfoam-forming sake yeast strains. *Biosci. Biotechnol. Biochem.*, 83(8), 2019, 1583–1593.

Tamura, H., H. Okada, K. Kume, T. Koyano, T. Goshima, R. Nakamura, T. Akao, H. Shimoi, M. Mizunuma, Y. Ohya, D. Hirata. Isolation of a spontaneous cerulenin-resistant sake yeast with both high ethyl caproate-producing ability and normal checkpoint integrity. *Biosci. Biotechnol. Biochem.*, 79(7), 2015, 1191–1199.

Watanabe, D., Y. Araki, Y. Zhou, N. Maeya, T. Akao, H. Shimoi, A loss-of-function mutation in the PAS kinase Rim15p is related to defective quiescence entry and high fermentation rates of *Saccharomyces cerevisiae* sake yeast strains. *Appl. Environ. Microbiol.*, 78(11), 2012, 4008–4016.

Watanabe, D., M. Kumano, Y. Sugimoto, M. Ito, M. Ohashi, K. Sunada, T. Takahashi, T. Yamada, H. Takagi., Metabolic switching of sake yeast by kimoto lactic acid bacteria through the [GAR^+] non-genetic element. *J. Biosci. Bioeng.*, 126(5), 2018, 624–629.

第Ⅰ部　日本酒の基礎

第一章　日本酒とは

平田　大

本章では、日本酒を学ぶための基礎知識、酒類の分類、日本酒の分類、そして、日本酒の原料と製造法について、紹介します。世界には多くの酒類がありますが、それらは自然の恵みである原料と、文明の中から生まれた技術（人類の智恵）の産物（結晶）といえるでしょう。本章から、日本酒に必要なものは何か？　なぜ、日本で日本酒が生まれたのか？　そして、いかにして日本酒は醸造されるのか？　日本酒醸造の基盤となる技術（智恵）にふれながら、日本酒とは何か？　それらについて考えてみたい、と思います。

1　日本酒を学ぶための基礎知識

本節では、日本酒学を学ぶための基礎知識として、把握してほしい項目について紹介します。

水は日本酒の成分の約八割を占めており、とても大切です。酒蔵は良い水がある地域で始まった、と言っても過言ではありません。実際、今でも、酒造メーカーは良い水を探し続けています。そして、良い水には、それを育む自然が大切です。醸造用水として必要な条件については、第4節で紹介しますので、ここでは水の大切さを水分子の構造から考えてみます。水分子（H_2O）、H-O-H の結合角は一八〇度ではなく一〇四・五度であり、部分的に電荷を帯びています（酸素が弱い負電荷、水素が弱い正電荷）。この部分的な電荷が水の物理化学的性質を決めています。例えば、水分子どうしはこの電荷により会合し（「水素結合」といいます）、同様の分子量の物質に比べ、融点、沸点、蒸発熱、比熱が大きく、特異な相変換をします。常温では液体で存在し、醸造・発酵に必要なミネラルや香味物質など、様々な物質を溶解できます（「水和」といいます）。

グルコース（ブドウ糖：$C_6H_{12}O_6$）はアルコール発酵の出発物質として、とても重要です。デンプンはグルコースが連なった重合体です。その重合状態により、グルコースが直鎖状に連なったアミロースと、部分的に分岐鎖構造を持つアミロペクチンの二種類があります。米の場合、一般的に、粳米《うるちまい》は約二〇％のアミロースと約八〇％のアミロペクチンからなるのに対し、糯米《もちごめ》はアミロペクチンのみからなり、これが粘性を生じる原因です。

アミノ酸は味物質やタンパク質（ポリペプチド）の構成分子として重要です。一分子のアミノ酸には、アミノ基、カルボキシル基、側鎖と呼ばれる部分があります。アミノ酸は、外部環境のpHにより三つの電荷状態（陽イオン型、双イオン型、陰イオン型）に変化します。また、アミノ酸は側鎖の構造により四種類に分類されます。それらは、親水性アミノ酸、疎水性アミノ酸、正電荷アミノ酸、負電荷アミノ酸です。タンパク質はアミノ酸が連なった重合体であり、水溶液中では、疎水性アミノ酸はタンパク質の内側に、親水性アミノ酸はタンパク質の外側に配置される傾向があります。つまり、タンパク質のアミノ酸配列（「一次構造」という）がタンパク質の高次構造（タンパク質が本来の機能を発揮するための構成アミノ酸の空間的配置）を決めています。さらに、個々のアミノ酸の電荷状態は環境（pHなど）により変化するため、タンパク質の高次構造も環境により変化します。

酵素は化学反応を触媒（促進）する機能を持つタンパク質です。酵素が働く対象（相手側）の物質を基質と呼びます。酵素には基質と結合し触媒機能（酵素活性）を発揮する活性中心という部位があり、酵素はその活性部位で特定の基質とのみ結合し化学反応を触媒します。これを酵素の基質特異性といいます（「鍵と鍵穴モデル」といいます）。

酵素にとって活性中心の高次構造は触媒機能を発揮する上で極めて重要です。前述のように、タンパク質の高次構造は外部環境により変化するため、酵素が最高の触媒機能を発揮するためには、それに適した環境が必要です。それを酵素の「至適条件」といい、「至適pH」や「至適温度」などといいます。酵素はタンパク質であり、構造がその機能を決定します。酵素活性は、温度上昇にともない増加し、至適温度で最高となり、さら温度をあげると（約六五度）、直ちに活性を失います（「失活」といいます）。これは高温によって酵素の高次構造が不可逆的に変化（変性）するためです（後述する酒質の安定化のための酵素失活「火入れ」に活用されています）。酵素は生物《なまもの》であり、環境に左右されるとてもデリケートなものです。日本酒醸造に関与する酵素としては、デンプンをグルコースに加水分解する糖化酵素（α-アミラーゼ＝α1→4グリコシド結合を分解、グルコアミラーゼ＝糖鎖の非還元末端からエキソ型に分解しグルコース一分子を産生）やタンパク質をアミノ酸に加水分解するペプチド結合分解酵素（酸性プロテアーゼ、酸性カルボキシペプチダーゼ）などがあります。

次に、日本酒の香味に関与する主要物質について紹介します。それらは、糖類、有機酸、呈味性を示すアミノ酸、高級アルコール、そして、これらの中で最も低濃度（ppm＝mg/mL）で識別されるエステルなどです。日本酒に関連する代表的なエステルとして、酢酸イソアミル（バナナ様）やカプロン酸エチル（リンゴ・メロン様）などがあります。味物質は舌の上の味蕾《みらい》の中の味細胞に発現している味覚受容体に、一方、香り物質は鼻の中のにおいの嗅覚受容体により受け取られた後、その情報は神経細胞（ニューロン）により脳に伝達されます。なお、日本酒と食の美味しさについては、第六章をご覧ください。

日本酒醸造で活躍している醸造微生物について紹介します。主に、二種類の微生物が使用されています。それらはヒトと同じ、核を持つ真核微生物です。

一つは、米麹を作るために使用される麹菌 *Aspergillus oryzae* という糸状菌、カビの仲間です。麹菌の役割は各種の酵素（アミラーゼ、プロテアーゼなど）の生産と発酵や香味に関係する物質の生産です。もう一つが、出芽酵母 *Saccharomyces cerevisiae* です。一九世紀、フランスの研究者、ルイ・パスツール（Louis Pasteur）によって、アルコール発酵が酵母の働きであることが証明されました。その後、一九世紀後半、デンマークのエミール・ハンセン（Emil Christian Hansen）によって、ビール酵母が単離され、日本では矢部規矩治博士によって、一八九五年、清酒酵母が単離されました。酵母はグルコース一分子（$C_6H_{12}O_6$）から複数のステップ（細胞内の酵素反応）により二分子のエタノール（C_2H_5OH）と二分子の二酸化炭素（CO_2）を生成します。酵母はアルコール発酵のツールとして、人類が長い間、その恩恵を受けてきた重要な微生物です。なお、清酒酵母については、コラム1をご覧ください。

2　酒類の分類

本節では、酒類の分類を、歴史と製造法（概略）にふれながら、紹介します。世界には実に多くの酒類が存在します。酒類は学術上の分類（製法の違い）では大きく三つ、醸造酒、蒸留酒、混成酒に分類されます。醸造酒には、清酒、ビール、ワインなどが、蒸留酒は醸造酒を蒸留し（単式、連続式）アルコール分を高めた酒で、焼酎、ウイスキー、ブランデーなどが含まれます。混成酒は醸造酒や蒸留酒を原料（ベース）として、さまざまなもの（糖類、草根木皮、有機酸、香料、着色剤など）を混ぜて造られた酒で、合成酒、みりん、リキュール、甘味果実酒などが含まれます。

酒類の歴史について紹介します。「酒の博士」として知られた新潟県出身の農芸化学者・坂口謹一郎博士の著書『日本の酒』に「世界の歴史を見ても、古い文明は必ずうるわしい酒を持つ」、「すぐれた酒を持つ国民は進んだ文化の持ち主であるといっていい」との記載があります。それぞれの酒類は文明・文化の中で育まれてきました。

ワインの歴史はたいへん古く、紀元前六〇〇〇年頃に、コーカサス地方で初めて造られたといわれています。メソポタミア、紀元前二〇〇〇年頃のハムラビ法典に「酔っ払いにワインを売ってはならない」との記載があり、古代エジプトの壁画にワイン醸造の様子が描かれています。ワイン文化はギリシャで開花し、ローマ帝国によって、ブドウ栽培法とワイン醸造法が確立されたようです。日本に初めてワインをもたらしたのは、一五四九年、フランシスコ・ザビエルが薩摩藩の島津貴久へ献上したとの記録があり、一六九五年、江戸で出版された「本朝食鑑」に記載されています（酒類総合研究所『お酒のはなし』平成二五年三月一日第二号、平成三〇年二月）。

ビールの歴史も古く、紀元前三〇〇〇年頃のメソポタミアや古代エジプトにビール造りの記録があります。当時は麦芽やパンを原料としてアルコール発酵させて造っていたようですが、品質が不安定な時代が長く続き、一一世紀にホップが使用され品質が向上しました。その後、ビール酵母の単離や醸造法の進歩・開発により今日のビール醸造に至っています。日本では一八五〇年頃に蘭方医の川本幸民氏がビールを試験醸造しました（酒類総合研究所『お酒のはなし』（平成一五年七月四日・第四号））。

日本酒の始まりは定かではありませんが、水稲が渡来した弥生時代には、「米の酒」が造られていたと推測されます（日本酒の歴史は、第二章をご覧ください）。麴（カビ）の利用、「火入れ」といわれる低温殺菌法、白米の使用、段仕込み、清酒酵母の単離など、一〇〇〇年以上におよぶ長い試行錯誤・技術革新により今日の日本酒醸造に至っています（酒類総合研究所『お酒のはなし』（平成二六年一月、平成二八年二月））。

蒸留酒の起源は定かではありません。五世紀頃にアラビアで開発された単式蒸留器「アランビック」が、その後、東洋と西洋に伝播したようです。ウイスキーやブランデーの歴史は中世からです。一方、日本の焼酎技術は、一五世紀頃、シャム国（現在のタイ）から琉球王国に伝来（定説）、その後、一六世紀に奄美大島を経て鹿児島に上陸、宮崎や球磨地方に伝わったといわれています（酒類総合研究所『お酒のはなし』（平成一四年九月一九日第二号、平成二九年二月））。

それぞれの酒類の製造法の概略ついて、紹介します（図１・１）。概略を理解するために重要な二つの過程を説明します。それらは、デンプンをグルコース（$C_6H_{12}O_6$）に分解する糖化と、グルコースをエタノール（C_2H_5OH）に変換するアルコール発酵です。

日本酒（清酒）醸造において、原料は米と水です。米のデンプンは、麹菌の産生する糖化酵素によって、グルコースへと分解されます。生成されたグルコースは清酒酵母の働きによってエタノールへと変換されます。糖化とアルコール発酵が同時に進行することから、並行複発酵といわれます。日本酒のアルコール度数は約一四％から一六％で、ビールの約五％から六％、ワインの約一一％から一三％に比べ、高い値を示しますが、この要因の一つは、並行複発酵というユニークな醸造法にあります。

ビール醸造の主原料は大麦、ホップ、水です。大麦は発芽させ麦芽として利用しますが、麦芽はデンプンと酵素（発芽により生成される）、二つの供給源です。一方、ホップは独特な香気と苦味を付与し雑菌の増殖抑制効果（腐敗防止）やビールの「泡もち」に関与する、品質維持に重要な原料です。ビール醸造では、麦芽に含まれるデンプンが発芽によって産生された糖化酵素により糖類へと分解され麦汁が得られます。ホップを加え煮沸・冷却したのち、ビール酵母によるアルコール発酵へと移行します。

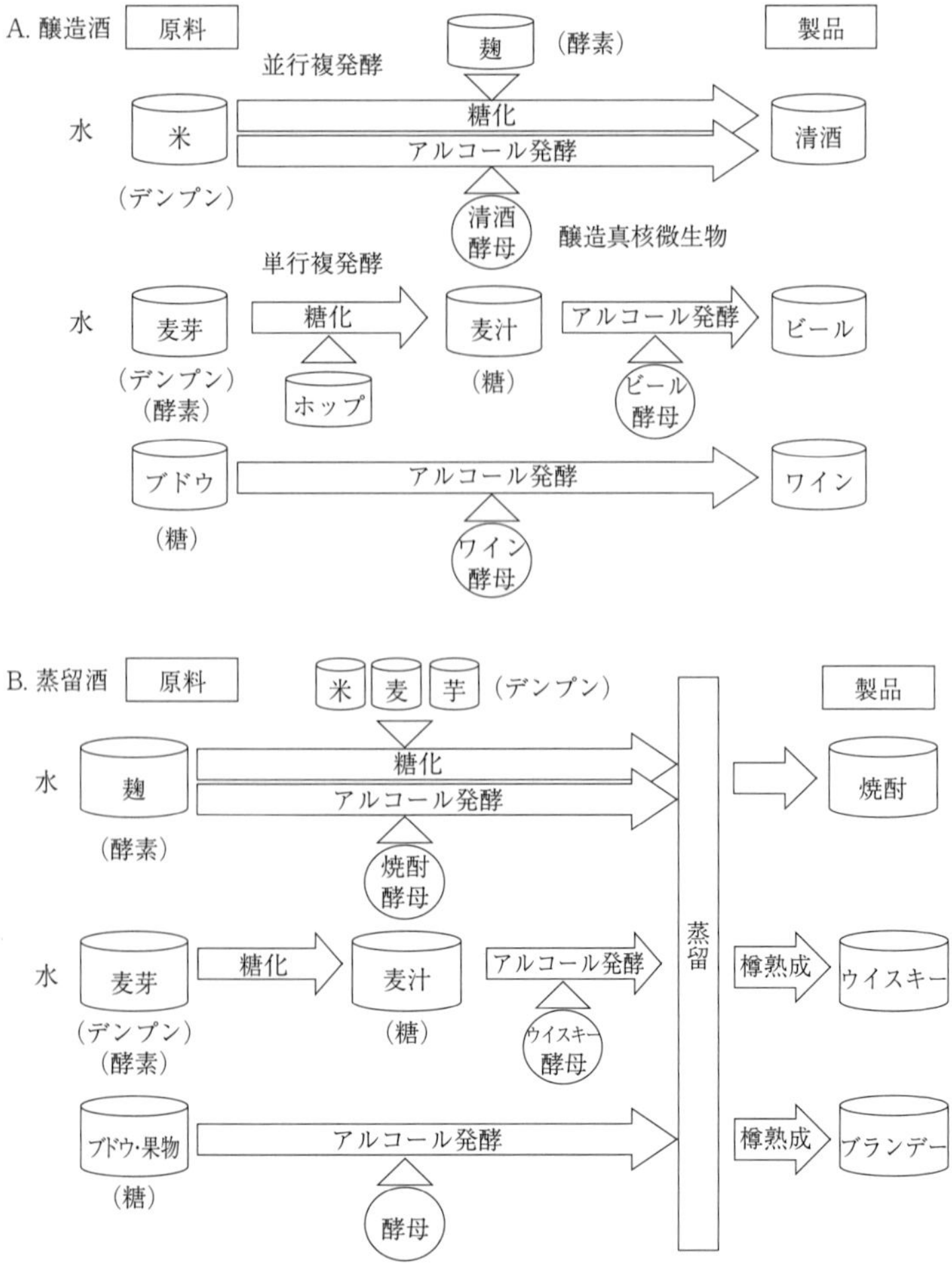

図 1.1　酒類の分類（製造法の概略）

出典：独立行政法人酒類総合研究所の講義資料を参考に筆者作成。

このように、ビール醸造は日本酒醸造と異なり、糖化とアルコール発酵が単独に進行することから、単行複発酵といわれます。ビール酵母には、二種類の酵母が使用されています。それらは、ビールもろみの発酵終了後に凝集性があり沈降する下面発酵酵母と、発酵終了後でも気泡吸着性があり液面に浮き上がる上面発酵酵母です。日本のビール醸造では主に下面発酵酵母が使用されています。

ワイン醸造では、日本酒やビールの醸造法と異なり、糖化過程がありません。原料のブドウは糖であるため、糖化過程が不要で、ワイン酵母によりアルコールへと変換されます。ワインの香り（芳香）をブーケ（Bouquet）といいますが、特に原料のブドウの品種に由来する香りをアロマ（Aroma）といいます。これは糖化過程を持たないワインの特徴（シンプルな醸造法）といえるでしょう。

蒸留酒はアルコール発酵後に蒸留という過程を経て製成されます。焼酎では原料（米、麦、芋など）のデンプンが麹の糖化酵素により糖類・グルコースへと分解され、生成されたグルコースが焼酎酵母によってエタノールへと変換されます。ウイスキーの原料は麦芽で糖化過程のあとアルコール発酵へ移行します。一方、ブランデーの原料はブドウ・果実であり、糖類からスタートしますので、糖化過程がなく酵母によりアルコールへと変換されます。蒸留酒の香味の形成には、蒸留と熟成という二つの工程が大きく寄与しています。

酒類については、その製造法の違いから、様々な考察がなされています。糖化に着目すれば、麹を使う文化圏（東洋の酒：日本酒や焼酎など）と麦芽を使う文化圏（西洋の酒：ビールやウイスキーなど）に分かれます（坂口一九五七）。原料に着目すれば、その原料の栽培に適した土地に、それぞれの酒類が生まれてきました。酒類は自然と文明の中から生まれてきた貴重な産物（結晶）といえるでしょう。

3　日本酒の定義と分類

本節では、日本酒（清酒）の定義と分類（特定名称清酒）について紹介します。

清酒は酒税法（平成一八年五月改正）で醸造酒類に包含され、酒税法第三条七号により、次のように定義されています。

清酒は次に掲げる酒類でアルコール分が二十二度未満のものをいう。

イ　米、米こうじ及び水を原料として発酵させて、こしたもの

ロ　米、米こうじ水及び清酒かすその他政令で定める物品を原料として発酵させて、こしたもの（その原料中当該政令の定める物品の重量の合計が米（こうじ米を含む。）の重量の一〇〇分の五〇を超えないものに限る。）

ハ　清酒に清酒かすを加えて、こしたもの

清酒の酒類は酒税法により製法上、三つに分類され、それらは、純米酒（米、米麹、水のみを原料とした清酒）、普通酒（米、米麹、水及びアルコールを原料とした清酒）、糖類を使用した普通酒（糖類使用酒：米、米麹、水、アルコール、糖類、有機酸及びアミノ酸塩等を原料とした清酒）です。

吟醸酒などは良く耳にするでしょう。吟醸酒を含む特定名称清酒について、清酒の品質表示基準（平成一五年一〇月三一日付　国税庁告示第一〇号）を基に説明します（図1・2）。純米酒は米、米麹、水を原料とした清酒ですが、吟醸酒や本醸造酒は、米、米麹、水の他に醸造アルコールを使用したものです。

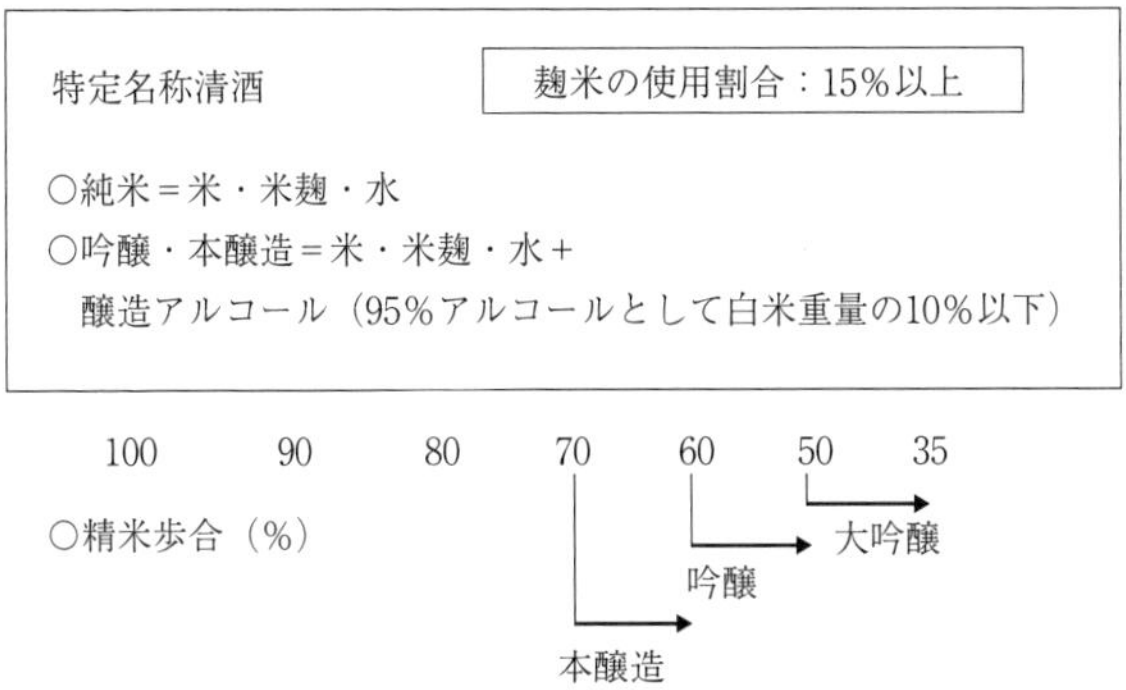

図 1.2　日本酒の分類（特定名称清酒）

出典：筆者作成。

ただし、その使用量が九五％アルコールとして白米の一〇％以内です。また、特定名称清酒のこうじ米の使用割合も一五％以上とされています。さらに、精米歩合（玄米重量に対する白米重量の百分率）によっても定義され、本醸造酒は精米歩合七〇％以下の白米、吟醸酒は精米歩合六〇％以下の白米、大吟醸酒は精米歩合五〇％以下の白米を使用しています。例えば、純米大吟醸酒は、米、米麹、水のみを原料とし、精米歩合五〇％以下の白米を使用したものです。日本酒を飲まれる際、これらの知識も参考に、お楽しみいただければ、と思います。

4　日本酒の原料と製造法

本節では、日本酒（清酒）の原料（水と米）と製造法の各工程について説明します。

水は醸造と酒質に影響をおよぼす重要な原料です。醸造用水として必要な条件について、項目（要件）を紹介します（公益財団法人日本醸造協会編二〇一一）。それらは、色沢（無色透明）、臭気（異常でないこと）、味（異常でないこと）、pH（中性または微アルカリ性）、鉄・マンガン（〇・〇二ppm

以下、含まれないことが最適）、有機物（過マンガン酸カリウム消費量：五 ppm 以下）、亜硝酸性窒素（検出されないこと）、アンモニア性窒素（検出されないこと）などです。

「水の博士」として知られた広島県出身の佐々木健博士が、旧厚生省の「おいしい水の要件」をもとに「名水の基準」を整理しています（佐々木二〇〇八）。それによる項目（要件）は（抜粋）、pH（六・〇～七・五）、臭気（なし）、硬度（五〇 ppm 以下、後述する水質を表す重要な数値）、有機物（過マンガン酸カリウム消費量：一・五 ppm 以下）、鉄（〇・〇二 ppm 以下）、塩素イオン（五〇 ppm 以下）、天然水・地下水であること、などです。

発酵に重要なミネラルであるカルシウム（酵素の生産・溶出を促進）とマグネシウム（微生物の増殖に必要）の濃度から、硬度という数値があります。現在、二種類の表現法、アメリカ硬度（$CaCO_3$, mg/L）とドイツ硬度（CaO, mg/100mL）が使用され、両者には、アメリカ硬度＝ドイツ硬度×一七・八五の関係があります。世界保健機関ＷＨＯの基準（アメリカ硬度、mg/L ＝ ppm）では、六〇未満が軟水、六〇から一二〇未満が中硬水、一二〇以上が硬水です。カルシウムとマグネシウムに加え他のミネラル（カリウム、リン酸など）も醸造と酒質に大きな影響をおよぼします。各地域で水の硬度やミネラルの濃度は異なり、この水の性質が、各地域で特徴的な酒質の形成に大きく寄与しています。

米はデンプンの供給源として清酒醸造に必須な原料です。清酒醸造の原料としては、酒造好適米（「酒米」といいます）と一般米の二種類が使用されています。米は農産物検査法により規格が設定され、酒造好適米は醸造用玄米に分類されます。酒造好適米の特徴は二つあります。酒造好適米は、一般米に比べ、粒が大きく（酒造好適米の玄米千粒の重量は約二五グラムから二六グラム、一般米のそれは約二一グラムから二二グラム）、米の中心に心白《しんぱく》と呼ばれる白く曇った部分があります。心白はデンプンの構造が粗く、麹菌の菌糸が米粒内部へ繁殖しやすく（「破精《はぜ》込みやすい」といいます）、優れた吸水性と消化性（糖化酵素

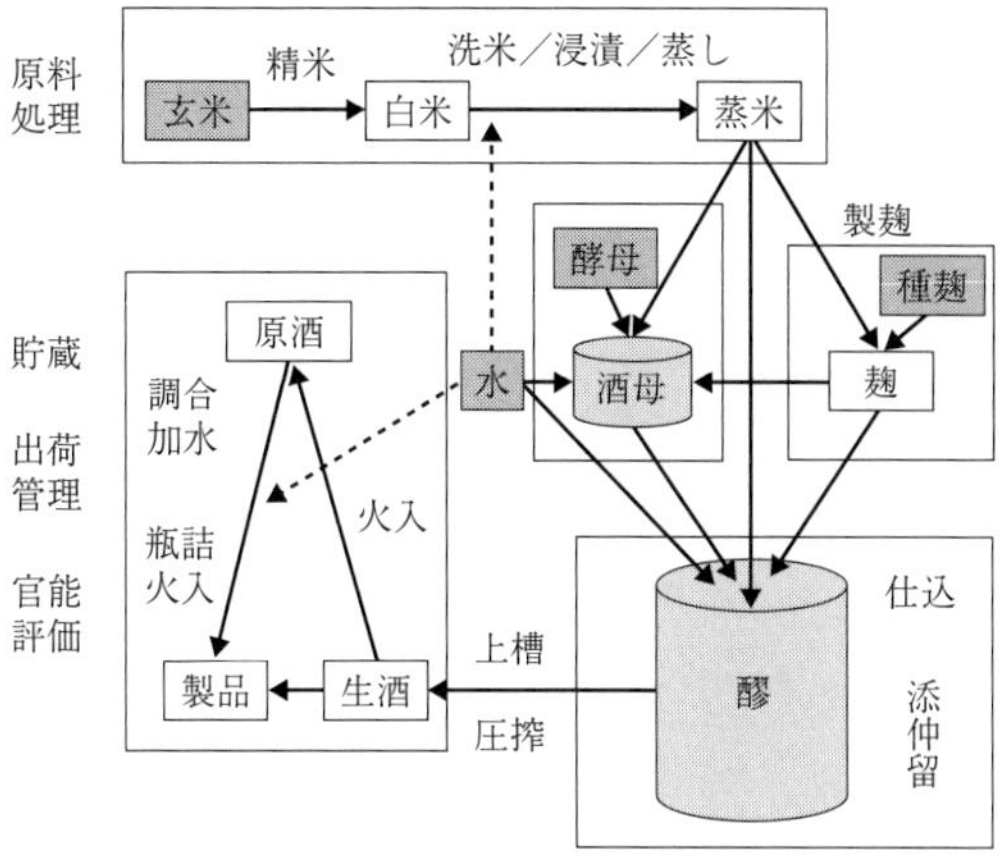

図 1.3　日本酒の製造法

出典：筆者作成。

による糖への分解）、の要因でもあります。

清酒の製造法の各工程を、（一）原料処理（精米、洗米、浸漬、蒸し）、（二）製麹《せいきく》（米麹造り）、（三）酒母、（四）醪、（五）上槽（圧搾）、（六）製品化（貯蔵、出荷管理、官能評価等）の順に説明します（図1・3）。

まずは、（一）原料処理。精米は原料処理の最初のステップです。精米の目的は、米粒の表層部に存在するタンパク質、灰分（ミネラル等）、脂肪などの酒質の劣化要因となる成分を減少させることです。これらから派生する物質は、清酒の着色や官能評価での雑味の要因、また、ある種の香気成分（エステル等）の生成を阻害する要因となります。現在、精米には、コンピューター制御の縦型精米機が使用されています。精米終了直後の白米は温度が高く水分含量が減少していますので、次のステップである洗米での胴割れや砕米化を防ぐため、精米後の白米は温度を徐々に下げ、一定期間、保存されます（「白米の枯らし」といいます）。

白米は、洗米、浸漬、蒸し、という工程に移行します。この目的は、麹造りに適した、さばけが良く（手にベトつかない）弾力性に優れ適度な吸水率を持つ蒸米を得るためです（この蒸米の状態を「外硬内軟」といいます）。洗米により白米表面の糠などを取り除き、続いて、一定時間の浸漬により白米に吸水させ、その後、浸漬水を排出します（「水切り」といいます）。白米の吸水歩合は、品種、精米歩合、白米の温度・水分含量、水温などにより変化するので、目的の吸水歩合となるようにコントロールします（「限定吸水」といいます）。一般的に、洗米や浸漬には、水輸送や浸漬タンクなどが使用されますが、高度精白米を使用する大吟醸造りでは主に手作業により実施します。その後、吸水した白米は、蒸し（蒸きょう）工程へと移行します。この工程には甑《こしき》や連続蒸米機が使用されています。蒸しにより、米のデンプンはアルファ化し（糊化：糖化酵素の作用を受けやすくなる）、米は殺菌されます（以降の醸造工程の安全・安定化に寄与する）。蒸米は、麹造りに用いる麹米と仕込みに投入する掛米《かけまい》の二つの用途に使用されます。

つぎに（二）製麹。製麹は蒸米に種麹（市販）を繁殖させ米麹をつくる作業です。清酒造りでは、「一麹（製麹）、二酛（酒母）、三造り（もろみ）」といわれ、製麹はとても重要な工程です。製麹には温度と湿度を調節できる麹室《こうじむろ》という部屋が使用されます。製麹は、使用する器具によって、蓋麹法、箱麹法、床麹法、機械麹法（自動製麹機を使用、麹室は不要）などに分類されます。どれも原理は共通で約四八時間以上を要する作業です。ここでは作業を順に紹介しましょう。

引き込み　放冷した蒸米を麹室に入れ、蒸米の温度を均一にするために床に広げます。

床もみ　蒸米の温度や水分が一定になったところで種麹を振りかけ（植菌）よく混ぜます。その後、蒸米を積み上げて布や布団で覆います（蒸米の温度の減少と水分の発散を防ぎます）。通常三一度から三二度。

切り返し　床もみから約一〇時間後には蒸米の外部と内部の水分差が大きくなり蒸米が固い塊になります。蒸米の温度と水分を均一にするために塊を崩しほぐします。

盛《もり》　切り返しから約一二時間経過後、麹菌の繁殖により蒸米に白い斑点が見え始めます。麹菌の増殖速度を制御するための温度調節を容易にするため、蒸米を一定量ずつ小分けにします（小分けする器により、蓋麹法、箱麹法、床麹法といいます）。

仲仕事　盛の後、約七時間から九時間後、麹菌の繁殖により蒸米の温度が上昇するため、急激な温度上昇を抑え、蒸米の温度と水分を均一化させるために蒸米をよく混ぜ、蒸米層の厚さを薄くします。

仕舞仕事　仲仕事後、約六時間から七時間後、蒸米の温度は三七度から三八度まで上昇するため、再度、蒸米をよく混ぜ、蒸米層を薄く広げて水分の発散を促し温度上昇を抑えます。

出　麹　仕舞仕事後、麹菌の増殖はピークに達し温度がさらに上昇します。麹の外観を観察しながら判定し製麹作業を終了し、器から取り出します。出麹後は速やかに放冷し麹菌の増殖を止めます。

そして、(三)酒母。酒母の目的・役割は二つあり、優良酵母の純粋な大量培養と、雑菌の繁殖を抑制するための乳酸による醪《もろみ》の酸性化です。乳酸により酸性化を実現するための酒母の製造法として、速醸《そくじょう》系酒母と生酛《きもと》系酒母の二種類があります。ここでは両者の違いにふれながら紹介します。

速醸系酒母は現在主流の酒母の製造法です。蒸米、麹、水、および清酒酵母（純粋培養した）によって仕込みます。仕込みの最初から必要量の醸造用乳酸（食品添加物規格）の添加により酸性化し、細菌の繁殖を抑制しつつ清酒酵母のみを純粋に大量培養する方法です。育成日数も短く効率的で、安定な品質の酒母が得られます。速醸系酒母には、普通速醸酒母、高温糖化酒母、希薄酒母などがあります。

生酛系酒母は酒母の中で増殖させた乳酸菌により乳酸を生成させる方法です。生酛系酒母には生酛と山廃酛《やまはいもと》の二つがあります。生酛は江戸時代に確立されたもので、混入野生微生物の菌叢《きんそう》変化と乳酸を生成する乳酸菌などの微生物作用を利用した方法で作業が複雑で多くの労力を必要とします。一方、山廃酛は生酛の「山卸《やまおろし》」という手間のかかる操作を廃止した改良法です。生酛系酒母における微生物菌叢の変化を簡単に紹介します。仕込み初期で硝酸還元菌が増殖し仕込み水中の硝酸塩を亜硝酸へと還元します（亜硝酸は野生酵母の増殖を抑制する作用あり）。硝酸還元菌は濃糖条件で生育が阻害されかつ酸に弱いため、次に出現する乳酸菌（球菌から桿菌へ菌叢が推移する）の産生する乳酸によって死滅します（亜硝酸も酸性化により消失）。乳酸により雑菌や野生酵母が淘汰された後、伝統的方法では酒蔵にすみ着いた蔵付酵母の増殖を待っていましたが、近年は優良清酒酵母を添加する方法が主流です。生酛系酒母は乳酸発酵特有の風味があります。

（四）醪。醪とは、酒母、麹、蒸米、水を発酵タンクに投入し発酵させたものです。一般的に、三回に分けて仕込みます（三段仕込み：添、仲、留）。初日（一日目）の添では、酒母、麹、蒸米、水を仕込み、次の日（二日目）は仕込みを休み（「踊り」といいます）、酵母を増殖させたのち、三日目に仲（麹、蒸米、水）、四日目に留（麹、蒸米、水）を仕込みます。各仕込みの米の使用割合は、おおよそ、添：仲：留＝一：二：三です。三段仕込み法は、麹の糖化酵素による米デンプンのグルコースへの糖化と、清酒酵母の増殖および安定的なアルコール発酵を同時に進行させるための、優れた技術（並行複発酵）です。

（五）上槽（圧搾）。もろみのアルコール度数が二〇％近くになると酵母によるアルコール発酵が緩慢になりやがて停止します。そのまま放置すると酵母が死滅し着色や香味の劣化（雑味など）の原因になるため、発酵が終了した後は、自動圧搾機により清酒と酒粕に分け、あるいは、もろみを酒袋に詰めて槽で搾ります（「上槽」という）。豊かな芳香をはなつ清酒が生まれる瞬間です。

さいごは、（六）製品化（貯蔵、出荷管理、官能評価等）。搾ったばかりの清酒はタンパク質やデンプン、酵母などが残存し、濁っているため、タンクの中で静置しそれらを沈澱させ透明になるまで待ちます。その後、タンクから静かに澄んだ部分を抜き出し、別のタンクへ移動させます（この作業を「滓《おり》引き」といいます）。滓引きした清酒を濾過機で濾過し品質劣化の原因物質を除去します。その後、酒を約六二度から六三度（二分間から三分間）で低温加熱することにより、混入微生物（清酒の品質を劣化させる火落菌など）を殺菌、残存酵素（アミラーゼ、プロテアーゼなど）を失活させ、清酒の品質を安定化させます。この低温殺菌法を「火入れ」といいます。火入れした後の清酒は出荷までの間、主にタンクで低温貯蔵されます。貯蔵した清酒の品質を官能評価により確認し、調合（ブレンド）や加水などの後、再び、瓶詰め時に火入れされ（シャワー冷却後）、製品となります。

このように、各工程には、様々な技術（智恵）が凝集しています。日本酒は、自然（原料）、微生物、そして、人の技（技術）によって生み出されるのです。

引用・参考文献

ヴォート・D／J・G・ヴォート、田宮信雄・松村正實・八木達彦・吉田浩・遠藤斗志也訳『ヴォート　生化学』（上）第三版、東京化学同人、二〇〇五年。

小泉武夫編著『発酵食品学』講談社、二〇一二年。

坂口謹一郎『世界の酒』岩波書店、一九五七年。

坂口謹一郎『日本の酒』岩波書店、二〇〇七年。

佐々木健「名水と環境と健康」、社団法人日本河川協会『河川文化――河川文化を語る会講演集　その二五』社団

法人日本河川協会、二〇〇八年、二〇九～二九四頁。

公益財団法人日本醸造協会編『増補改訂　最新酒造講本』公益財団法人日本醸造協会、二〇一一年。

独立行政法人酒類総合研究所『お酒のはなし』。

新潟清酒達人検定協会監修『改訂第二版　新潟清酒ものしりブック　新潟清酒達人検定公式テキストブック』新潟日報事業社、二〇一八年。

野白喜久雄・小崎道雄・好井久雄・小泉武夫編『改訂　醸造学』講談社、一九九三年。

ワイン学編集委員会『ワイン学』産調出版、一九九八年。

ブックガイド

＊独立行政法人酒類総合研究所「お酒のはなし」。

独立行政法人酒類総合研究所が平成一四年から発行している情報誌です。様々なお酒の特徴や製造法、歴史などの情報を国内外から幅広く収集、整理され、わかりやすく解説しています。現在も改訂版が継続して作成されています（二〇二二年二月三日最終閲覧、https://www.nrib.go.jp/sake/story/）。

＊公益財団夫人日本醸造協会編『増補改訂　最新酒造講本』財団法人日本醸造協会、二〇一一年。

昭和五五年、公益財団法人日本醸造協会により、酒造従業員の後継者育成の手引書として発行され、その後、改訂が重ねられています。酒造従業員の実用書として、また、各種講習会の教材として、さらに、酒造技術者の入門書として広く活用されています。

第二章　日本酒の歴史

後藤奈美

日本酒造りは伝統産業と呼ばれることがありますが、昔から変わっていないのでは決してなく、酒造りに携わってきた人々の知恵と工夫によって種々の技術的な進歩が積み重ねられてきました。また、日本酒は日本人の主食である米を原料とするため、日本の文化とともに社会・経済とも大きく関わっています。本章では、現在のような日本酒が造られるようになるまでの技術的な進化・変遷と、社会との関わりを説明します。なお、製造に関する専門用語は第一章をご参照ください。

1　神話の時代から平安時代――「八醞酒」から「僧坊酒」へ

日本で最初に酒造りが行われた可能性として、縄文式土器から山ぶどうの種子や、ガマズミやクワ科の果実が見つかったことから、酒の仕込み容器ではないかと推定する説があります（加藤一九七六）。ただし、酒造りを直接的に示す証拠は見つかっていません。神話では、スサノオノミコトが八塩折之酒《やしおりのさけ》をヤマタノオロチに飲ませ、酔わせて退治したという話が伝えられています。八塩折の酒は『日本書紀』には「八醞酒《やしおり》」（醞は醸《かも》す意味）と記載されており、八回醸した濃い酒、と考えられています。

日本酒の原型となる米を原料とする酒が、いつから造られるようになったかは明らかではありませんが、少なくとも稲作が縄文時代に伝わり、弥生時代（紀元前一〇世紀から紀元後三世紀中頃）に国内に広まってからと考えられます。三世紀に書かれた中国の歴史書『三国志』の「東夷伝倭人条」（『魏志倭人伝』）には、邪馬台国と推定される日本について「父子男女別無シ、人性嗜酒」「喪主泣シ、他人就ヒテ歌舞飲酒ス」という記載があり、葬儀などの際には飲酒が行われていたことが分かります。どのような酒であったのかは書かれていませんが、米から造られた日本酒の原型であろうと推定されます。

酒造りの技術の伝来については、『古事記』に三世紀末から四世紀初め、応神天皇の時代に百済からの渡来人である須須許理《すすこり》が大御酒を醸して献上した、という記載があります。このように、麦麹や糵《げつ》（発芽米）を用いた大陸の酒造りの技術が伝来したと推定されていますが、その後を含め、日本の酒造りにどの程度影響を及ぼしたのかは明らかにされていません。また、『日本書紀』には応神天皇が吉野に行幸されたおり、地元の氏族である国主（国樔《くず》）が醴酒《こざけ》を献上した、との記載もあります。この醴酒は一夜酒（甘酒）の可能性も指摘されています。さらに『日本書紀』には「其の田の稲を以て、天甜酒《あまのたむさけ》を醸みて」という記載があり、この天甜酒も一夜酒とも考えられています（加藤一九七六）。砂糖がなかった時代、甘酒の甘味は貴重なものであったと考えられます。神崎（一九九一）は、一夜酒が発酵したものが神酒の始まりであろうとしています。古来、米は貴重なものであり、米から作られた一夜酒や酒はさらに貴重なものとして神に奉られたと考えられます。

具体的な酒の造り方が分かる記録として、奈良時代、八世紀前半に各地の文化、風土、地勢などを記録して天皇に報告した『風土記』の中の記載があります。「大隅国風土記」（七一三年〜）の逸文（原本は失われたが、引用文として残されているもの）には、「村中の男女が水と米を準備し、生米を嚙んでは容器にはき出し、一晩以上置いて酒の香りがし始めたらみんなで飲む」という口嚙みの酒の記載があります。

一方、同時代に書かれた播磨国風土記には「大神の御糧が枯れてカビが生えたので、酒を造り、献って宴をした」という記載があります。口嚙みの酒と麹を使った酒の両方があったことを示す記録ですが、加藤（一九七六）は口嚙みの酒の方は「旧聞異事」として記録されたのではないかと推定しています。いずれにせよ、どちらも村落の共同体で飲酒されていたことや、酒が神事と結びついていたことが分かります。後者では、カビが生えたことと酒を造ったことが直結して書かれていますので、当時、カビの生えた米、すなわち麹の原型を用いた酒の造り方が広く知られていたと考えられます。雨の多い日本で、カビを利用した酒が生まれたことは自然なことと感じられます。なお、酒造りには免許が必要な上、天然のカビにはカビ毒を生産するものも知られていますから、絶対に真似をしないでください。口嚙みの酒はその後の主流とはなりませんでしたが、神酒として長くその製法が受け継がれていたとも報告されています（上田一九九九）。ちなみに、「醸《かも》す」という語は「嚙む」に由来するという説と、「かびす」に由来するという説の両方があります。

平安時代初期に編纂された「延喜式」には、古式を保存していると考えられる新嘗会《しんじょうえ》（新嘗祭《にいなめさい》）の儀式に使う酒造りの方法が書かれており、飯と麹と水を甕《かめ》に入れて混ぜ合わせ、一〇日ほど発酵させた薄い酒ではないかと考えられています（柚木一九八七）。

以上で紹介した酒は、各地の人々が造った酒で、酒博士と呼ばれた東京大学の坂口謹一郎博士はこれらの酒を「民族の酒」と呼びました（坂口一九六四）。これに対し、律令制度の下では「朝廷の酒」造りも行われていました。令の解説書にあたる「令 集解《りょうのしゅうげ》」には、酒を造る役所として造酒司（みきのつかさ・さけのつかさ）の記載があります。当時の朝廷では、酒に限らず、紙、筆から染織、漆工まで朝廷で必要な物品は朝廷の工房で製作されていたそうです。延喜式には、天子の御用酒として繰り返し仕込む（醞《しおり》方式と呼ばれる）濃い酒、麹の割合が高い甘酒のような酒など様々な製造方法が記されています。小麦の麦芽を加えて甘くした酒も記載されており、大陸の影響と言われています。一方、下級役人用には水の割合が多い酒が造られていたようです。また、発酵が終わった醪を袋に入れて搾り、澄んだ酒を造る、清酒につながる方法も記載されています。

七世紀から八世紀に編纂された『万葉集』には、酒を題材にした歌が掲載されています。

味酒《うまさけ》の三輪の斎《いは》ひの山照す秋の紅葉散らまく惜しも（長屋王）
君が為醸《か》みし待酒安の野に独りや飲まむ友無しにして（大伴旅人）
……雪降る夜は術もなく　寒くしあれば堅塩を　とりつづしろひ　糟湯酒《かすゆざけ》……（貧窮問答歌・山上憶良）

大伴旅人の歌にある待酒は、来訪者のために造った酒の意味で、大宰府の長官であった旅人が親しい部下が都に赴任する際に詠んだ惜別の歌です。貧窮問答歌とは貧者が別の貧者に語り掛ける歌で、ここに詠われている糟湯酒とは、ざるか布で濾された酒の糟を湯で溶いたものとされています。なお、この時代、庶民、特に農民が自由に酒を飲むことは許されておらず、農耕儀礼や神事などの折に手造りの酒を飲む程度に限られていました。万葉集の防人の歌や東歌《あずまうた》には酒の歌が見られません（坂口一九六四）。

平安時代も後期に向かうと、酒や様々な品物を造る技術が、朝廷の工房から徐々に民間に浸透していき、高級な織物の場合は、諸国の国府で技術者を養成し、税として納めさせるようになりました。酒造りは、市中の酒屋（造り酒屋）の他、大きな権力を持つ寺院や神社でも行われるようになりました。寺院で造られる酒は僧坊酒《そうぼうしゅ》と呼ばれ、名声を博しました。仏教と酒は相入れないように感じられるかもしれませんが、神仏習合の神酒が始まりと言われています。寺社領からの年貢米が豊富にあったことや、僧侶は知識階層であり、新しい技術の取得・開発にも積極的であったことも理由とされます。酒を造ったのはほとんどが近畿地方の寺でした（本節の主な参考文献は柚木（一九八七）及び坂口（一九六四））。

2　鎌倉時代から江戸時代——日本酒造りの基礎の確立

鎌倉時代（一一八五年〜）に入ると貨幣経済・商業が発達し、徐々に酒は米と同等の価値のある商品として流通するようになりました。すなわち、自家製の酒から坂口の言う「酒屋の酒」に代わっていきました。酒の製造と販売を行う「造り酒屋」では、大型の甕（三六〇リットルから五四〇リットル）で仕込みが行われました。古い平安京は大火や飢饉で荒廃しましたが、京都には手工業や見世棚と呼ばれる常設の店舗が発達し、酒屋は京都だけでなく、ほかの地域でも記録されています。一方、一二五二年、鎌倉中の民家には三万七〇〇〇個以上の酒壺があったと記録されていますが、勤倹・礼節を重んじる鎌倉幕府は一軒に一個の酒壺を残して破壊し、酒の製造・売買を禁止しました（沽酒《こしゅ》の禁、沽は売買の意味）。

室町時代（一三三六年〜）になると京都の造り酒屋がさらに発展し、一四二五年、洛中洛外に三四二軒もの造り酒屋があったと記録され、中でも柳酒の名声が高かったと言われています。造り酒屋は土倉《どそう》という金融業も兼ねていることが多くあり、室町幕府は酒屋役と称して税を徴収しました。京都の造り酒屋が発展した要因としては、もともと荘園領主が集まっていたことから、諸国の年貢米が集まり、酒米が確保しやすかったことが挙げられています。当時、麹は麹の製造・販売を行う麹屋から購入しており、麹屋は同業者組合の麹座を結成していました。しかし、酒屋の製造量が多くなるに従い、麹も自前で製造するようになり、酒屋と麹座の対立は文安の麹騒動（一四四四年）と呼ばれる武力抗争にまで発展しました。なお、現在、種麹を製造・販売する会社には室町時代から続くとの記録が残されているところがあります。

また、京都以外にも摂津西宮・兵庫、越州豊原、加賀宮越の菊酒、筑前博多の練貫酒など酒造りが各地に広まりました。僧坊酒の名声はさらに高まり、近江の百済寺、河内長野の天野山金剛寺、奈良興福寺の諸塔頭《たっちゅう》（大寺院の敷地内にある小寺院や別坊）が有名で、寺院の財源となっていたようです。

酒造技術の面でも大きな進歩が認められます。室町中期の酒造りの口伝である『御酒之日記』、及び室町末期から江戸初期の醸造技術を伝える『多聞院日記』（多聞院は興福寺の塔頭の一つ）が貴重な資料となっています。『御酒之日記』に記録されている仕込み方法は、まず蒸米、麹、水を仕込み、発酵させ（酒母に相当）、さらに麹、水、蒸米を仕込む（一段掛けの醪に相当）方法で、麹歩合が三七％と高く、汲水歩合が五七％と低いことが特徴です（加藤一九七六）。おそらく、甘口で非常に濃淳な酒質であったと推定されます。また、温暖な季節における醸造方法として、生米と炊いた米を水に浸け、自然に乳酸発酵させた酸味の強い水を仕込水に用いて仕込む「菩提泉《ぼだいせん》」が記載されています。

『多聞院日記』に記載されている酒造りはそれよりも進歩したもので、諸白《もろはく》、段仕込み、及び火入れによる加熱殺菌が記載されています。このうち、諸白は、麹米・掛米ともに精米をした白米を使うことで、掛米のみに白米を用いる片白《かたはく》よりも品質の良い酒ができ、南都諸白と呼ばれました。一・八キロリットル（一〇石）入りの仕込み桶が使われていたことを示す記載もあり、桶を作る技術が生まれたことが分かります。しかし、まだ一八〇リットル（一石）以下の壺を土間に埋めて仕込み容器として使われることが多くありました。室町時代にはほぼ清酒の原型が完成したと言えますが、精米といっても臼と杵で精米したものであり、現在の清酒とはかなり異なる酒質であったと考えられます。一方、片白や濁り酒も手頃な酒として残っていました。なお、「片白」という用語が使われるようになったのは、江戸時代になってからです（吉田二〇一五）。段仕込みについては、当初は二回に分けて仕込む二段掛けで、徐々に段数が増え、一時は五段掛けまであったようですが、最終的に現在の三段掛けになりました（吉田一九九一)。

この頃から江戸時代初期までは初秋から春まで酒造りが行われていました。秋、まだ気温が高い頃には、水酛や菩提酛《ぼだいもと》と呼ばれる、前述の菩提泉を酒母として仕込む方法がとられました。しかし、気温が高いと雑菌に汚染されることも多かったと考えられ、『多聞院日記』や後述する『童蒙酒造記』などの江戸時代の酒造書には木灰や石灰を加えて酸を中和する方法も書かれていて、酸敗が多かったことが伺われます。こうしたことから、江戸時代の酒造書には雑菌汚染が起こりにくい寒造りの酒が品質に優れると記載されています。なお、菩提酛は、発祥の地とされる奈良の菩提山正暦寺や近隣の僧房酒、造り酒屋などで造られていたほか、その後も神酒の製造法として受け継がれ、平成になってから奈良県の工業技術センターと酒造メーカーによって復活されました。

戦国時代になると、比叡山の焼き討ちに代表されるように寺院勢力が衰退するのに伴って僧坊酒も衰退し、江戸時代(一六〇三年〜)に入ると幕府の酒造統制が厳しくなったため、酒造りは各地の造り酒屋が主体となっていきました。また、戦国時代後期には焼酎の蒸留法が伝わり、焼酎を原料に用いる味《み》醂《りん》が造られるようになりました。

江戸時代の初期には、現在の大阪から神戸にまたがる摂泉十二郷、伊丹、池田、鴻池などが名醸地として発達しました。伊丹では、寒造りの諸白の量産化に成功し、南都諸白を圧倒するようになりました。一六八七年頃に書かれたとされる『童蒙酒造記』には鴻池流の酒造技術が記録されています。

幕府は一六六七年以降、度々「寒造り」以外を禁止するお触書を出したことから、徐々に寒造りのみとなっていき、現在でも冬が主な酒造期になっています。これは寒造りの品質が優れているからと言われることもありますが、秋に米の収穫が終わってから、幕府がその年の米の豊作・不作に合せて酒造りを統制することも目的と考えられています。

一六五七年、幕府は酒造りを酒株（酒造株）制度と呼ばれる免許制とし、酒税を徴収するとともに統制しました。すなわち、米が不作の年には減醸令、三分の一造り令として酒造りを制限し、豊作のときには制限を緩めました。また、酒造期が冬に限られるようになったことと、市場が拡大して大規模な造り酒屋が現れるようになったことから、貨幣経済が広まりつつあった農村や漁村から冬場だけ酒造りの季節労働に出る杜氏制度が始まりました。

江戸時代には農業の生産性が向上するとともに清酒の醸造技術が発達しました。精米は臼と杵から足踏み式唐臼《からうす》、さらに先進地の灘では江戸中期になると水車精米が利用されるようになりました。醸造設備（釜、甑《こしき》、桶など）も大型化し、一七九九年に書かれた『日本山海名産図会』には、上槽に使用される大型の槽《ふね》が描かれています。仕込み方法としては、寒造りに適した生酛造りが広まりました。灘は港に恵まれ、大消費地である江戸に酒を輸送するのに適していることもあって、酒造りの中心地として発展しました。すなわち、酒樽の輸送は馬から混載の船便である菱垣廻船へ、さらに酒や醤油専用の輸送船、樽廻船へと変わり、大量輸送が可能になりました。また、江戸後期の一八三七年、灘、西宮の水が清酒醸造に適していることが見いだされ、「宮水」と呼ばれるようになりました。灘では汲み水歩合の高い仕込みで、辛口に仕上げられ、江戸で好まれたと言われています。以前は、日本酒の熟成古酒が珍重されることもありましたが、江戸時代から新鮮な酒が好まれるようになりました（吉田二〇一五）。醪末期や上槽した酒に焼酎を加えて保存性を高める「柱焼酎」も行われました。

一方、室町時代に造り酒屋が発達した京都には、近江や続いて伊丹の酒が他所酒《よそざけ》として入るようになり、技術革新が遅れた洛中洛外の造り酒屋は、伏見の一部を残して徐々に減少していくことになりました。関東地方の酒は地廻り酒と呼ばれ、灘酒よりも安価に取引されていました。幕府で寛政の改革を進めた松平定信は関東の酒蔵を優遇して優良な酒造りを推奨し、「御免関東上酒」と呼びましたが、良い結果には至りませんでした（吉田二〇一六）。

消費面では、江戸中期に料理茶屋が発達し、武家社会を中心とした飲酒が広まり、燗酒の習慣が広まりました。また、酒の小売店の一角で飲酒（居酒と呼ばれました）をさせる居酒屋が生まれました（飯野二〇一四）。（本節の主な参考文献は柚木（一九八七））。

3　明治時代から第二次世界大戦――近代科学の導入と戦争の影響

明治時代になると、紆余曲折があったのち実質的に酒株が廃止され、新たに酒造免許を取得することが可能になりました。そのため全国的に地主等による酒造場の創立が相次ぎ、一八八一（明治一四）年には二万七七〇二場と記録があります（柚木一九八七）。しかし、当時はほかに課税対象になるような大きな産業がなかったことなどから、その後明治政府は治安や健康の維持を理由に相次いで酒税を強化し、一九〇二年には国税収入の三六％にも達しました。これは製造者にとって大きな負担となって廃業が相次ぎ、一九〇四年には一万一四三八場にまで減少しました。なお、その後も継続した製造場の多くは小規模で、現在までその傾向が続いています。

明治時代、近代的な微生物学が導入され、一八九五年には初めて清酒酵母が分離されました。しかし、当時の清酒醸造は経験と勘に頼るところが多く、醪や酒が腐ることも珍しくなかったため、清酒醸造を科学的に解明し、安定して醸造ができるよう、一九〇四年に醸造試験所（現在の独立行政法人酒類総合研究所）が設立されました。醸造試験所では、製造工程の合理化・安定化のため、山卸廃止酒母や速醸酒母が開発され、優良酵母の単離・頒布が始まりました。

また、各地で清酒醸造の近代化が進められ、灘と並んで伏見が台頭したほか、秋田、広島、熊本など

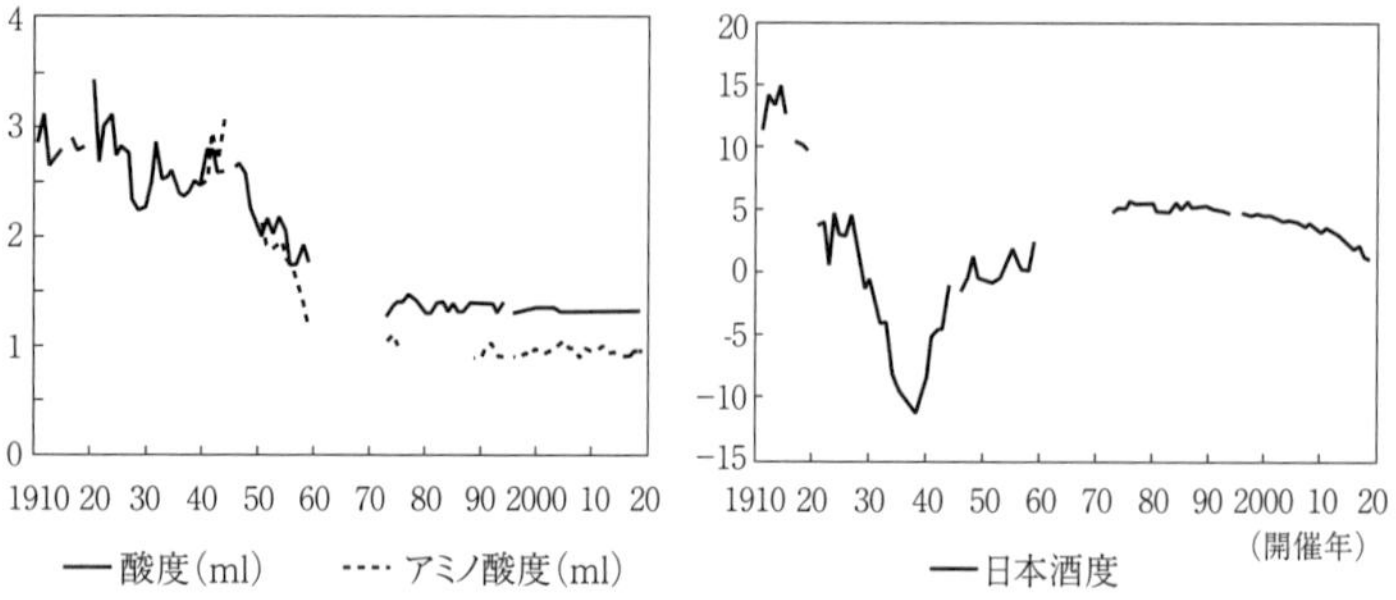

図 2.1　全国新酒鑑評会出品酒の分析値

注：線が途切れている箇所はデータが残されていない。なお，アルコール分は 16.1（1929 年）～19.0（1941 年）で，1973 年以降は 17 度台。
出典：独立行政法人酒類総合研究所資料より筆者作成。

も名醸地と称されるようになりました。伝統的な木桶に代わる衛生管理が容易なホーロータンクの導入も始まりました。

しかし、これらの技術はすぐに広まったわけではなく、灘地方で速醸酒母の利用が半数を超えたのは第二次世界大戦後でした。一九〇三年の灘の有名銘柄の分析値を見ると、アルコール分が一三・六%から一七・〇%とかなり差があり、糖分は一%以下と辛口です（吉田二〇一三）。醸造試験所で開催された全国新酒鑑評会の分析値を見ると（図2・1）、一九一〇年代、二〇年代の出品酒は酸度やアミノ酸度が三前後と高い値であり、原料米はあまり高度な精米が行われておらず、製成酒は濃醇であったことが伺われます。なお、一九七〇年代からは吟醸酒が出品されており、酸度、アミノ酸度とも低い値で推移しています。

明治時代になっても火落は大きな問題で、室町時代から記載されている火入れは、微生物学的な知識に裏打ちされたものではなかったため、火入れした酒を元の火落菌が残る木桶に返すようなこともあったと考えられます。そのため、繰り返し火入れが行われ、酒の欠減と酒質の劣化につながっていました。明治初期に来日したいわゆるお雇い外国人のロバート・ウイリアム・アトキンソン（Robert William Atkinson）は火入れの改善として、火入れした酒を清潔な桶にいっぱいに満たし、空気と接触させないよう提言しました。一方、オスカー・コルシェルト（Oskar Korschelt）は防腐剤としてサリチル酸の使用を勧めました。サリチル酸は広く使用されましたが、昭和三〇年代後半から食品添加物の中に有害なものがあるとして問題になり、一九六九（昭和四四）年に使用が中止されました。その後、火落がほとんど起こらなくなったのは、火入れの徹底だけでなく、製造工程全般の衛生管理が進んだ成果と言えます。低温流通が普及した現在では火入れを行わない生酒も市販されています。

明治時代後期には一升瓶が登場しましたが、量り売りも第二次世界大戦後まで続きました。飲酒は特別な機会だけのものではなく、晩酌として楽しむ風潮が広まりました。日清戦争・日露戦争による兵役も飲酒習慣を広めることにつながったとされます（神崎一九九一）。

明治以降も日本は米不足の状態が続いており、一九一八（大正七）年には米騒動が起こりました。そのため、理化学研究所の鈴木梅太郎は米を使わずに清酒に近いものを作ろうと、アルコール溶液に糖や酸などを加えた合成清酒を開発しました。しかし、発酵過程を経ないと清酒らしい香味が得られないため、清酒の香味成分の研究が進むことになりました。

大正時代には温度計の使用が広まり、昭和に入ると一九三〇（昭和五）年頃、広島の佐竹利一氏が現在、清酒業界で広く使用されている竪型精米機を開発し、高度精白が可能になりました。一九三五年には現在の代表的な清酒酵母のグループに属するきょうかい6号酵母の頒布が開始されました。また一九三六年には代表的な酒米、山田錦が兵庫県の奨励品種に指定されました。このように、現在の清酒醸造につながる技術が相次いで開発されましたが、日中戦争（一九三七年〜）、第二次世界大戦（一九三九年〜一九四五年）によって、日本の社会、人々の生活とともに清酒醸造も大きな影響を受けることになりました。酒類の販売が免許制になるとともに、原料米の割当制度（配給制度）が導入され、酒の生産と販売価格が統制されることとなり、製造場の整理・統合が行われました。そのため清酒が不足し、量り売りの酒を薄めて売る業者が現れて、「金魚酒」（金魚が平気で泳げるような薄い酒）と揶揄されました。これに対応するため、清酒のアルコール濃度の規格や級別制度が導入されました。級別制度とは、酒類に特級、一級等の級別を設け、異なる税率とする制度で、途中で変更されながら平成に入るまで続けられました。

また、酒不足に対応するため、清酒醪へのアルコール添加試験がまず満州国で行われ、次いで一九四三年には国内でもアルコール添加が始められました。同年、清酒とビールは公定価格で割当量を購入する配給制となりました。

終戦後、農業の荒廃に加えて外地からの引き上げで国内人口が増加したため、さらに食糧事情が悪化し、密造酒の横行が社会問題となりました。一九四九年には、より多量のアルコールとともに糖類や有機酸などを添加する増醸法（三倍増醸）が開始され、アルコール添加酒とブレンドされて製品化されました。

一九五〇年、朝鮮戦争による特需景気で景気が回復して日本はようやく密造酒から脱却することができ、一九五二年には酒類の配給制度が廃止されました。しかし当時の食料事情から飯米の供給が優先されたため、米を原料とする清酒の生産は低迷し、合成清酒も多く製造（一九五一年には清酒の六割に匹敵する量）消費されました。酒類の基準販売価格制度が廃止されたのは一九六四年です（本節の主な参考文献は吉田（二〇一三））。

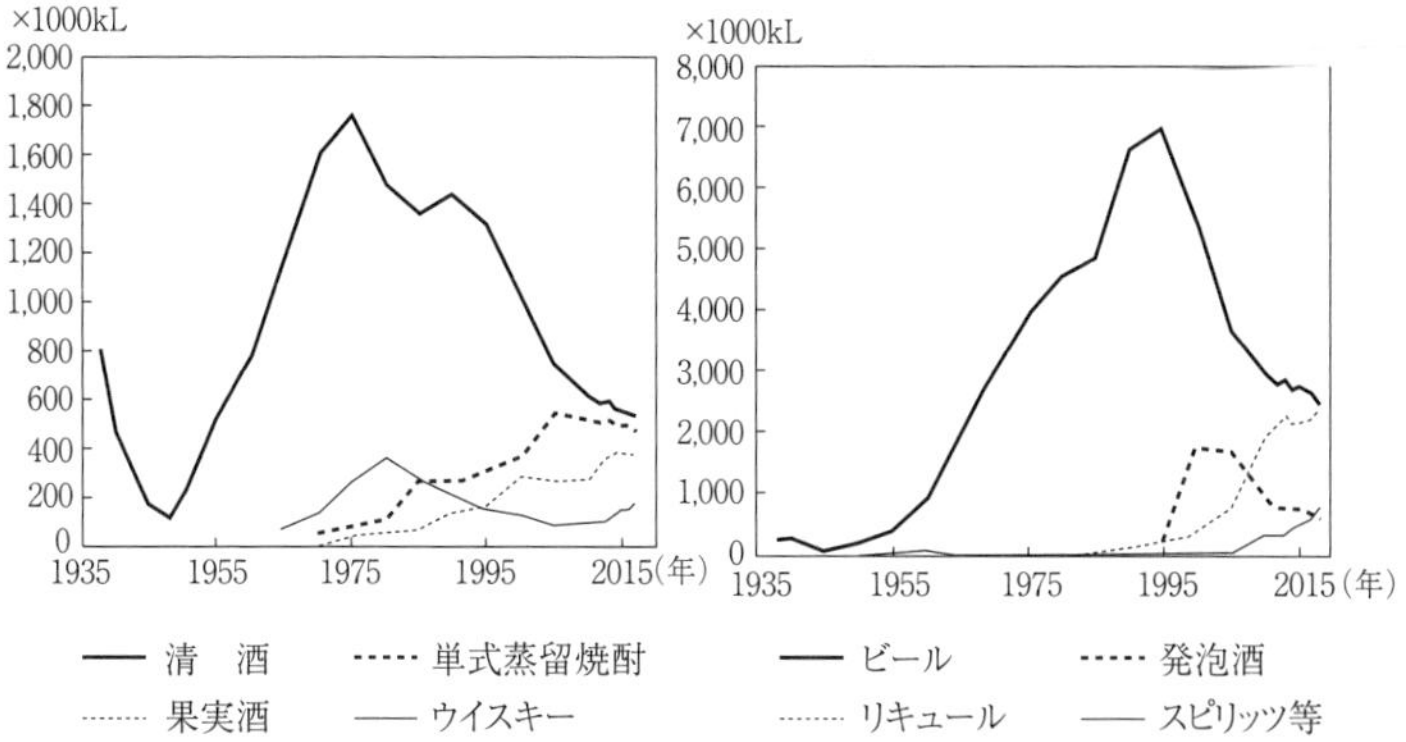

図 2.2　各酒類の課税数値量の変化

注：各品目とも統計が始まった年からの値を表示。酒税法上の分類であり，リキュール，スピリッツにはビール系の酒類や RTD(Ready to Drink, 缶入りサワーなど)を含む。
出典：国税庁課税部酒税課「平成 31 年 3 月　酒のしおり」などより筆者作成。

4　戦後から令和——新しい日本酒像の模索

戦後、高度経済成長に伴って清酒の消費量は大きく伸長しました（図2・2）。速醸系酒母やきょうかい酵母などの培養酵母の使用が広まるとともに、連続蒸米機、自動製麹機などの機械化が進み、発酵温度の管理や空調設備の導入で、冬季以外も醸造を行うことも可能となりました。また、泡なし酵母が育種、実用化されました。このようにして、灘や伏見の大手清酒メーカーは生産力・販売力を強化し、ナショナルブランドと呼ばれるようになりました。

しかし、酒米の割当制度、すなわち実質的な生産割当制度が継続されていたため、製造量と販売量のギャップが生じ、大手が中小メーカーの清酒を買い取ってブレンドし、自社ブランドで販売する未納税取引が広く行われるようになりました。その後、食生活の変化や他の酒類の増加、一九七四年の石油ショックによる不景気などの要因で清酒の消費は減少に転じました。消費減少の理由には、マスコミが未納税取引や三倍増醸を非難したことによる日本酒のイメージの低下もあると言われています。

一九六九年に原料米の割当制度が廃止されたこともあって未納税取引が減少し、廃業を余儀なくされる中小メーカーが増え、清酒の製造免許場は一九六〇年の約四〇〇〇場から二〇一八年には約一六〇〇場にまで減少しました。なお、このうち実際に清酒を醸造している製造場は約一二〇〇場です（国税庁課税部鑑定企画官「清酒の製造状況等について　平成三〇酒造年度分」）。

一方、生き残りをかけた中小メーカーの中には大手との差別化を図るため、級別ではなく、純米酒や本醸造酒といった製法による品質の訴求を行い、重点化するところが現れました。また、消費面では、地元の日本酒、すなわち地酒とナショナルブランドに加え、各地の地酒を楽しむという新しい選択肢が加わり、地酒ブームと呼ばれました。吟醸酒は多くの製造場にとって、かつては鑑評会向けに製造する特殊な酒でしたが、一九八〇年代には広く市販されるようになりました。このように、純米酒、吟醸酒、本醸造酒が広く製造、販売されるようになったため、業界では表示の自主基準を設けていましたが、一九九〇年からは法的なルールが適用されるようになりました。戦中に始まった級別制度は一九八九（平成元）年にまず特級が廃止、一九九二年に完全に廃止され、以降は特定名称酒と一般酒（普通酒）という呼称が広まりました。また、増醸法も二〇〇六年の酒税法の改正で清酒の定義から外れ、製造されなくなりました。

清酒全体の消費量は、一九八〇年代後半のバブル経済期にいったん持ち直しましたが、その後は再度減少を続ける中、本醸造以外の特定名称酒は比較的堅調に推移しています（国税庁課税部酒税課「平成三一年三月　酒のしおり」）。また、生酒、にごり酒、スパークリング清酒、長期熟成酒など、清酒の多様化も進み、冷やして飲むタイプが増加しました。発酵、貯蔵中の温度管理や、精米機、製麹装置などの高度化も進み、醸造のＩｏＴ化やＡＩを活用する研究・開発も取り組まれています。

また、伝統的な季節雇用の杜氏・蔵人の数が減少するなか、社員や経営者自らが製造を担当するようになり、社員杜氏、蔵元杜氏と呼ばれています。かつての杜氏制度では、製造と販売が分業体制にありましたが、中小メーカーでは製造者が販売も行う機会が増え、製品の多様化につながっていると考えられます。一方、かつての杜氏制度では、師弟関係の中で勤務する製造元の枠を超えた技術の伝承が行われていましたが、そのような機会が減少したことから、独立行政法人酒類総合研究所や各地の工業技術センター、酒造組合等で実施される講習会が、醸造技術の維持・強化に重要な役割を果たしています。例えば、新潟県では一九八四年に新潟県酒造組合が新潟清酒学校を、福島県では一九九二年に福島県酒造組合が清酒アカデミーを開設し、人材育成に努めています。

現在、地域の日本酒のブランド化のため、県独自の酒米や酵母の育種・開発が各地で取り組まれています。また、日本酒の地理的表示の制度も広まりつつあります。近年は輸出にも積極的な製造者が増え、日本酒復興の道を模索している最中と言えます（本節の主な参考文献は吉田（二〇一三））。

引用・参考文献

飯野亮一『居酒屋の誕生』筑摩書房、二〇一四年。

上田誠之助『日本酒の起源』八坂書房、一九九九年。

加藤百一「日本の酒造りの歩み」、加藤辨三郎編『日本の酒の歴史』研成社、一九七七年。

神崎宣武『酒の日本文化』角川書店、一九九一年。

国税庁課税部鑑定企画官「清酒の製造状況等について　平成三〇酒造年度分」（二〇二二年二月三日最終閲覧、https://www.nta.go.jp/taxes/sake/shiori-gaikyo/seishu/02.htm）。

国税庁課税部酒税課「平成三一年三月　酒のしおり」（二〇二二年二月三日最終閲覧、https://www.nta.go.jp/

taxes/sake/shiori-gaikyo/shiori/2019/pdf/200.pdf)。

坂口謹一郎『日本の酒』岩波書店、一九六四年。

吉田元『日本の食と酒』人文書院、一九九一年。

吉田元『近代日本の酒造り』岩波書店、二〇一三年。

吉田元『酒』法政大学出版局、二〇一五年。

吉田元『江戸の酒』岩波書店、二〇一六年。

柚木学『酒造りの歴史』雄山閣出版、一九八七年。

ブックガイド

＊柚木学『酒造りの歴史』雄山閣出版、一九八七年。

古代から中世までの酒造りを概観した後、江戸時代の酒造りの発展が詳細な資料とともに解説されています。酒造技術の変遷に加え、それぞれの時代の社会・経済の影響が解説されており、本章の重要な参考図書としました。本章では十分に紹介ができなかった昔の仕込み配合や発酵経過も記載されており、醸造関係者には興味深いと思われます。さらに、近世の酒造家の経営まで、豊富な図表や古文書の引用に基づく記載と考察がなされており、日本酒の歴史を知る上で貴重な一冊です。

＊吉田元『近代日本の酒造り』岩波書店、二〇一三年。

明治以降、現在に至るまでの日本酒の技術を社会情勢とも関連付けて解説されています。いかにして酒母を安定して造り、微生物汚染のない醸造や保存を可能にしたか、第二次世界大戦によって日本酒造りがいかに大きな影響を受け、それが長く続いたか、本章第3節、第4節の重要な参考図書です。各地の研究機関、大手酒造会社、筆者が勤務していた独立行政法人酒類総合研究所（旧、醸造試験所）や国税局鑑定官室等の技術者が果たしてきた役割についても、時に耳の痛い批評も交えながらご紹介いただいているのは有難いことです。

＊坂口謹一郎『日本の酒』岩波書店、一九六四年。

「古い文明は必ずうるわしい酒を持つ」という言葉で始まる、醸造学の古典的名著です。坂口先生は、東京大学農学部の応用微生物学の泰斗であったともに歌人でもあり、本章でも引用させていただいた「民族の酒」「朝廷の酒」「酒屋の酒」という言葉のように、科学的に正確であることに加え、分かりやすく、社会的・文化的な背景も加味して解説されています。本章で引用した吉田元先生は、学生時代にこの本を読んで酒の技術や歴史に興味を持たれた、とのことです。

コラム2　古典文芸の中の酒

畑　有紀

文芸に描かれる飲食

酒をはじめとする飲食物が描かれるのは、現代の小説や漫画では一般的なことですが、古い時代の文芸に飲食物そのもの、あるいは飲食の場面（食事、調理）が描かれる例は限られています。『万葉集』には大伴旅人の「讃酒歌十三首」があるなど、複数の飲食物が詠まれていますが、以降の和歌集にはほぼ見えません。また、『源氏物語』でも、飲食に関する場面の多くは年中行事や儀礼の場であり、その内容や方法はほとんど記述されません。この背景には、飲食が穢れと結びついていたことが指摘されています。

飲食が文芸の主要なテーマとして取り上げられるようになるのは、室町時代、十五世紀以降のことです。とりわけ有名なのは、御伽草子の中でも「異類物」、あるいは「異類合戦物」に分類される『精進魚類物語』です。この物語には、人ではないものを人に見立てる「擬人化」の手法が用いられています。物語のあらすじは「納豆太郎糸重」ら精進物類と、「鮞《はららご》の太郎粒実」（鮞は鮭の卵巣のこと。作中では「鮭の大介鰭長《ひれなが》」の嫡子とされる）ら魚類が合戦を行い、精進物類が勝利を収めるというもので、『平家物語』のパロディとされます。

さらに、飲食物やその場面が詳細に描かれるのが、十六世紀中頃に成立したとされる『酒飯《しゅはん》論《ろん》絵巻』です。この絵巻に登場するのは、酒好きの公家（造酒正《みきのかみ》糟屋《かすや》朝臣《あそん》長持《ながもち》）、酒も飯もほどほどに嗜む武士（中左衛門大夫《ちゅうざえもんのたいふ》中原仲成《なかはらのなかなり》）、飯好きの僧（飯室律師好飯《いいむろりっしこうはん》）の三人です。詞書（文字部分）は三者の持論から成り、酒や飯に関する和漢の故事や行事などを通じて、それぞれの徳が説かれます。そして、絵の部分には、三人の館での宴や食事、調理の様子が描かれています。たとえば、酒好きの長持は「竹を愛せし楽天も、酒を飲めとぞ詩に作る。別を惜しみし詩の序にも、三〇〇盃とぞ勧めける。桃李の花の盛りには、天さへ酔へる気色なり」と、酒好きとして知られる白楽天や、三月三日に行われていた遊宴「曲水の宴」を挙げるなどし、酒の素晴らしさを語っています（クレール＝碧子・ブリッセほか二〇一五）。また、同じく長持の館の描写には、大きな土器《かわらけ》や銚子、提子《ひさげ》などの酒器を用いて酒を飲む様子、酒を樽から別の容器に移す様子に加え、半裸で踊る人や酔い潰れた人々まで確認できます。

酒と茶、飯、餅の対比

『酒飯論絵巻』が、酒と飯のどちらがよいかという優劣争いをテーマとするように、酒は他の飲食物と対比、あるいは対立するものとして描かれる場合があります。典型的なのは、酒と茶、酒と飯、そして酒と餅の三つのパターンです。こうした酒と他の食物との対比に、上戸と下戸の対比という意味が隠されていることは、『酒飯論絵巻』に『上戸下戸之巻』などの別名があることからも明らかでしょう。

このうち酒と茶を対比するものとしては、『酒茶論』という同名の物語が二つ遺されています。一方は、室町時代後期から江戸時代初期の作とされる仮名草子で、『精進魚類物語』のように擬人化された酒類と茶類が合戦を行うも決着がつかず、魚鳥が仲裁に入り、和睦の宴を開くという物語です。他方は、天正四（一五七六）年に書かれた二人の人物の論争物で、酒好きの忘憂君と茶好きの滌煩子がそれぞれの徳を説き優劣を競うのですが、それを聞いていた一閑人が優劣はつけ難いと締め括るものです。こうした酒と茶の優劣争いには、中国の敦煌《とんこう》文書と呼ばれる古文書類の中に、唐代の『茶酒論』という物語があることも知られます。

特に江戸時代前後、さまざまな文芸に繰り返し作られたのが、酒と餅の対比です。古くは応永二十六（一四一九）年の奥書を持つ『餅酒歌合』があり、餅「年のうちに餅はつきけり一年を去年《こぞ》とや食はん今年とや食はん」に対し、酒「飲みふせる酔《ゑ》いのまぎれに年ひとつ打越《うちこし》酒のあぢきなの身や」と詠まれるなど、酒と餅に関する歌の優劣が競われます（宮内庁書陵部編一九五六）。大蔵虎明本にも収録される狂言「餅酒」では、領主に年貢として酒を持参した加賀の百姓と、餅を持参した越前の百姓とが歌を詠むのですが、この歌は『餅酒歌合』に挙げられている歌とほぼ同一のものです。

そして江戸時代に入ると、寛文頃の作とされる仮名草子『酒餅論』以降、酒類と餅類を擬人化し、その合戦をテーマとする文芸が複数確認できます。特に、江戸中期から後期にかけては、安永九（一七八〇）年の黄表紙『酒餅腹中能同志《おなかのよいどうし》』、弘化元（一八四四）年の滑稽本『滑稽五穀太平記』のような挿絵入りの冊子のほか、天保十四～弘化三（一八四三～四六）年頃の「太平喜餅《たいへいきもち》酒多々買《さけたたかい》」、安政六（一八五九）年の「餅酒大合戦之図」といった錦絵（多色刷りの浮世絵版画）まで出版されています。書名や画題のとおり、これらはいずれも酒と餅の合戦ではあるのですが、餅と分類される中には、鏡餅や安倍川餅に加え、饅頭や羊羹など、今日で言うところの和菓子も含まれています。

描かれた酒と現実の酒

酒と餅の合戦の物語にはどのような酒が描かれているのか、例として、黄表紙『酒餅腹中能同志』を見てみましょう。「なんと庄兵衛」という人物が、上戸と下戸の二人の息子兄弟のどちらに家督を譲るか思い悩んでいたところ、夢を見ます。夢の中では、酒の大将「九年酒」が、

「剣菱」、「焼酎」、「泡盛」ら仲間の悪酒とともに、庄兵衛を悩ませる餅菓子を滅ぼそうと相談します。大将「饅頭」、「団十郎煎餅」、「大仏餅」ら餅菓子はこれを聞き、両者は敵対するようになります。そうした中、恋仲となった「味醂酒」と「助惣焼き」に「どぶろく」が横恋慕したことをきっかけに合戦が始まります。両者負けず劣らずの戦いを繰り広げるものの、最終的には「大通神」（大通人、つまり粋人をかけています）が仲裁し、酒と餅菓子は和睦します。目覚めた庄兵衛は、家督を息子兄弟に分け与えることにした、と物語は幕を閉じます。

　酒と餅の優劣争いの物語では、なかなか勝敗がつかず、酒と餅以外の者が現れ仲裁することで和睦する、というのが定型です。また、作中で擬人化された酒や餅には、それらにちなんだ語から成る人物名が付されます。『酒餅腹中能同志』では酒や餅の種類がそのまま人名とされていますが、「太平喜餅酒多々買」では酒の大将「初尾神酒守剣菱《はつおみきのかみけんびし》」のほか、「伊丹之助諸白」、「池田呑照《のみてる》」（池田信輝《のぶてる》のもじり）などの名が見えます。このような酒の人名に使われた語を分類すると、「味醂」・「泡盛」・「剣菱」・「焼酎」をはじめとする酒の種類のほか、「剣菱」・「瀧水」などの酒銘、「伊丹」・「池田」という産地、そして「満願寺」・「内田」などの酒屋といったように、実際に飲まれていた酒に関する語が多く用いられていることがわかります。

　こうした語は、作者はもちろん、主たる読者である江戸の人々によく知られていたものであったはずです。しかし、必ずしも当時の流通や評価を正確に表現しているとはいえません。たとえば、先述のように、文芸中では伊丹や池田の酒が描かれ、高位の者とされることも多いのに対し、灘酒はほとんど描かれていないのです。しかし実際には、十八世紀後半以降の江戸では、伊丹や池田の酒よりも灘酒の方が多く流通し、同等の評価を得ていました。明治四〇

（一九〇七）年の『灘酒沿革誌』によれば、天明四（一七八四）年に江戸へ入った酒樽の数は、灘目から二六万八五二七樽、池田からは一万五八六九樽と十七倍近くの差があります。同書には、天明四年以降、安政四（一八五七）年に至るまで十七年分の樽数がまとめられていますが、いずれの年も灘酒は池田酒の一〇倍から二〇倍程度の量が運ばれていたとされています。

　これらの酒に対しては、寛政十一（一七九九）年の『日本山海名産図会』巻之一に「伊丹は日本上酒の始とも云べし（略）今は伊丹、池田、其外同国、西宮、兵庫、灘、今津などに造り出せる物また佳品なり」、また、時代は下って嘉永六（一八五三）年の『守貞漫稿』後集巻一に「今世ハ摂ノ伊丹、同池田、同灘ヲ第一ノ上品トシ、又醸酒家多ク甚タ昌《さかん》ナリ」という記述に加え、正宗などの商標が記載されるように、灘酒が伊丹や池田の酒に匹敵する高い評価を得ています。こうした事実がありながら、十九世紀後半に生まれた酒と餅の合戦の物語の中に、灘酒に関する語がほとんど登場しないことは、現実の社会状況と文芸の世界とにずれがあるといえるでしょう。

酒を文芸に描くという営み

　ここで取り上げた古典文芸の中の酒には、種類、産地、店名などの実際の酒に関する情報が用いられているものの、流通量や評価の高さが正確に反映されてはいないようです。この事実は、当時の人々が酒についての流行や最新の情報だけでなく、より多くの人が共有していた酒の情報や知識をふまえて文芸を生み出し、享受していたことの証左といえるでしょう。さらにいえば、酒と何らかの飲食物との優劣争いに決着はつかず、第三者の登場、仲裁により和睦するという展開そのものが、『酒茶論』や『酒飯論絵巻』から続く文芸の定型であり、この定型をも楽しんでいたと考えられるでしょう。

それでは、このような酒、さらには飲食物を描いた文芸を読み解くことで、私たちは何を学び得るのでしょうか。そこには、大きく分けて二つの意義があると考えられます。第一に、当時の人々が酒に持っていた共通の認識やイメージを知ることに繋がる点、そして第二に、日本の文芸が飲食をどのように描いてきたかという文芸と飲食との関わりを解き明かすことができる点です。なお、酒にまつわる江戸時代の文芸としては優劣争いのほか、先行作品のパロディも多く、享和元（一八〇一）年の黄表紙『福徳三年酒』は浦島太郎を下敷きとしており、文久元（一八六一）年の滑稽本『酒取物語』は『竹取物語』にちなんだ内容となっています。また、たくさんの川柳や狂歌も遺されています。こうした文芸に対する研究はまだ途上にあり、手つかずの資料も多くあります。これらを幅広く読み解くことで、古い時代から現代に至るまでの日本人にとっての酒、さらには飲食物の持つ意味を解明できるのではないでしょうか。

引用・参考文献

伊藤信博編『酔いの文化史』勉誠出版、二〇二〇年。

喜多川守貞『守貞漫稿』後集巻一、国立国会図書館蔵。

木村兼葭堂『日本山海名産図会』巻之一、早稲田大学図書館蔵。

宮内庁書陵部編『桂宮本叢書』十七、養徳社、一九五六年。

小峯和明／ハルオ・シラネ／渡辺憲司編『文学に描かれた「食」のすがた――古代から江戸時代まで』至文堂、二〇〇八年。

母利司朗編『和食文芸入門』臨川書店、二〇二〇年。

クレール＝碧子・ブリッセ／伊藤信博責任編集「文化庁蔵『酒飯論絵巻』の翻刻・釈文・註解」、伊藤信博／クレール＝碧子・ブリッセ／増尾伸一郎編『『酒飯論絵巻』影印と研究――文化庁本・フランス国立図書館本とその周辺』臨川書店、二〇一五年、二三一～六八頁。
畑有紀「国立国会図書館所蔵『福徳三年酒』翻刻と語釈」『酒史研究』三六号、二〇二一年、一（三八）～一二（二七）頁。

付記

資料の引用にあたっては、通読の便を図り、表記を私に改めた箇所がある。

第Ⅱ部　日本酒と地域

第三章　日本酒の地域性と新潟清酒の特徴

金桶光起

国税庁の統計「清酒製造業の概況」（平成三〇年度調査分）によると平成二九年度、全国の清酒製造業者数は一三六五場あります。その分布は、北は北海道から南は沖縄まで全国に広がっています。その中で新潟県には八八場あり、その数は全国第一位となっています。食に関しての地域性は新潟県の「のっぺじる」、岐阜県高山市の「朴葉味噌」など全国にその土地ならではの特徴的な郷土料理があることは誰しも知っている事ですが、日本酒にも郷土料理ほどの大きな違いや特徴、つまり地域性があるでしょうか。次節以降で新潟清酒を中心に考えていきます。

1　米・水・気候・人の地域性

「地域性」とは「他の地域と異なる性質でその地方や地域に特有の事柄」ということです。日本酒にとっての地域性を考えてみると、日本酒の約八〇％を占める水、気候を含む醸造環境、原料となる米、作り手などにより地域性が現れると考える事が出来ます。まず、水については、軟水や硬水の地域があり、それぞれの地域において含まれる微量成分が異なります。この微量成分によって発酵させる温度や期間が異なり、各地で出来た日本酒の酒質に各地方の特徴が出てきます。灘の宮水は硬水で醸造に有用なカルシウム、リン、カリウム、クロールなどを豊富に含んでおり、酵母の活性が強くなり一般的に酸の多い辛口の味わいの日本酒になり、新潟のような軟水では酵母の発酵が緩やかになり軽やかで柔らかい口本酒になると言われています。

原料となる米で代表的なのは兵庫県の山田錦、新潟県の五百万石、岡山県の雄町など地域を代表するものがあり、山田錦では芳醇な味になり、五百万石では淡麗な味の日本酒が出来ると言われています。このような米の品種と産地で地域性がはっきりと出てくるのでしょうか。ワインでは、ブドウの品種、栽培する土壌、醸造地が違えばできあがるワインにその特徴が現れ地域性が出ることがよくわかりますが、日本酒の原料は米で穀物のため、果実と違い栽培地が新潟で、醸造地は新潟以外でもできるのです。穀物は、全国、全世界へ流通することができる特性がある為、原料の栽培地と醸造地が同一のワインとは異なります。

それでは、原料米での地域性はないのでしょうか。今盛んに増えてきているのは、県独自の酒米を開発し独自性・地域性を出そうとする動きです。新潟では、越淡麗（育成年：二〇〇四年）を開発し、米、水、人、醸造地など全てが新潟であるオール新潟戦略で新潟の独自性・地域性発揮に取り組んでいます。

それでは気候はどうでしょうか。本州を見てみると、真ん中に山脈があり日本海側と太平洋側に分かれています。その為、気候は大きく異なります。この気候と醸造についてでは、次節以降で新潟を例として考察します。

造り手では、かつて全国に酒造りを担う職人集団があり、新潟には越後杜氏、岩手には南部杜氏、兵庫には丹波杜氏などの集団があり独自の技術で日本酒を醸造していた歴史がありました。しかしながら、現在では出稼ぎによる技能集団はなくなり社員での日本酒造りになっています。昔ながらの酒蔵というのは、従業員は冬に出稼ぎでやって来ていたのです。出稼ぎの技能集団が醸造技術を持っていて日本酒を造って冬が終われば国元へ帰ってしまうため、その会社自体には醸造技術が一切残っていないのです。すなわち、越後杜氏とか丹波杜氏とか、そういう技能集団の技術で日本酒が成り立っていました。そのため、酒質の地域性が造り手から来るかというと、出稼ぎの杜氏の技術によるところが大きいので、はっきりと断言できません。

それでは、かつての杜氏集団の技術はどういうものだったのでしょうか。例として越後杜氏の酒造法、即ち越後流の酒造技術を見てみると、この技術はもともと新潟で独自に発達したものではなくて京都・大坂・金沢・富山方面に出稼ぎに行きそこで学んだ技術が伝来してきたものです（阿部一九六六）。各地の酒造技術が出稼ぎ者からもたらされ新潟の気候風土に合ったものに改良されたもので、新潟以外の地域でも同様です。

今現在はどうでしょうか。一九〇四年に大蔵省醸造試験所が設立されて以来、醸造技術に関して研究が進み、全国的に安定した優良な日本酒を製造する為に技術講習会が開かれ、さらに各県にも試験場が設立されたことから、日本酒の基本的な造り方は県によって違うということはなくなりました。その為、製造技術による地域性というものは大きくありません。

現在は地域というよりも、各酒蔵による特徴的な造り方や酒質といったものが各蔵の味というかたちになっていると言えます。

2　新潟清酒のはじまりと特徴

新潟清酒のはじまりはいったいどこなのでしょう。『新潟県酒造誌』（新潟県酒造組合連合会一九二〇）によると糸魚川市の奴奈川神社の旧記に「翡翠の女王、奴奈川姫が大巳貴神《おおなむちのかみ》（大国主命）をもてなすのに沼垂《ぬまたれ》の田（水田）の稲を用いて醸した甜酒《たむさけ》をもってした」とあり、神話の時代から日本酒造りが行われていたと推察しています。

また、初代新潟県醸造試験場長の文献調査（阿部一九六六）によると村上市の宮尾家に大同年間（八〇七年）と記録してある酒造伝授必法があることから平安時代にはすでにある程度確立した技術での日本酒造りが行われていたことがわかります。

それでは、新潟清酒が商業的に成り立ってきたのはいつごろでしょうか。足利義満時代には酒造業に対し課税しており（一三七一年）、一五六〇年に新潟県では上杉謙信が民力の涵養のために五年間免税を行っており、県内で古い酒蔵が一五四八年に創業していることから、商業的に成り立ったのが一五四八年頃と考える事が出来ます。新潟県内の多くの酒蔵の創業は明治時代が多数を占めています。

新潟の酒質に関しては、やはり地形や気候が非常に重要な部分を占めています。新潟県は、日本地図を小さくしたような形をしています。特に海岸線が約三三〇キロメートルと長く、越後平野と高田平野という大穀倉地帯があります。そこで酒米やコシヒカリなどをつくっており、米の生産量は全国二位（農林水産省「令和元年産米の農産物検査結果」（確定値））の大穀倉地帯です。

長い海岸線プラス佐渡で、全県にわたって酒蔵があるというのも新潟県の特徴の一つです。また、他県の場合、良い水のある地域に酒蔵が固まっていることが多いのですが、新潟は全県にわたって酒蔵があります。

日本酒造りにはとにかく水が重要であることは先に述べましたが、今現在、県の名水として六八箇所、環境省・国が定めた名水百選として五か所（新潟県「新潟の名水一覧」）あり、酒蔵がある場所には必ず名水の場所があるのです。このように非常に水に恵まれた県であることも、新潟の地域性の一つになっています。日本酒の八〇%は水が占めているため、水の味や性質によって、お酒の味や風合い、風味といったものが変わってきます。新潟は軟水地域が多く、微量成分が少ない為、比較的長い時間をかけて発酵が行われ、酸が少なく、なめらかできめの細かい淡麗な風味の日本酒ができあがります。

昔は新潟でも宮水のような硬水での酒造りにしようという努力が行われていました。佐渡の牡蠣殻を蔵に持ってきて、井戸の中に沈めて、それで硬水をつくって仕込もうとか、さまざまなことをやっていました。しかし、うまくいかず、結局、新潟の軟水で酒をつくる技術を極めていきました。

軟水での酒造りでは発酵期間が長くなり、酵母によるアルコール発酵がゆっくりとなり、発酵温度を高くすると雑菌汚染によって下手をすると腐りやすくなります。そのために発酵温度を低くして、雑菌の増殖を抑えながら長期間にわたってアルコール発酵を行っていきます。硬水の場合は、アルコール発酵が旺盛になるため、雑菌に汚染されにくく、比較的高い温度で発酵させることが出来ます。

それでは気候を見てみましょう。太平洋側と日本海側では気候に特徴があります。東京都と新潟市の日照時間と温度変化を比べた場合（気象庁「過去の気象データダウンロード」）、夏場は、新潟市の方が東京都より日照時間が長く、植物の栽培に適しており、冬場では新潟市は温度変化が少なく低温な為もろみの温度管理に適しています。そのため、新潟は清酒醸造が低温長期型で、香味バランスがよいお酒を醸しやすい環境となっています。

この環境を生かし、新潟の酒造りは今でも三期醸造が主流で、夏場は米を造り、冬場は酒を造り、年間を通じて出荷しています。新潟だけでなく他県でも三期醸造が主流のところが多くあります。巨大生産地である兵庫や京都では、ほぼ機械化が進んできている会社があり四季醸造をしており、年間を通してつくって、年間を通して販売しています。

新潟の酒質を表すときに、特に重要なのが酒造好適米の五百万石（育成年：一九五七年）です。戦争で一時開発が中断しているのですが、新潟の気候に合う早生品種です。

開発された当時は、五百万石で日本酒をつくると味が薄く水のような日本酒ができると酷評されましたが、醸造特性が優れていて新潟の酒造りによく合い、新潟の日本酒は、淡麗辛口の方向に向かいました。新潟にとっては、非常に重要な酒米で、五百万石を使っていない新潟の酒蔵はありません。ただし、この米は精米歩合を五〇％以下に磨こうとすると途中で砕けてしまう性質があるため、大吟醸酒をつくるためには、新潟県産米ではなく兵庫県産の山田錦などを使わなければいけませんでした。

そこで新潟県産米で大吟醸造りに耐える酒米として一本〆（育成年：一九九三年）が開発されました。これは新潟の気候に合う早生品種でしたが、栽培の過程で、雑味の原因となる米のタンパク質が年々多くなり、現在は少数の酒蔵でしか使われていません。

そこで、一本〆の失敗から学び開発されたのが越淡麗です。開発された理由は、新潟の酒蔵は醸造地、水、造り手、酵母、米、すべてを新潟のもので造りたいという思いがありました。新潟の酒蔵では、原料米のおよそ九五％以上が新潟県産ですが、大吟醸だけ県外の山田錦を使わざるを得ず、そうするとオール新潟にはなりません。

そのため、大吟醸までつくれるお米を開発したいということで、いくつか試験した結果、山田錦と五百万石の交配から、越淡麗という新しい酒米を開発しました。この酒米は五〇％以下の精米にも耐えるので、オール新潟で大吟醸まで造れるようになりました。

さて次に、造り手を見てみましょう。日本各地に出稼ぎに出た技能集団があります。新潟の場合は越後杜氏と呼ばれています。秋田は山内《さんない》、岩手は南部、兵庫になると丹波と呼ばれる杜氏集団があります。その他にも、それぞれの出身地によって、杜氏の集団として呼ばれているものがあります。

この杜氏の集団は、当然ながら地元でも酒をつくりますが、技能集団として全国へ出稼ぎに行きます。杜氏を先頭として、同じ地区出身者で、いわば酒造チームを組んでいます。

新潟の杜氏の出身地は、中頚城、東頸城、刈羽、三島が中心となります。幕末から明治にかけて、日本最大の杜氏集団を形成したというのも、新潟の特徴です。ものすごい数の杜氏が新潟から輩出されていて、全国で酒を造っていました。

杜氏の出身地別分布（野白一九六六）を見ると、一九二七年、全国二〇地区から五〇〇〇人ぐらい、杜氏と呼ばれる方々が酒造りに出ています。新潟はそのうちの五分の一、一〇〇〇人以上いたということです。一九三四年、全国では七〇〇〇人に増えています。この当時でも、新潟出身杜氏は一二〇〇人ぐらいです。新潟の杜氏がこれだけいたということは、技術が確かだったということでしょう。

ただし、こういう杜氏は、ほぼ出稼ぎです。現在のように冬場でも地元で仕事ができるようになると出稼ぎに行かなくなり、出稼ぎの酒造技能集団はみるみる少なくなっていきます。最大一二〇〇人ぐらいいた新潟の杜氏も急激に減っていきました。それぞれの地方の酒蔵で酒を造っていた出稼ぎの技能集団がいなくなるとどうなるでしょうか。蔵元には技術が残っていないため、蔵元で酒をつくる人材確保が非常に難しくなります。これは全国の酒蔵が抱えている悩みの一つでした。

そこで新潟は、独自の人材育成システムを作りました。日本で初めて酒を造る技能者を業界自らが育てていこうと新潟清酒学校（嶋一九九一）を一九八四年に設立したのです。学校の運営は酒造組合が行っています。酒蔵の従業員をライバルでもある他社の技術者が三年間かけて教育するシステムです。

この学校では、酒造りの基本はもとより、手紙の書き方、討論の仕方、経営など一般社会人としての知識に関わることも科目として教育を行っています。設立から三六年経ち、卒業生が五〇〇人を超え、新潟の酒蔵のおよそ四〇社で卒業生が杜氏職に就いています。

新潟清酒学校が設立されたころ他県の蔵元は「卒業生は回してくれるんでしょう」と言っていました。昔の出稼ぎの時代のようなかたちで、新潟で人材育成して、他県の酒蔵のところに送り込んでくれるものだと思っている蔵元がありました。杜氏の減少と人材育成への危機感がないことが、この言葉からわかります。

技術の歴史の中でも新潟の特徴があります。木桶で酒を醸造していた時代に全国に先駆けてホーロータンクを導入したのが新潟県です。ホーロー引きといって、鉄にガラスでコーティングしてあるもので、これに切り替わることによって掃除が楽になり、微生物汚染が少なくなっていきました。木製の杉樽だと、完全に殺菌することが出来ずどうしても木の隙間に微生物が残って、酒が腐ることがありました。そんな中で新潟県がいち早く洗浄、殺菌に優れているホーロータンクでの醸造を開始し、非常に優れた酒質の酒を造り、醸造業界に革命をもたらしました。

酒母のつくり方の一つである速醸酒母の開発にも新潟の蔵元が関わっています。長岡市のお福酒造の蔵元が研究していた乳酸添加酒母を当時、国の醸造試験場に勤務していた上越市出身の江田鎌治郎氏が更に研究を進め完成させました。江田氏は、速醸酛を開発しましたが、公益性を優先し、特許にはしませんでした。

醸造の分野で偉大な功績をのこされた坂口謹一郎博士も上越の出身です。著書に『日本の酒』という名著があります。およそ六〇年前に書かれた本ですが、日本酒の文化、製造技術の素晴らしさなど、今読んでも日本酒の将来を語る上で非常に参考となります。

また、岩の原ワインをつくられた川上善兵衛氏のように、日本ワインの基礎づくりに貢献された方もいて、醸造にかかわるキーパーソンを輩出していることも新潟県の特徴の一つです。

3　酒質の変遷――濃醇甘口から淡麗辛口へ

　寛文や元禄のころのお酒は黄金色の汁液で、非常にトロリとした酒だったようです（阿部一九六六）。例えるなら、カルピスの原液にアルコールが入っているようなものでしょうか。明治から昭和に入ると、速醸酒母の開発など酒造技術が進歩してきて、甘酸辛苦渋などの味が調和している酒になってきます（西谷一九九三）。戦後の昭和に入ると、現在の酒に近づいてきていて、坂口謹一郎博士が、これからの酒はこういうお酒がいいよとおっしゃって、「さわりなく、水の如き喉ごし、太陽の光が七色の光を集めてなお無色であるが如し」（西谷一九九三）という表現をされています。この表現はまさに新潟の酒質を表した言葉です。

　平成の時代に入ると全国的に淡麗で辛口の酒が非常に多くなってきます。その中でも各酒蔵で香味の多様化がどんどん進み、さらに原料米を削って精米歩合を低くする流れが加速しました。

　それではもう少し詳しく酒質の変遷を見てみましょう。明治時代の酒はどんな酒だったのでしょうか。明治三〇年代に全国で八〇一の庫内酒を分析した結果（齋藤一九八〇）を見ると、正常な清酒は四三三、腐敗した清酒が三六八とおよそ四六％が腐敗していて、醸造技術が稚拙だったことがわかります。新潟は当時、長野局管内で管轄地域として長野と一緒だったので個別の数値ではありませんが、調査したのが六〇、そのうち正常清酒が三〇、腐敗清酒が三〇で全国と同様な状況でした。酒が貴重な時代でしたから腐敗した清酒も工夫して飲んでいたのでしょう。

　正常清酒の成分を見てみると、鹿児島局（鹿児島、宮崎、沖縄）の日本酒度がマイナス一〇と甘口で、全国的にはプラス一四から一九と大辛口の清酒が主流でした。長野局（長野、新潟）の数値を見るとプラス一七で新潟の酒も大辛口でした。アルコール度数は現在の清酒とあまり変わらず平均して一七・一％でした。味で重要な要素である酸度を見てみると全国平均で六・四と現在の清酒の一・三と比べるとかなり高いです。当時は、ものすごく辛くて、ものすごく酸っぱいという酒が飲まれていました。

それでは明治以降、酒質がどのように変化し現在まで続いているのでしょうか。図3・1から分かるように、明治時代の濃醇辛口から現在は淡麗辛口に変わってきています。

全国の酒質の動きは、新潟の動きに一〇年遅れで追随していますので、新潟の酒質の変化を中心に見ていきます。分析データが残っている一九八三年から二〇一七年までの新潟清酒の酒質の変化を見てみると、濃醇甘口から淡麗辛口に変化していきました。

昭和五〇年代というのは、肉体労働をする方々がだんだん減ってきてデスクワークの方が増えてくる時期です。一次、二次産業から三次産業に産業構造が切り替わる時期です。するとどのような変化が起こるでしょうか。一生懸命、体を使っていると甘い酒が欲しくなりますけれども、デスクワークをしていると、甘くて濃い酒は飲まなくなります。さらに、食も洋風化し畜産物・油脂類の多い食事となり、飲む酒は淡麗な酒質が好まれるようになり酒質をますます淡麗の方向に引っ張っていきました。

このような時代背景の中、新潟では軟水で低温長期発酵の酒造りを始めたことによって、酒質が淡麗になっていきました。新潟の酒の淡麗化と淡麗を好む消費者の増加によって、新潟の酒と時代がマッチし、新潟の酒の販売数量も増加し、有名な酒蔵もできはじめたのが昭和五〇年代からの動きです。

それで全国で何が起きたか、一〇年遅れで全国の酒が淡麗化に向かって行きます。この間、ビールや発泡酒などの他の酒類の淡麗化が進み、酒類全体が淡麗にシフトしていったのです。今現在、全国の酒は淡麗辛口となっています。

それでは現在の淡麗な酒の中での地域性はどのようなものでしょうか。かつて新潟県でも大メーカー

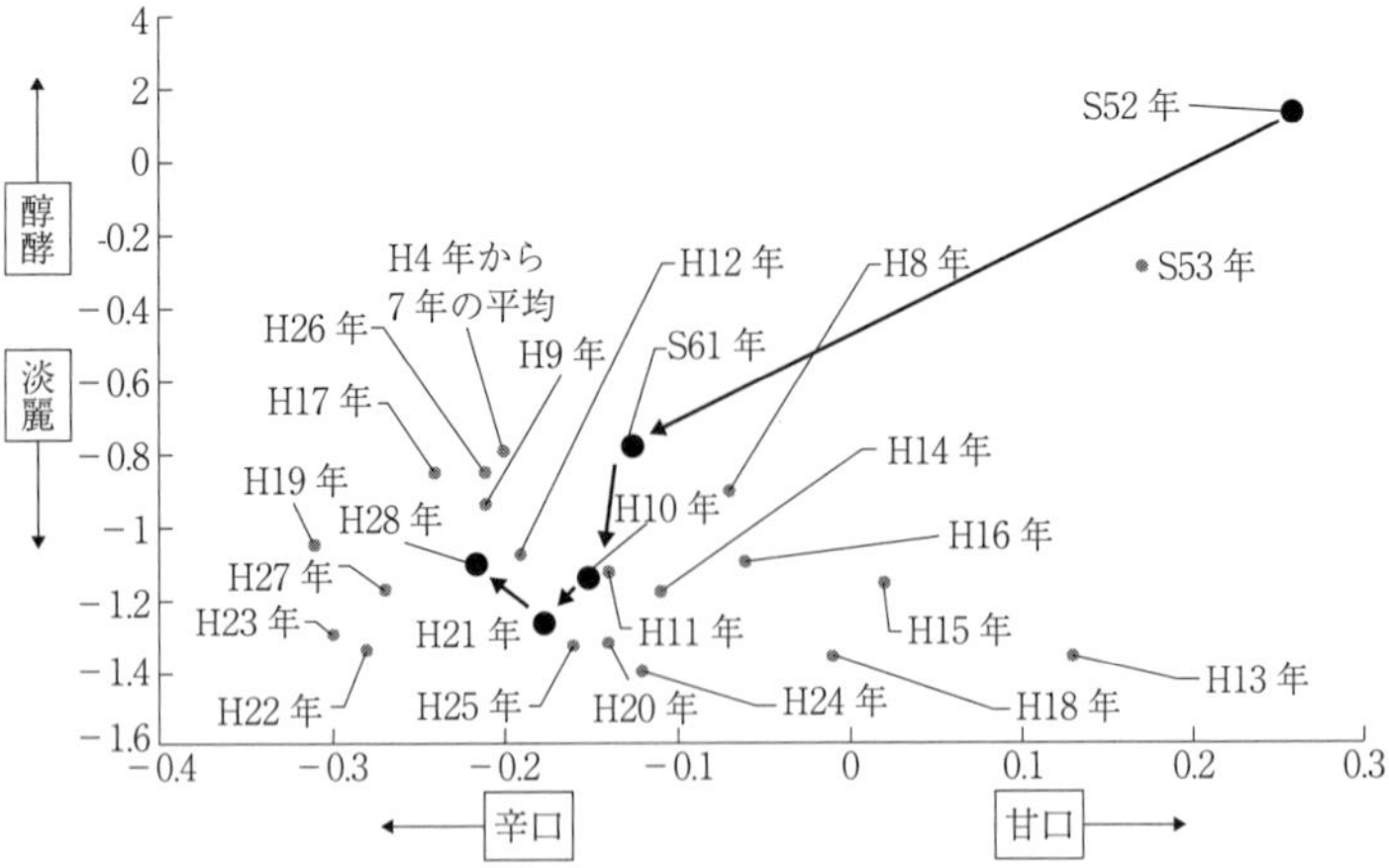

図3.1　酒質は濃醇甘口から淡麗辛口へ

注１：縦軸は濃淡度＝94545/（1443＋日本酒度）＋1.88×酸度－68.54。横軸は甘辛度＝193593/（1443＋日本酒度）－1.16×酸度－132.57。

注２：Hは平成，Sは昭和のこと。

注３：濃淡度・甘辛度は，糖と酸の含有量で説明している。

出典：国税庁関税部鑑定官室・全国国税局鑑定企画官室（1978，1979），国税庁関税部鑑定企画官室・各国税局鑑定官室（1983，1987），国税庁鑑定企画官室・各国税局鑑定官室（1992，1997），関東信越国税局（各年度別），国税庁「全国市販酒類調査の結果について」，国税庁「清酒製造業の概況」（平成三〇年度調査分），日本酒造組合中央会（2020），国税庁課税部酒税課「酒のしおり　令和二年三月」より筆者作成。

に対抗して、低い価格帯の普通酒を出す蔵があったのですが、ボリュームが全然違うので太刀打ちできなくなってつぶれていきました。そこで新潟県を含む地方の蔵元は何に特化していったかというと高級酒です。大メーカーが低価格の酒を大量に売って利益を上げている中、新潟も含めて地方のメーカーは吟醸、大吟醸酒のような特定名称酒、いわゆる高級酒の品質向上に向かっていきました。

二〇一八年の全国の出荷量（日本酒造組合中央会「平成三一年一～一二月課税移出数量」）を見ると新潟は特定名称酒の割合が全出荷量の七〇％を占めており、吟醸酒の割合が高いことが特徴的です。

他県の特徴を見てみると、宮城県は九〇％以上特定名称酒でなかでも純米県宣言をしているため純米酒の割合が高くなっています。山口県ではよく知られている酒蔵が吟醸酒のみを生産しておりその生産量が県内で占める割合が高いため山口県は吟醸酒の比率が非常に大きくなっています。

このように大まかにみて地方の特徴がみてとれますが一括りに各県の特徴がこれ、と言うのはなかなか難しくて、個々の蔵の酒を見ていくと、またそれで特徴が出てきます。

新潟県はかつて下越辛口、上越甘口、中越中間と言われていました。図3・2に二〇一九年の新潟県の酒蔵ごとの純米酒の味わいマップを示しました。これを見るとかつての区別が今はできず、辛口からやや甘口まで様々な特徴のある酒が醸されていることがわかります。

新潟全体の酒が全国的にはどうなっているか、出荷量（日本酒造組合中央会「平成三一年一～一二月課税移出数量）などを見てみましょう。出荷量は兵庫、京都に続く第三位で三七・七七三キロリットルです。

吟醸酒のシェアでは全体の一九・七％を占めているのも新潟の特徴の一つです。このシェアが高いということは、プレミア部門のお酒の品質が消費者の方々に受け入れられてきている証拠です。吟醸酒をつくるのは非常に難しいですから、新潟の技術者の技術力が高いということの表れでもあります。

また、新潟の成人一人当たりの飲酒量が全国一位で年間一〇・五リットル（日本酒造組合中央会二〇二〇）、一升瓶でおよそ六本、新潟の方々はお酒を飲んでいます。秋田、山形、石川、富山など日本海側の県がよく酒を飲むという特徴もあります。

新潟清酒の特徴を中心に日本酒の地域性の話をしました。昔から言われているのですが酒屋《さかや》万流《ばんりゅう》なのです。酒造方法は全国同じです。ただし、蔵癖というものがあって、蔵によって同じように仕込んでも同じ味ができないというのが日本酒の特徴です。立地条件や気候、水質、蔵内の風の流れがあります。今だと地域の特性をざっくり言うことも必要なのですが、蔵に醸される酒のバリエーションを豊かに楽

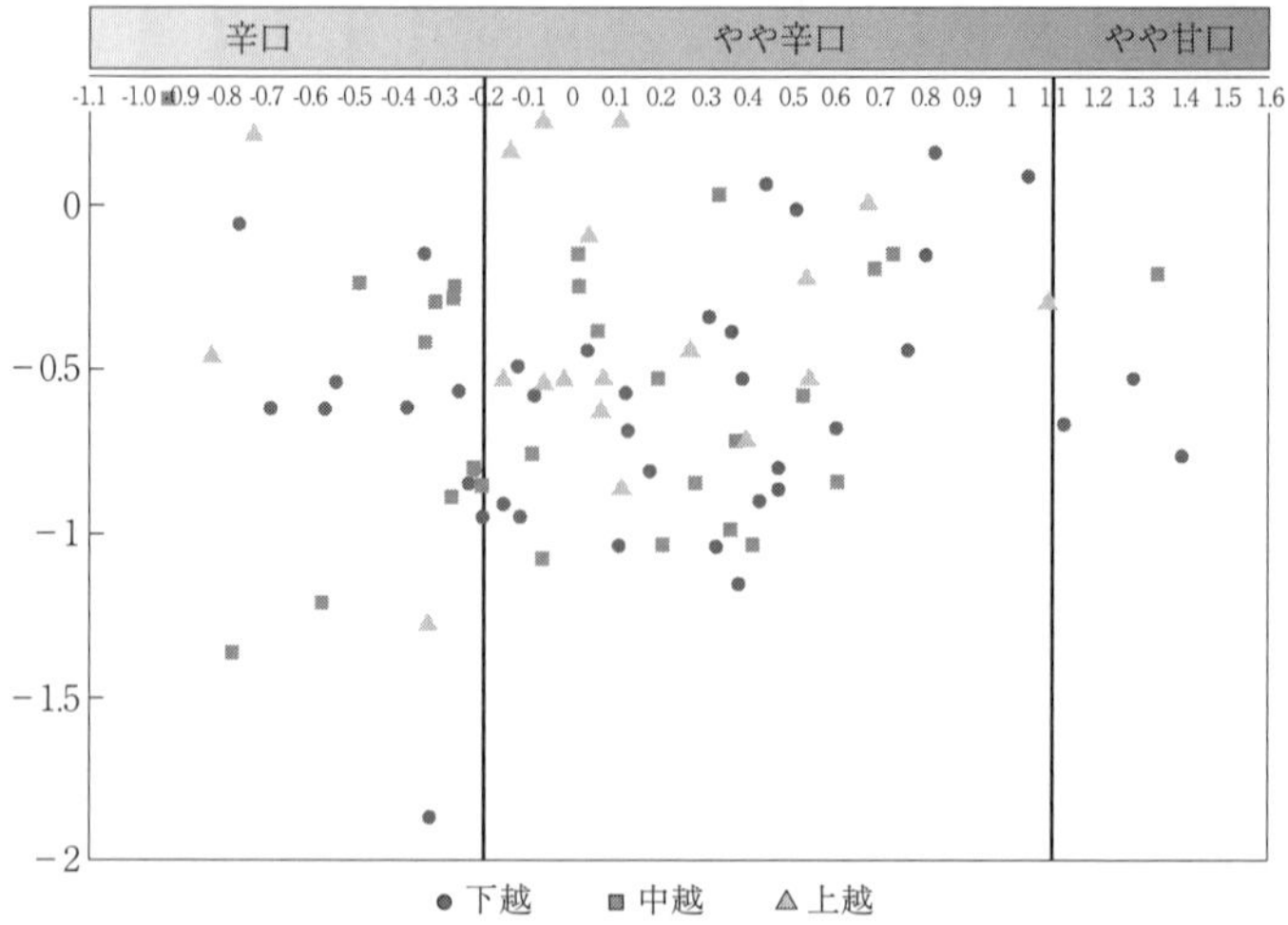

図 3.2　純米酒の味わい（2019 年）

注：縦軸は、日本酒度。横軸は、清酒の甘辛表示。推定式は、清酒中のグルコース含量（g/100ml）－清酒の酸度（ml）。清酒中のグルコース含量（g/100ml）と清酒の酸度（ml）は国税庁分析法による。

出典：新潟県醸造試験場。

しむような時代でもあります。ぜひ、各地の日本酒を味わいながらその地方に思いをはせて楽しんでください。

引用・参考文献

阿部礼一「新潟県に伝わった酒造りの古文書から酒造法の歩みを偲んで」『日本醸造協會雜誌』六一巻一二号、一九六六年、一一四八～一一五三頁。

関東信越国税局「昭和五五年～平成二六年年度　酒造概況」各年度別。

気象庁「過去の気象データダウンロード」（二〇二二年二月三日最終閲覧、http://www.data.jma.go.jp/gmd/risk/obsdl/index.php）。

国税庁「全国市販酒類調査の結果について」（二〇二二年二月三日最終閲覧、https://www. nta. go. jp/ taxes/ sake/ shiori-gaikyo/seibun/06.htm）。

国税庁課税部酒税課「酒のしおり　令和二年三月」（二〇二二年二月三日最終閲覧、

https://www.nta.go.jp/taxes/sake/shiori-gaikyo/shiori/2020/index.htm）

国税庁課税部酒税課「清酒製造業の概況」（平成三〇年度調査分）（二〇二二年二月三日最終閲覧、https://www.nta.go.jp/taxes/sake/shiori-gaikyo/seishu/2018/index.htm）

国税庁関税部鑑定企画官室・各国税局鑑定官室「昭和五七年度全国市販清酒統一調査結果」『日本醸造協會雑誌』七八巻五号、一九八三年、三六四～三六八項。

国税庁関税部鑑定企画官室・各国税局鑑定官室「全国市販清酒調査結果について」『日本醸造協會雑誌』八二巻九号、一九八七年、六〇六～六一一項。

国税庁関税部鑑定企画官室・全国国税局鑑定官室「昭和五二年度市販酒全国調査について」『日本醸造協會雑誌』七三巻十一号、一九七八年、八二二～八三一項。

国税庁関税部鑑定企画官室・全国国税局鑑定官室「全国市販清酒統一調査結果について」『日本醸造協會雑誌』七四巻九号、一九七九年、五八五～五九二項。

国税庁鑑定企画官室・各国税局鑑定官室「全国市販酒調査結果について」『日本醸造協会誌』八七巻三号、一九九二年、一八三～一九三項。

国税庁鑑定企画官室・各国税局鑑定官室「全国市販清酒調査の結果について」『日本醸造協会誌』九二巻一〇号、一九九七年、七四六～七五五項。

齋藤富男「明治三〇年代の全国清酒性状調査」『日本醸造協會雑誌』七五巻九号、一九八〇年、七〇四～七〇八頁。

嶋悌司「新潟清酒学校の七年から」『日本醸造協会誌』八六巻五号、一九九一年、三三五～三四〇頁。

新潟県「新潟の名水一覧」（二〇二二年二月三日最終閲覧、https://www.pref.niigata.lg.jp/site/opendata/1356891407847.html）。

新潟県酒造組合連合会『新潟県酒造誌』新潟新聞社、一九二〇年。

日本酒造組合中央会「平成三一年一～一二月課税移出数量」二〇二〇年。

西谷尚道「全国新酒鑑評会の時代変遷」、『日本醸造協会誌』八八巻六号、一九九三年、四三九～四四八頁。

農林水産省「令和元年産米の農産物検査結果」（確定値）（二〇二二年二月三日最終閲覧、https://www.maff.go.jp/j/seisan/syoryu/kensa/kome/attach/pdf/index-59.pdf）。

野白喜久雄「越後杜氏」『日本醸造協會雜誌』六一巻二号、一九六六年、一四四～一五一頁。

ブックガイド

＊秋山裕一『日本酒』岩波書店、一九九四年。
日本酒造りの原理を科学の目から解説し、日本酒の文化、起源を稲作の伝来から考察しています。さらに、日本酒を造る蔵人、研究者にも視点をあてた元国税庁醸造試験場所長による日本酒学の名著です。本書を一読すると日本酒一〇〇〇年の歴史から現代のバイオテクノロジーまで学ぶことができます。

＊坂口謹一郎『日本の酒』岩波書店、二〇〇七年。
醸造学の神様、新潟県上越市出身で科学者であり文化人でもある坂口博士の名著です。醸造にかかわる人の必読本で、日本酒を科学と歴史文化の視点から解説しています。初版は一九六四年ですが、読むたびに現在の酒造りに、将来の日本酒に新しい発見をもたらしてくれます。

＊独立行政法人酒類総合研究所『うまい酒の科学』ソフトバンククリエイティブ、二〇〇七年。
日本の酒類研究の総本山による酒類の造り方から楽しみ方まで教えてくれます。お酒とは何かから始まり、日本酒、ワイン、ウイスキーなど日本の酒類すべてをカバーしている酒類の入門書です。

＊神崎宣武『酒の日本文化』角川書店、二〇〇六年。

民俗学から日本酒を解説しています。日本人が日本酒を通して、神、自然、人といかにしてかかわりつながりを持ってきたのか、現在の日本人の日本酒へのかかわりの希薄さを考えさせる名著です。

＊吉澤淑『酒の文化誌』丸善、一九九四年。
日本酒だけでなく酒類全般にわたる様々なエピソードが紹介されています。酒を飲むときの話題として最適な内容で、飲み方、料理器との相性など知っておくと酒を楽しく飲むことができます。

第四章　日本酒の地域性と多様性

伊藤亮司

本章では筆者の専門分野に関わって、主に酒造経済論・市場論の立場から日本酒の地域性、特に我々の足元である新潟の日本酒の特徴について述べていきたいと思います。本来、日本酒をはじめとするアルコール飲料の地域性は世界共通のものと思われます。それぞれの地域でそれぞれの風土にあったお酒（アルコール飲料）が地域の人々に愛され、発達してきました。いわばローカルフードとして、その地域の食文化、あるいはお酒の原料となる農作物の生産・地域農業との関わりで地域独自の発展を見せてきた、そのことが日本酒においても他の酒類においても見られます。

例えば、ヨーロッパ社会ではぶどうを主原料としたワインが発達し、日本を含むアジア圏では米を原料とした日本酒や紹興酒、あるいはコメ焼酎などの（コメ由来の）スピリッツ、ロシアではウォッカ、スコットランドではウイスキー、メキシコのテキーラやモンゴルの馬乳酒など挙げるとキリがありません。同じワインであっても、ドイツ、フランス、イタリア……、それぞれの国で、あるいはフランスだとボルドー、ブルゴーニュ、シャンパーニュなど国内の地域ごとに個性豊かな酒質・味わいが楽しめるようになっています。

不思議なことに、それぞれの地域のお酒は、その地域の料理・食材と極めて相性が良く、まさに地域の食文化に根ざして改良工夫が積み重ねられてきた証でしょう。日本酒においても同様に、北は北海道南は九州まで、多様な気候風土・地域の食材・人々の好みに合わせて多様な日本酒が作られてきました。どちらかと言うと西日本では伝統的に甘口の日本酒が発達し、東日本あるいは北日本では辛口の日本酒が多いと言われます。新潟のお酒は一般に「淡麗辛口」と言われ、それはやはり地域の食材とのマリアージュが生まれるように感じます。極上の海の幸（甘エビ・のどぐろの刺身とか）、豊かな里の野菜（ナスや菜モノとか）、山菜やキノコなどの山の幸、これらを「邪魔しない」「引き立てる」ための派手ではないがスッキリした飲み口が新潟清酒の身上でしょう。本章では、そんな日本酒の地域ごとの個性を文化論ではなく、あえて経済論の立場から見ていくことにしましょう。

1　地域概念の拡大と日本酒の「個性」をめぐる対抗関係

元々は、地域固有の原料（米）、あるいは水、さらには技術（ヒト）に依拠し、狭いローカル市場のもとで消費者となる地元の人々の好みや食文化に根差して発達してきた日本酒は、「期せずして」地域独自の特徴・酒質を獲得してきました。しかしながら、現代社会においては、そもそもの地域概念が拡大（没個性化）し、日本酒業界は、広域流通・広域競争のもとでの新たな市場競争の局面にあります。特に情報化社会のもとでは、小さな酒蔵でもやり方次第で世界に発信することができる半面、ライバル過多・情報過多の中での埋没リスクを抱えます。地域性自体が情報空間のなかで「単なるコンテンツ化」し、（日本酒だけではなく）モノづくり自体が情報産業の下請け化するとすれば、日本酒業界そのものが主導権をよそに握られかねない、そんな危惧も感じます。

地域・ローカルの概念・範囲そのものが歴史性を持ち、一定空間で閉じていた、それぞれの地域の個性豊かなお酒たちが、消費量が減少する局面の市場競争の中で生き残り競争を迫られている、そんな現段階の日本酒は、一方では個性化・独自性の発揮・多様化を目指す論理を保ちつつ、他方で売れ筋・流行りに合わせた酒質の統一化・没個性化と個性的な製品・酒蔵淘汰の論理が併進する状況にあります。「派手さはない」が飲み飽きないオーソドックスな良酒が市場競争のなかで埋没し、淘汰されるのは単純にもったいないことだと感じます。各地域の個性溢れる日本酒がそれぞれの個性を磨き合い、それぞれの個性を花開かせ、全体として多様で魅力溢れる日本酒の世界が展開される……そんな展開を夢見て。そこでは飲み手の行動が問われます。飲むべき酒はどれなのか、守るべき酒蔵はどこなのか、皆さんと一緒に考えていきましょう。

2　日本酒生産の地域間格差とその歴史性

まず、日本酒の生産段階、つまりメーカー段階の地域性について概観します。日本酒の生産は全国各地で幅広く行われており、酒蔵（メーカー）は多くの都道府県に存在します。国税庁の「清酒製造業の概況」では二三〇七場となっていますが、実際に製造を行っている蔵は約一六〇〇社と言われます。その中で大きな位置を占めるのが兵庫県の灘、及び京都府の伏見です。両者は、いわゆる日本酒の二大産地として長年、業界をリードしてきました。両県には、大手の日本酒メーカー（ナショナル・ブランド）が多く集中しています。白鶴、大関、月桂冠、松竹梅など、皆さんにもおなじみのブランドではないかと思います。生産量のシェアでは図4・1の通り、兵庫県が二六%、京都府が二三%となっており、両府県の合計では全国の四九%のシェアを誇ります（二〇一七年）。

新潟県は、これに次ぐ第三位。生産量シェアでいうと約八%に過ぎませんが、どちらかと言うと中小規模のメーカーが多く、酒蔵数では約九〇社と全国で一番多い県となっています。

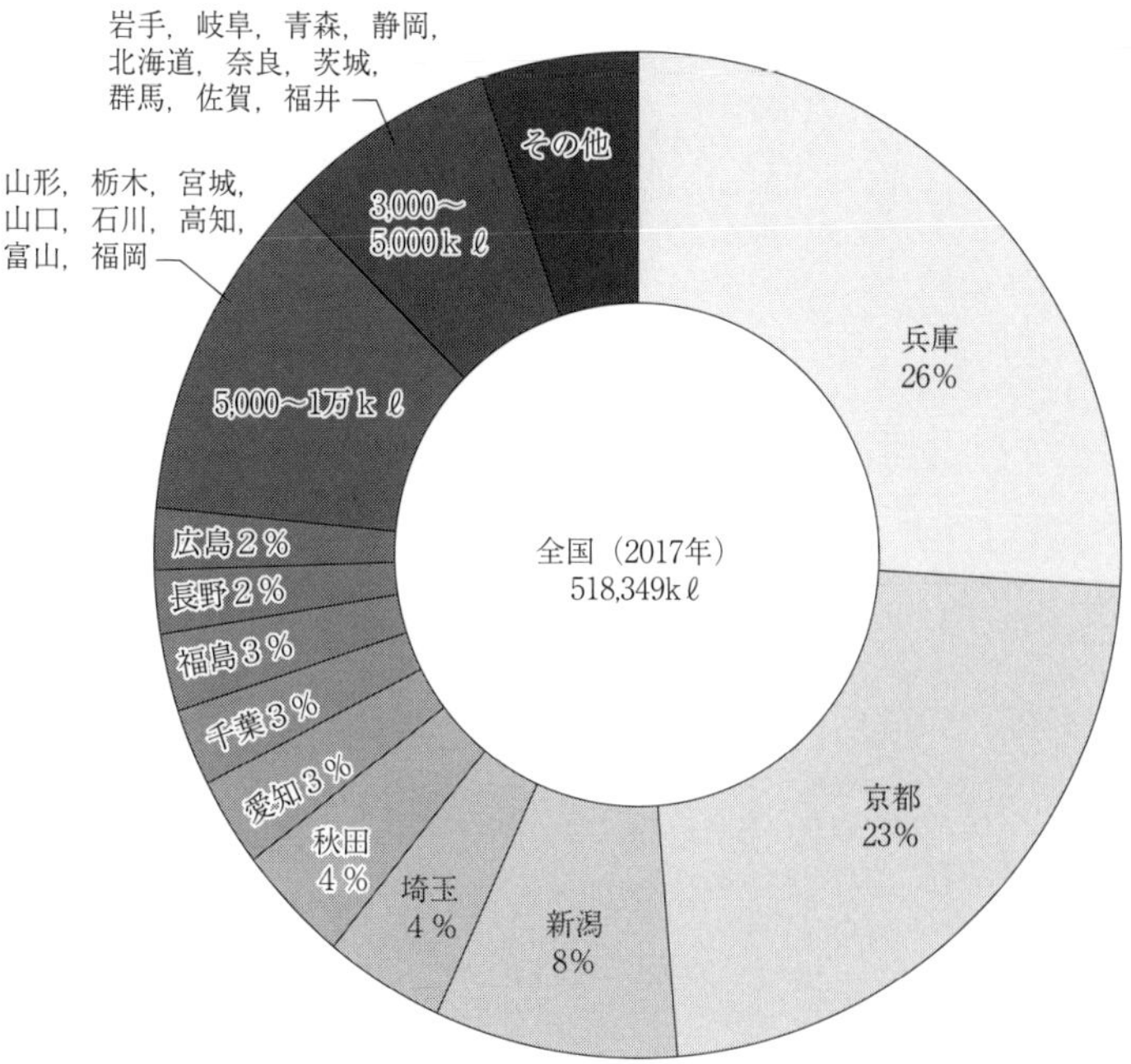

図 4.1　課税移出数量ランキング

出典：国税庁「清酒製造業の概況」（2017 年分）より筆者作成。

（1）酒造業の近代化と級別制度下における灘伏見の地位

灘・伏見の酒造業は、近代的酒造りの先駆けと呼ばれます。古くは江戸時代から大消費地である関東に向けた「江戸送りの酒」として全国の他の産地とは別格の地位にありました。彼らは、戦後、高度成長期に需要拡大の下で近代的工場生産として大量生産・大量販売を展開し、全国隅々に販売ルートを形成していきました。

当時は、お酒の世界には級別表示制度というものがあり、いわゆる高級酒として特級酒・一級酒は灘・伏見の酒、各地の地酒は、それより劣る二級酒（等級検査を受けない無鑑定）として扱われました。特級・一級・二級と下位になるに従い酒税が安く済んだことから、高く販売したい酒（灘・伏見の高級酒）は上位等級を目指し、地元で販売される庶民向けのレギュラー酒は、あえて二級酒として安く出していくという戦略の違いでもありました。市場構造（競争構造）としては、各ローカル市場において高級酒は灘・伏見のナショナルブランド、その下に各地域の地元のローカルブランドが続くという棲み分け構造が当時の基本図式だったといえます。

家庭でも盆正月は月桂冠、来客があれば松竹梅、でもお父ちゃんが晩酌に飲む酒は地元の朝日山、あるいは新潟の中心街である古町の高級料亭ではかえって新潟の地酒は出さないというようなことがまかり通っていた時代でした。

（2）級別制度廃止と第一次地酒（新潟清酒）ブーム

そこに風穴を開けたのが、新潟をはじめとする各地の銘酒蔵です。灘・伏見の特級酒にも負けない高品質な製品をあえて級別審査には出さず、格安で消費者のもとに届ける、そんな挑戦が支持されるようになりました。

当時「無鑑定」を正面に掲げて有名になったのは、宮城県の一ノ蔵酒造でした。「越乃寒梅」など新潟県の多くの酒蔵も、このような高品質な製品を良心的な価格で提供することを基本路線としました。この基本路線は、現在においても新潟清酒に共通する土台となっています。

折しも日本はブルーカラーを中心とした労働形態からホワイトカラー中心の社会に移り、多くの国民の酒への志向は、甘口から辛口へと変化しつつありました。水飴やうまみ調味料など副原料の大量添加による味の多い酒ではなく、スッキリとしたキレイな酒質が求められるようになりました。当時珍しかった原料米を高度に精白し、手間暇をかけて造る、雑味の少ない高品質な吟醸酒や本醸造酒を武器に灘・伏見のナショナルブランドに対抗していこうという動きが起こりました。いわゆる地酒ブーム（第一次）と言われる現象です。この動きに乗っかったのが新潟清酒と言えます。

新潟県では、全国唯一の県営の醸造試験場を核とした官民を挙げた取り組みにより生産技術の向上、「淡麗辛口」への酒質統一、県内市場におけるつぶしあいを避けつつ県外市場への販売を強化する協調的マーケティングを展開し、地酒ブーム・新潟酒ブームへの対応を図りました。全国の他の産地の酒造メーカーも新潟に追いつけ追い越せと追随を図りました。その中で、従来の級別制度は意味をなさなくなり、一九九二年に廃止されました。級別制度に変わり、清酒の製法品質表示制度が開始され、そこでは高級酒は大吟醸・吟醸・純米・本醸造などの特定名称で呼ばれることになり、それ以外の一般酒（普通酒および増醸酒）についても副原料の使用量などが厳しく定められるようになりました。

この過程で灘・伏見のナショナルブランドの製品は、その多くが特定名称酒ではなく、安価なパック酒を含む一般酒が主体となり、高級酒カテゴリーは新潟を典型とする地酒メーカーに圧倒されることとなりました。国税庁「清酒製造業の概況」（二〇一七年度調査分）によれば、日本最大手である年間一万キロリットル超の八社（いずれも兵庫および京都）は、出荷量（課税移出数量）全体では四五％のシェアを持ちますが、特定名称酒のシェアは一二％しかありません（出荷量の九一％が特定名称酒以外の一般酒であるため）。他方、統計上の最小クラスである二〇〇キロリットル以下の一〇九五社は出荷量全体のシェアは一一％に過ぎませんが、そのうち六七％を特定名称酒が占めるため、特定名称酒の市場シェアでは二二％です。近代的工場生産による低価格対応とクラフト生産による高付加価値対応との二極化が進んだと言えます。

また、地酒ブームのなかで、各地のローカルブランドが地元市場以外にも（とはいえ当時は都市部の大消費地市場を中心に）出回るようになり、市場競争の相手は、各ローカル市場における灘・伏見ナショナルブランドとその地域におけるローカルブランドとの競争・競合から地酒ブランド同士の競争を含んだものとなっていきました。

（3）情報化時代における製品多様化とその限界（第二次地酒ブーム）

さて現在、再び地酒がブーム（注目を集めている）と言われます。今回のブームは、これまでと違い、酒質の多様化・製品の多様化を伴い、また情報化時代にあって日本だけではなく海外市場も含むグローバルな展開です。

酒質については濃醇甘口への回帰、香り志向を指摘することができます。一言で言うと淡麗辛口の反対です。この間、全国の日本酒が新潟の真似をして淡麗辛口化した反省・反動という側面、新潟清酒のある意味での「成功」と、それが売れすぎて飽きられた側面があるのではないかと思います。

第一次ブームと第二次ブームの間に、焼酎ブームがありました。それまで九州限定であった本格焼酎が全国に広がり、日本酒にとっては、日本酒内部での競争と共に焼酎との競争・棲み分けを図る必要が出てきました。アルコール度数が高く、その分、糖度など他の成分・味が薄いのが焼酎の特徴です（つまり辛口に感じやすい）。日本酒を淡麗辛口化していくと、究極的には、味が薄くて辛口の焼酎に近づいていってしまう矛盾……。逆に焼酎との差別化を図るには、改めて米を原料とした醸造酒、つまり米の風味を生かした「あじわい」が製品開発の要となる可能性に日本酒業界が気づいたともいえます。新潟を典型とした高品質な淡麗辛口路線、全国が追随し各地域の個性的なお酒が淘汰される中で、しかも最初は珍しかった越後の地酒が全国（場合によっては全世界）どこの居酒屋でも飲めるようになる、つまり新潟清酒のナショナルブランド化は、必ずしも全国の日本酒ファンの望んだ世界ではなかったのかもしれません。

淡麗辛口一辺倒への反省、すなわち製品多様化の担い手は、灘・伏見でもなく、新潟でもない、いままで市場を奪われっぱなしだった「その他地方」の一部生き残り層でした。これまで銘醸地とされてこなかった産地や無名のメーカーが個性的な製品で、地元ではなく全国あるいは世界を相手に販路を広げる、インターネット時代だからこその新たな動きが加速しています。

無名の酒蔵が世界を相手にできる情報化社会の可能性が期待できる反面、そこには一定の限界があるのも確かでしょう。現実には、消費者にとっても数ある日本酒製品の中から一つを拾うには相当の困難が存在します。個々の酒蔵が必要な情報を必要な人に的確に提供するのは簡単ではありません。現実的には、知名度を上げるためのマーケティング・営業活動が必須です。常套手段としては、いわゆる品評会・コンテストなどで入賞することが早道といわれます。コスト管理からいえば原料や手間など製品にお金をかけるより、営業や情報収集・マーケティングにお金をかける必要が出てきます。その分、製品品質が落ちなければいいのですが。コンテスト等には一定の参加コストがかかる上に、何らかの仕掛けがあるのでしょう。何よりコンテストを主導し、情報を操る主催者たちが製品販売の主導権を握ります。話題を提供し、プレミアを付加し、消費を煽る彼らの市場編成の末端の下請け製造部門を各メーカーが担うことが、果たして日本酒の世界を豊かにしていくのか。新たな市場構造の下での展開を注視し続ける必要があります。

情報主導型流通の進展のもとで、日本酒の市場競争は新たな段階に入りました。すなわち、ある程度、ローカルもしくはリージョナル市場に分割され、そこで一定の消費（市場）を分け合い、奪い合う一定数に限定されたメーカー同士の競争の時代から、全国がひとつの市場として、全国のメーカーがシェアを直接、奪い合う（競わされる）ナショナル市場競争の側面が強くなり、再編・淘汰が進んでいく時代にさしかかっています。これが現段階の日本酒の市場構造の特徴といえます。

3　経営指標に現れる各県の酒造りのコンセプト――愚直な新潟清酒

さて、前述の通り、歴史段階ごとの日本酒業界の担い手として、灘・伏見、新潟、その他の三つを典型事例と位置づけました。ここでは三類型が、経営指標としてどのように現れるのか表4・1に基づき確認してみましょう。それぞれの類型ごとに大きな違いが見られます。使用したのは、経済産業省「工業統計表」、及び国税庁「清酒製造業の概況」です。どちらも二〇一八年度の数値です。両資料は互いに独立した統計なので相関はなく、調査対象も完全に一致していません（特に工業統計表は従業者四人以上の事業所を対象にしています）。

まず工業統計表から示されるのは、各県における出荷価格の違いです。日本を代表する銘醸地である（はずの）兵庫県、及び京都府の単価が低いことが示されます。大手がいかに安酒に偏っているかが想像されます。日本酒造組合中央会の調べ（二〇一六年）では、両県は、どちらも特定名称酒以外の一般酒が多くを占め、製品の末端価格が低いとともに、酒類卸（卸売業者）を経由した販売が九八％を占め、流通マージンがかかることも出荷単価の低さにつながっています。他方で新潟を典型とする中小酒蔵のクラフト生産を主体とした県（他にも東北・北陸・山陰などで一リットルあたり一〇〇〇円前後の高単価傾向）では、出荷単価が高くなる傾向が見られます。高級酒主体の展開が数値に影響していると見られます。これらの県では、特定名称酒が半分以上（新潟県は六八％）となっています。

新潟県では酒類卸への販売は七四％ですが、酒販店等（小売業者）への直接販売も二四％あり、さらには二％に過ぎませんが消費者への直直売も存在します。新たな展開が見られるその他地域の典型である山口県は、特定名称酒が九〇％、その中でも純米吟醸酒が七〇％となっています。販路構成も特徴的

表 4.1　清酒製造業の経営指標

都道府県	製造品出荷単価(円)	清酒売上高総利益率	同営業利益率	同人件費率	同販売促進費率	同広告宣伝費率
兵庫	585	42.3	△3.3	16.8	19.2	3.5
京都	633	40.9	△1.9	15.6	19.7	4.3
新潟	992	33.1	5.2	22.9	1.4	2.4
山口	666	50.9	28.3	9.5	0.2	1.3

注：製造品出荷単価のみ工業統計表。
出典：経済産業省「工業統計表」(2018 年)，および国税庁「清酒製造業の概況」(2018 年)より筆者作成。

で、酒類卸への販売は一五％に過ぎず、小売業者への直売が八〇％を超えています。ただしその割には、製造品出荷単価は高くはありません。同じような類型が、小売への直売比率を高めた大阪・三重・佐賀などの府県です。結局「高級酒を小売業者に直接安売りしている」状況です。

国税庁「清酒製造業の概況」（二〇一八年度調査分）からは、より詳しい経営動向が見られます。兵庫県・京都府では製品単価が低いにもかかわらず売上高総利益率（いわゆる粗利）が比較的高くなっています。つまり差し引きの原材料費等の製造コストの割合が低いことが示されます。その対極にあるのが新潟県です。粗利が三三％しかなく、いかに原材料に費用をかけているかが分かります。高級イメージの強い山口県ですが、製造コストの節約が進み、製品単価がそれほど高いわけでもないのに大きな粗利を稼いでいることが示されます。粗利分の使途についても各県で大きく異なります。兵庫県・京都府では、消費者対策である広告宣伝費に莫大なコストをかけ、また卸・小売等の流通業者対策に多くの販売促進費をかけています。他方で大規模工場生産・機械化・自動制御など先端技術に基づくコスト削減は人件費にも及んでいます。その対極にあるのが、やはり新潟県です。多少の広告宣伝費・販売促進費も使いますが、多くを人件費にまわし熟練の技能・クラフト生産ならではの高品質を追求しています。これらの一般管理販売費を差し引いた営業利益率では、兵庫県や京都府などが安売りのしすぎで赤字を抱えているのに対し、新潟県は一定の本業からの利益を確保しています。

他方で山口県は、これらとはまた違った特徴的な動きです。大きめの粗利に対し、人件費もわずか広告宣伝や販売促進にもほとんど金をかけず、大きな営業利益率を確保しています。逆にいえば自律的な営業活動はほとんど行わず販売先に依存し、後発県ならではの合理的な経営戦略に徹しているといえます。小売業者主導の高級酒の安売りに乗っかり、彼らの販売力に依存して、安売りのための低コスト生産、そのための先端技術・自動化技術の導入が結果として大きな経営成果に結びついています。

確かに近年、醸造技術は発達し、醸造過程の科学的解明は大きく進みました。乱暴な言い方をすれば派手な香りの「純米吟醸」「大吟醸」がボタンひとつで安定的に作られる時代です。「インスタント大吟醸」であっても高級酒は高級酒です。それがお得な価格で世に出れば消費者は飛びつきます。カリスマ酒販店が主催するコンテストで入賞すれば、その情報はインターネットを駆け巡ります。新たな技術革新をいち早く取り入れた彼らの先見の明は敬服に値します。

そのような先進的な酒蔵を発掘し、世に出したカリスマ酒販店グループも日本酒業界を牽引する大事な存在です。技術的にも取引・流通面でも革新的な取り組みを実現した彼らの展開に注目しつつ、しかしながら、これらの動きが日本酒業界全体をバラエティ豊かな多様な酒蔵の共存共栄につながるのかどうかについても検討していく必要があるでしょう。目立たない地味だけど良心的な酒造りも同じように大事な存在です。

「地味な新潟」の魅力について、もう少し詳細に紹介しておきましょう。愚直な高品質生産。これが新潟清酒の特徴です。高品質、すなわち良い酒の定義付けは難しい面もあります。そもそも良いか悪いかは、一人ひとりの飲み手がそれぞれの価値観に基づき、それぞれの舌（ベロ）で味わいながら決めるものでしょう。それを認めた上で、作り手の良心を示すとっかかりとして以下を紹介します。

一つ目は原料米の精米歩合についてです。日本酒作りの原材料となる酒米は玄米粒の表面近くほどタンパク質や灰分が多く含まれ、中心部に行くほどデンプンが多くなります。そのため雑味の元となるタンパク質等を除外し、米粒の中心部のみを使用することが高品質生産の基本とされます。いわゆる高精白なほど本醸造酒（精米歩合七〇％以下）、吟醸酒（同六〇％以下）、大吟醸酒（同五〇％以下）と称することができます。全国の平均精米歩合が六五・四％であるのに対し、新潟県の平均精米歩合は五八・一％です（関東信越国税局「酒造概況」平成二六酒造年度より）。大吟醸、吟醸、本醸造（純米酒は精米歩合の基準はない）が基準値以下であるのは当然ですが、特筆すべきは普通酒（特定名称酒以外）においても新潟県では六五％（全国値は七三・九％）です。つまり新潟県では、普通酒でも特定名称酒レベルの精白をしており、平均値で五八・一％ということは、吟醸レベルが平均だということです。ご存じの通り、新潟県は全国一の高価格米であるコシヒカリの産地です。新潟清酒の原料米は九〇％以上が新潟県産ですから、基本的に日本一高価な原料米を使用し、それを普通酒を含めて、贅沢に削って高品質化を図っているということです。ちなみに新潟県で使用される原料米の五〇％が専用品種（いわゆる酒米）であり、「五百万石」「越淡麗」等の酒米品種が多く使用されます。酒米品種の多くは、コシヒカリよりも平均収量が少なく、同じ農地面積を耕作しても収獲量が少なくなってしまいますが、その不利をおぎない、農業生産者にとって同程度の収益を確保するためコシヒカリの価格を基準に、それより三割程度高い価格で契約栽培が行われています。

二つ目は、かす歩合についてです。高価格の原料米を高精白した上にその原料米から酒（アルコール分）を多く生産させすぎず、酒粕を多く生産することで酒質を高めるスタイルです。もろみは酒と酒粕に分けられますが、新潟県では酒粕が三一・四％、残り六八・六％が酒に廻ります。酒粕が少なくなれば少なくなるほどアルコールが多く絞れるので生産効率（酒化率）は上がります。ただし、もろみ中の雑味やえぐみが酒に廻る可能性があります。大手の工場生産では、かす歩合を三分の一に減らし、その分、多くのアルコールを絞る先端的技術が採用されています。使用される原料米も大部分は一般品種です。大手酒造メーカーが集中する灘・伏見での生産の状況を反映した大阪国税局の平均かす歩合は、たったの二〇％です。

三つ目は、雪国が育んだ水と人。雪国ならではの豊富な水資源と冬場の気温を利用した長期低温発酵の技が活かされて、独特の「淡麗辛口」が生み出されてきました。新潟県では業界をあげての技能の伝承・若手の育成も図られています。

4　情報化時代における日本酒の流通と新たな競争構造

日本酒の市場競争がローカル・リージョナルな枠組みからナショナル・グローバルな枠組みへと再編しつつあることは、前述の通りです。そこでは、メーカー主導の市場構造から小売主導型・情報主導型の市場構造への転換が進み、そこに乗る一部のメーカーの酒が注目され・売れていき、反面で多くのメーカーが淘汰されていくという構図です。

情報主導型マーケティングの核となるのはコンテストなどの各種イベントです。有名なＳＡＫＥＣＯＭＰＥＴＩＴＩＯＮを例にとると、このイベントは年一回（二〇二〇年および二〇二一年はコロナ禍により中止）、「世界一美味しい市販酒を決める日本酒だけの品評会」をコンセプトに、実行委員に世界的に有名な元サッカー選手などを配置して話題を集める仕掛けを作りながら、内外の業界関係者や酒造業者などを審査員にブラインドテストによる投票で出品酒の優劣を順位付けすると言うものです。前身である

表4.2　SAKE COMPETITION 2012〜2019 Gold 入賞上位酒

順位	社名	銘柄	点数	所在地
1	清水清三郎商店㈱	作	176	三重
2	(株)澄川酒造場	東洋美人	114	山口
3	高木酒造㈱	十四代	110	山形
4	仙台伊澤家　勝山酒造㈱	勝山	75	宮城
5	㈱新澤醸造店	伯楽星 あたごのまつ	69	宮城
6	(合)廣木酒造本店	飛露喜（泉川）	64	福島
7	磯自慢酒造㈱	磯自慢	61	静岡
8	宮泉銘醸㈱	寫樂	56	福島
9	小林酒造㈱	鳳凰美田	46	栃木
10	相原酒造㈱	雨後の月	42	広島

出典：SAKE COMPETITION のウェブサイトより筆者作成。

利き酒会で常連だったのが獺祭（旭酒造・山口県）です。表4・2は、二〇一二年から二〇一九年まで各部門の一位から一〇位までを点数化（一位を一〇点〜一〇位を一点）したものです。これをみると一定の傾向が見えてきます。繰り返し上位に入るメーカーが存在し、点数の上位は、「作」一七六点（三重県・伊勢志摩サミットで使用）、「東洋美人」一一四点（山口県・ＦＩＦＡ南ア大会公式酒）、「十四代」一一〇点（山形県）、「勝山」七五点（宮城）、あたごのまつ六九点（宮城県）、飛露喜六四点（福島県）などです。多くの銘柄がコンテストにより日の目を見ました。コンペの結果は各種の報道やインターネット上のコンテンツとして情報検索され、消費者・日本酒ファンの間で話題になります。上位に入った銘柄は、各地の酒販店から注文が殺到すると言われます。

コンテストを主導する東京の酒販店「はせがわ酒店」や長年日本名門酒会を率いる卸業者の岡永などが発掘し、育てた（当時無名の）酒蔵が多く含まれています。また、福島県や宮城県など東日本大震災からの復興という意味でも社会的に大きな貢献を果たしたことも挙げられます。プロとプロが出会い、お互い育てあって、専門家のブラインドテストで高い評価が得られたそれらの日本酒は、確かに完成度の高い逸品でしょう。ただし、良い酒は、他にもきっとあるでしょう。仕掛けの一つは、出品されるのはコンテストの関係者と取引関係のある銘柄・酒蔵に出展が概ね限られることです。出遅れ・乗り遅れ感のある新潟県ですが、これまで入賞したのは二社に過ぎません。新潟県の多くの酒蔵は、既存の販売ルートを持ち、それを大事にしたがために、彼らとの接点が少なかったのです。だからといって「美味しい市販酒」ではないとは言えません。またコンテストの上位でなくても、それぞれの地域では地元のファンに愛され続けている可能性もあります。何が良い酒なのか、改めて消費者一人ひとりの購買行動が問われます。

5　改めて良い酒とは

淡麗辛口一辺倒だった新潟清酒ですが、近年は様々な酒質の個性的な製品が多く作られるようになってきました。競合相手の多数化・市場における埋没リスク軽減のために、単なる中身の高品質化だけではない、手に取ってもらうための情報発信・個性化は、ボトルやラベルデザインを含む消費者や流通業者へのアピール、ピンポイントで特定のつまみに合わせたマリアージュの提案などこれまでにない取り組みが加速しています。そのこと自体は楽しみである一方で、各酒蔵における多様化・個性化が進むと、県としての統一感・新潟清酒としての一体感の面で悩ましい面が生じることも確かです。

そもそも個性的すぎる製品が本当に良いものなのか。香の高いフルーティな酒ばかりがチヤホヤされて良いのか。穏やかで飲み飽きしないおとなしい酒が悪い酒なのか。特定銘柄だけが注目され、それを安易に追随することによる多様性喪失は、無名でも良い酒を作っている蔵を発掘してきた流通業者にとっても本意であるはずがありません。バラエティが大事な時代、地域の個性が問われる時代において、多くの酒蔵が共存できること、それが日本酒全体の魅力を支えるのではないでしょうか。考えてみればワインは、ぶどうの糖分をアルコール発酵するだけの単純なプロセスであるがために、造り（発酵工程）の多様性は表現しづらく、ボルドーに行ってもブルゴーニュに行っても、それほどの個性は見えないように思います。だからこそブドウ自体の個性や天候上の当たり年・外れ年、テロワールなどを強調するのかもしれません。日本酒の場合は、原料となる米の違い、ましてやベースとなる農地の性質が酒質に大きな影響を与えるという訳ではありません。その分、複雑な（平行複式）発酵のプロセスをそれぞれの地域・それぞれの酒蔵ごとに大事にしていくことが今後、世界に出ていく際に重要になるのではないでしょうか。多様性の確保・地域性の維持は今後の日本酒業界の成長のカギとなるように思います。

流行りに流されず、情報を鵜呑みにせず、ぜひ、自分の舌で自分の好みの酒を探してください。それぞれがたまの浮気も楽しみつつ、自分の地元の酒を大事にしてください。多様性の維持には、消費者の皆さんの支持が必要です。最後に読者の皆さんに、酒の神様と言われた坂口謹一郎氏（東京大学応用微生物研究所・上越出身・一九九四年没）の句を送ります。「うま酒は　うましともなく　のむうちに　酔ひてののちも　口のさやけさ」。

引用・参考文献

関東信越国税局「酒造概況」（平成二六酒造年度）。

国税庁「清酒製造業の概況」（二〇一七年度調査分、二〇一八年度調査分）。

坂口謹一郎『日本の酒』岩波書店、一九六四年、二〇〇七年復刻。

SAKE COMPETITION）ウェブサイト（二〇二二年二月三日最終閲覧、https://sakecompetition.com）。

ブックガイド

＊近藤康男編『酒造業の経済構造』東京大学出版会、一九六七年。

　市場論の立場から書かれた、おそらく日本で初の論考です。編者は日本の農業経済学の泰斗。戦後日本の酒造業の展開、および経済構造について、詳細な現地調査と豊富な統計データを駆使し、実証的に明らかにしています。現代に繋がる酒造業の原点が描かれているといってよいと思います。当時は、灘・伏見の大手酒造業者が全国のローカル酒蔵に対し、製品販売市場で攻勢をかけつつ、（販売先を失った）原酒の製造委託を介して下請支配（桶取引と呼ばれた）を進めていました。その軛から「自立」したのが今に残る地方の銘酒たちです。

＊雁屋哲・花咲アキラ『美味しんぼ』小学館、一九八四年（第一巻）〜二〇一四年（第一一一巻）休刊中。

　ご存じ、グルメ漫画の金字塔です。尾瀬あきら『夏子の酒』（講談社）のどちらを載せるか悩んだ末に、地域性の観点から、こちらとしました。日本酒に関するまとまった論考は、第五四巻「日本酒の実力」（一九九五年）。「日本酒に合わない料理というのは考えられない」とか、極端な純米酒信仰など気になる表現もないわけではありませんが、全体を通じて、地方の良心的な造り手への敬意・豊かな日本酒の世界を描いています。また、「日本全県味巡り」シリーズが、酒類を含む各地方の食文化の魅力を丹念に拾っており、奥深いです。残念ながら新潟県には巡ってきませんでしたが、新潟特集も欲しかったです。

＊坂口謹一郎『日本の酒』岩波書店、一九六四年、二〇〇七年復刻。

　本文でも少し触れた、「酒の神様」といわれた著者の日本酒への愛情が詰まったエッセイです。東京大学の応用微生物研究所を主宰した専門的立場から「日本の酒造りの技術」「製法がどんな経路で出来上がったものか」「築きあげられて来た日本の酒造りの方法が、今の科学の最先端の目から見てどんなところが興味深いか」が縦横無尽に語られています。といっても歌人としても知られた彼の表現は、含蓄に富み、かつ、初学者でも読みやすいです。日本酒を「内に七色の華麗を蔵しながら、何の色も示さない」「太陽の光線」になぞらえ、「真の美酒」を示しています。

第五章　酒造組合の活動と変遷

大平俊治

現在では「日本酒といえば新潟」と言われるほど人々に浸透している新潟清酒にも、無名の時代がありました。あまり知られてはいませんが、新潟県酒造組合は、現在の新潟清酒のイメージができあがるまでに様々な活動を行い、時には失敗も繰り返してきました。本章では、戦後から現在の新潟清酒のイメージに至るまでの酒造組合の活動を、時代ごとに紹介したいと思います。

1　組合設立初期の活動――新潟の酒造りを変える

一九五三（昭和二八）年に設立された新潟県酒造組合は、国の統制下にあった米の確保と、他県に劣らないほどの酒質の向上を掲げて活動していました。現在、新潟県は、日本酒出荷量が全国第三位、特に吟醸酒の出荷量は第一位という全国屈指の銘醸地ですが、戦後しばらくはこれほど上位に位置していませんでした。昭和三八年国税庁の「地方別課税状況」によると、兵庫、京都、福岡、広島、北海道、秋田、福島の後塵を拝し、全国第八位という時代もあったほどです。その新潟県が現在出荷量で第三位にまで躍進したのは、多岐に渡る活動の結果と考えられます。

戦後の新潟県の目まぐるしい発展を支えたのは、まず新潟の目指す酒質の方向性が定まったことにあります。それまでの新潟県の酒蔵は他県と同様、灘の酒を最大の目標に、試行錯誤を繰り返していました。灘の酒は、宮水と呼ばれる硬水を水源に持っており、山田錦という、いわば横綱級の酒造好適米を抱えていました。それに対して、新潟の水は軟水で、なおかつ代表的酒米を持ち合わせていませんでした。しかし、当時の新潟の酒蔵は、その「ないもの」を追い求めていたのです。

歴史的に見ると、新潟の酒蔵は、廻船問屋や庄屋などで余った米を有効利用するために生まれたものが多くありました。そのため、江戸時代以前には酒蔵は少数で、江戸後期、または明治時代になって多くの酒蔵が生まれました。他方、灘の酒蔵は文化、政治の中心にありました。江戸時代には船に酒樽を積み込み、海上交通網を利用して江戸に大量に酒を送りこむことができ、ちょうどよい熟成で評判を呼びました。発酵技術が確立されていない当時、カルシウムやマグネシウムなどのミネラルを多く含む硬水である灘の宮水は、発酵が進みやすく、酒質が安定していたため、酒造りに最高の水と言われました。

時代は下り、戦後の復興の時代、日本人は額に汗して大いに働きました。焼け野原だった日本を必死に支えて、新しい時代を創り上げてきました。運動量の多い仕事の後は甘い濃醇の酒が求められたため、灘の酒はますます発展していきました。新潟の酒蔵がその水を目標にするのは、当然のことでした。新潟の酒蔵も、戦後、この灘に勉強に行く酒蔵が増え、そうした時代の流れの中で、甘めで濃醇な酒が多く出回りました。

しかし、新潟の酒には、硬水の宮水で造られ、人間でいえば目鼻立ちがはっきりした、グラマラスな米である山田錦で自然と造る灘の酒に勝てる要素は少なかったのです。新潟の酒蔵がどれほど努力しても、そこには越えるに越えられない高い山がありました。灘の酒は当時、高級酒として認知されていました。かつて、一九九二（平成四）年まで存在した「日本酒級別制度」では、清酒が「特級」、「一級」、「二級」などと分類されたのですが、灘と新潟とでは、その比率が全く違っていました。灘の酒のほとんどが特級や一級にランクされたのに対し、新潟の酒のほとんどは二級のランクでした。軟水で寒い気候の新潟で、濃醇な酒を造るのは無理があったのかもしれません。

それでも酒蔵は、その当時のトレンドに合わせようと必死になっていました。軟水をどうにか硬水に変えようと、軟水の水にナトリウムやマグネシウムを入れて水の性質を変えるなど、涙ぐましい努力をしていた酒蔵もありました。しかしながら、灘のブランドをまねることだけでは新潟の酒が灘の酒を超えることはできませんでした。新潟市内の飲食店では、灘の酒しか置いていない店も多く、せっかく新潟に来たのに新潟県の酒を飲めない、という事態もしばしば起こりました。筆者は幼い頃、普段家で新潟の酒を飲んでいる人でも、お歳暮や冠婚葬祭の時期、大切な贈り物という時になると、それが灘の酒に変わってしまう、ということを子供ながらに疑問に思ったのを覚えています。皆薄々気付いていたことですが、結局のところ、軟水で頑張って醸す濃醇なお酒は本家本元である灘には勝てないのだということでした。

そうした時代を経て昭和三〇年代に入ると、日本人の生活にも余裕が出てきて、戦後復興から高度経済成長の時代に突入しました。働く人たちも額に汗するブルーカラーが減少し、机の前で仕事をするホワイトカラーが急増しました。その中で、人々の思考も変化してきて、肉体労働の後に好まれた塩味の濃い食べ物や濃醇なお酒から、薄味な食べ物、辛口なお酒が好まれる傾向が出てきました。当時、新潟県醸造試験場の職員であった嶋悌司氏（昭和五二（一九七七）年より醸造試験場長）らは、その変化を敏感に察知していました。

ただし、新潟の多くの酒蔵は、まだ灘の酒造りに憧れを持っていました。彼らが本当に今の新潟清酒の基礎を造るのは、五百万石が普及してからになります。この五百万石は、酒造好適米（酒米）として新潟県農業試験場が開発した米です。開発当初、酒蔵から、「灘の山田錦のような重厚で濃醇な酒ができない」とクレームが入ったのですが、開発者である新潟県農業試験場の國武正彦氏（昭和五五（一九八〇）年より農業試験場長）が「同じものを狙わないで、軽く飲める新潟らしい酒を造ればいいじゃないか」と反論しました。そして実際に、その酒米で酒を造って販売すると、しばらくして販売量が急激に伸び始めたのです。醸造試験場の見立てにより、今がチャンスとばかりに、酒蔵へ酒質の変更を求めました。灘に負けない酒を造るため、米を贅沢に磨き、品質の向上を促し、新潟の酒の価値を高めるよう指導しました。

初めの頃は疑心暗鬼であった酒蔵も、消費者に認知されることで、新たな酒質に自信を持てるようになり、灘の「濃醇甘口」に対して、新潟の「淡麗辛口」を声に出して言えるようになってきました。この淡麗辛口という言葉は、現在は新潟で造られた言葉のように言われていますが、大正時代からある酒の特徴を表現した言葉の一つで、他に「淡麗甘口」、「濃醇辛口」、「濃醇甘口」などの分類があります。新潟の酒は、この醸造用語である淡麗辛口をキャッチフレーズにして躍進したのです。この言葉は、新潟の真摯な酒造りとあいまって、全国の消費者から絶大な信頼を獲得することになりました。

2　高度経済成長期の活動

その後、社会が成熟する中、一九九六年（平成八年）まで伸び続けました。なお、全国の清酒出荷量は、一九七三年（昭和四八年）をピークに減少し続けており、新潟県の出荷量も同様に、一九九六年をピークに現在まで減少し続けています（新潟県酒造組合二〇二一）。また、酒造業では、出稼ぎの担い手として酒蔵を支えてきた杜氏の数が激減し、将来杜氏不足になることは間違いないという状況が見えてきました。当時の新潟県酒造組合幹部は昭和五八（一九八三）年、嶋悌司氏の提言に基づき、斎藤吉平氏（当時組合副会長、平成五年（一九九三）より同会長）、平田大六氏（当時組合副会長）ら技能者養成プロジェクトチームを発足し、他の地域で杜氏になる人材の教育を行っている例はないかと視察を重ねました。

しかし、現在の清酒学校の基礎となるような座学と実験などを行うところはありませんでした。彼らは、そうであれば自分たちで初めての酒造りの学校を創るしかない、と県や各業界を奔走し、ついに一九八四（昭和五九）年に「清酒学校」を創り上げました。そして第一期生が入学しました。生徒の入学資格は、各酒蔵の従業員で、高等学校卒業程度の学力を有し、一定期間酒蔵での仕事をした経験があり、新潟県内の酒蔵の推薦を得た者、年齢制限は三五歳以下とされていました。もちろん例外もあり、その都度清酒学校の教育委員会で審議を行い、入学者を決定していました。先生役は醸造試験場の職員を中心に、各酒蔵の技術者が自前の講師となり、参加しました。筆者も理系の大卒者であったため、実家に帰った後すぐ有無も言わさず数学・化学の講師をさせられました。今思うと、理系でありながら数学の苦手な筆者が自信なく教える数学では、生徒も迷惑だったろうと冷や汗ものです。

その清酒学校も令和の時代に入り、これまでの卒業生は五〇〇人を超え、杜氏経験者も六〇人にのぼりました。現在新潟県内にある八八の酒蔵のうち、現役で杜氏をしている卒業生は三七名、他の卒業生も各酒蔵で中心的な役割を担う従業員として活躍しています。なお、一九五九（昭和三四）年に一〇〇〇人ほどいた越後杜氏は、農業の近代化の影響で急速に減少し、一九八五（昭和六〇）年頃には五〇〇人弱にまで減りました（新潟県酒造組合小史編さん委員会二〇〇三）。そして現在、季節労働者の形態をした生粋の越後杜氏は絶滅してしまっています。清酒学校がなかったらと考えるとゾッとしますし、当時の新潟県酒造組合の幹部の皆さんの先見性には驚くばかりです。清酒学校は、間違いなく現在の新潟清酒の屋台骨を支えています。

ところで、清酒学校を創る一〇年ほど前、各酒蔵にいた大卒の技術者を対象に、酒造りのみならず、酒造りの安全性、法律の変化、環境問題などを協力して研究する技術者の集まりを作りました。中小の酒蔵だけでは研究所を作れませんが、醸造試験場の協力を仰いで小さな研究体制を作ったのです。これが、一九七三（昭和四八）年に創立した「清酒研究会」です。その創設のきっかけは、次のようなものです。この頃には、大卒の技術者が少しずつ酒蔵に入社するようになっていましたが、古くから酒造りは杜氏の仕事で、酒蔵にはこうした技術者を活用した経験がありませんでした。そのため、彼らは酒造りのチームに入れず、自分のスキルを活用することができないことから、業界から去っていく例が生じたためです。

しかし嶋悌司氏が、こうした人材をきちんと活用しなければこれからの時代を乗り切れない、と各酒蔵に声をかけ、大卒やその会社の技術者を集めました。そして清酒研究会を立ち上げ、各酒蔵の課題を集めて皆で研究したのです。そこでは、酒造りの課題だけでなく、安全対策、米の研究、水の研究、環境問題と、あらゆる問題を取り上げ、討論しました。

この研究会では、年一回、発表会を開いて研究成果を公開していました。共同で研究を行うことによって、各酒蔵が無用な壁を作らず情報交換でき、様々な問題を解決することができました。中小企業が皆でバーチャルな民間研究室を持ったと想像すると、イメージしやすいでしょう。当時は小さかった発表会も、今や全国から発表希望者や参加希望者、聴講希望者が集まるようになり、一回で四〇〇名が集まるほどの規模になりました。かつて全国にはこうした研究会が多く存在しましたが、現存する研究会は非常に少なくなりました。それゆえ筆者は、この清酒研究会がとても大切な会だと思っています。

この研究会は、その時々に清酒業界が持つ課題を一つひとつ克服する原動力となりました。昔は作業事故などに気を遣うということは考えもしませんでしたが、労働環境の問題、酒造りの環境、食品の安全、酵母の開発、新製品のこと、最新技術などの情報交換、さらに、その都度乗り越えられない諸問題を皆で解決することにより、仲間意識が芽生え、新潟清酒に対する積極的な技術研鑽に一役買ったものと思われます。

この清酒学校と清酒研究会は、日本で唯一の県立の醸造試験場を中心として、現在も新潟の酒造りの技術の優位性を支えています。醸造試験場、清酒学校、清酒研究会の三角関係はとても強固なものです。

3　「にいがた酒の陣」開催までの苦悩と成功

現在、新潟清酒にとっての一大イベントといえば「にいがた酒の陣」ですが、こうした需要振興のためのイベントは昭和の時代から行われていました。過去には、東京で大々的な新潟キャンペーンを行うことになり、新潟から多くの芸妓を伴って豪勢なイベントを行った記録もあります。

また、一九八一（昭和五六）年からは、「日本酒党」の会員による「郷土の酒と食文化の集い」というイベントがありました。この日本酒党のメンバーは、新潟に支店などのある県外の転勤族です。新潟にいる間に新潟清酒のファンになってもらい、都会に帰ってもらおうという目的で、年一回の総会を開き、新潟のホテルで三〇〇人から四〇〇人が集まって、新潟の郷土料理と日本酒を楽しみました。この集いは、約一〇年間続けられました。最初のうちは、多様な企業の人が参加し、活発な交流がなされましたが、次第に参加者は固定化し、最終的には新たな参加者が入りにくい雰囲気になる、という弊害が生まれてしまいました。長期に渡るイベント開催というのは、なかなか難しいものです。このほかにも、様々な場所で、新潟清酒の啓蒙活動が行われました。現在は存在しませんが、一九八一（昭和五六）年に開館した、銀座の日本酒センターでのイベントには多くのお客様が集まりました。しかし、イベントに多くお客様が集まることは長く続きませんでした。

　さて、酒造組合には青年部にあたる「新星会」があります。新たに酒蔵を継ぐことになった若手経営者には、悩みや考えを相談する場がなく、孤独に感じることが多くありました。そこで新星会では、参加者の交流や親睦を深めるための活動を行ってきました。また、各種イベントでは、裏方として運営を支えていました。

　二〇〇二（平成一四）年頃、この新星会に、新潟県酒造組合の需要振興委員会を設けることになりました。純粋な親睦団体であったところに、酒造組合の需要振興活動を決定し、実行する重要な組織を任されたのです。その最初の活動は、「新潟淡麗宣言」です。先に述べたように、長きに渡って新潟清酒を支えていたのは、「淡麗辛口」、つまりシャープで辛口の酒というイメージでした。しかし、次第に他の県にも淡麗辛口のブームが広がり、全国の清酒の傾向が徐々に新潟清酒に寄ってきたのです。この現象は、かつて新潟が灘に憧れ、濃醇甘口を目指したのと同じでした。なお、こうした現象は、造り手が意識して流行に合わせていくという場合もありますが、無意識のうちにその時代のトレンドに合わせていったために起こる、というのが一般的です。全国の酒蔵もその法則に違わず、新潟の特徴であった淡麗辛口は、徐々にその印象が薄められてきました。それとともに、新潟清酒の売り上げも、平成八（一九九六）年をピークに徐々に落ち込み始めました。そこで、新潟の淡麗辛口と他所との違いは何であるか、その特徴や歴史、現在の取り組みなどを正確に消費者に伝えなければならないと思い至り、その検証が始まりました。

　その中で生まれたのが、新潟淡麗宣言です。彼らは「新潟淡麗」という言葉を使って、新潟清酒の高い品質を支える要因を紹介しており、ＴＡＮＲＥＩの頭文字でその内容をまとめています。ＴはTechnologyで「新しい淡麗技術を」、ＡはAgricultureで「新たな酒造好適米を」、ＮはNatureで「『良い水を守る』自然環境へのこだわり」を、RはRevolutionで「さらに改革への挑戦を」、EはEducationで「未来を担う作り手の教育を」、そして、IはIdentity、「より個性的な酒造りを」目指す、という宣言でもありました。

そして、この新潟TANREIプロジェクトを引っ提げて、キャンペーンを行うこととなりました。酒造組合では一九九八（平成一〇）年から、東京にある、表参道・新潟館ネスパスで、新潟淡麗イベントを行っていました。新潟淡麗に関連する写真パネルや各酒蔵の情報を展示したほか、利き酒を企画するなど、盛りだくさんのイベントでした。特に、利き酒コーナーは無料でしたので、多くの人が集まると予想していましたが、結局、思うように人が集まりませんでした。ある時は、一生懸命に呼びこみをして、苦労して館内を見てもらうこともできましたが、興味を持ってくださる方はとても貴重でした。現役有名杜氏による酒造りの一人語りのコーナーには、お客様が一人も集まらず、本当の「一人語り」になってしまう、という皮肉な現象さえ起こりました。

その他、東京ではタブローズという大きな居酒屋で、大阪ではザ・リッツカールトン大阪で、同じようなイベントを開催しました。いずれも会場は満員で、にぎやかに執り行われました。新潟の酒が大好きだという参加者もいましたが、中にはサクラらしき人もあり、関係者が参加者を集めるのに苦心したことが窺われました。期待に反して、世の中の人々に新潟の酒の良さをアピールすることはできず、何か足りない、何か違うのではないか、という歯痒さを抱えるようになっていました。

そうした中、需要振興委員会の中で「昔は酒造組合で海外研修に行っていた」という声が挙がりました。さらに、当時はドイツ・ミュンヘンの世界的ビール祭りであるオクトーバーフェストや、地元ワイナリーを見学していた、という話を耳にしました。そこで早速、藁をも摑む気持ちでオクトーバーフェストとワイナリーのストを見に行こうということになったのです。新星会の有志は、オクトーバーフェ見学、そして、イタリア・ミラノの歴史ある建物で、現地の料理界の人々を招いて新潟の酒の試飲会を開くことにしました。

オクトーバーフェストは、一八一〇年、当時のバイエルン王国王太子の結婚祝いとして始まった祭りで、今では、毎年世界中から六〇〇万人が集まる、世界最大のビール祭りです。見学の目的は、何故これほど多くの参加者が、ドイツ国内だけでなく、世界中から高い旅費を払ってまで集まるのか、その秘密を肌で感じて来ることでした。ミュンヘンの乾燥した気候と晴天の下、広大な敷地内に、五〇〇〇人は優に入るビール会社の巨大なテントがいくつも建設されていました。そこに、世界各国からのお客様が集まります。提供されるメニューは単純で、一リットル入りのビールに、肴はソーセージ、鳥を焼いたもの、ザワークラウト（千切りにしたキャベツのピクルス）など、簡単な食べ物のみです。民族衣装を着た老若男女が、楽しそうに座ってビールを飲んでいます。その隣では、世界各国から集まった人々が、時にちょっと羽目を外しながら飲んでいました。

オクトーバーフェストでは、こうして大勢の見知らぬ人と出会い、語らい、時折皆で生演奏とともにアインプロージット（乾杯の歌）を歌い、心から楽しむことができます。日本で私たちが行っている需要振興イベントと決定的に違ったのは、義理で参加している人がいないということでした。誰もがこの祭りを楽しみに来ているのです。振り返って考えてみれば、日本のどの祭りも、人々は自由に集まり、楽しんでいます。祇園祭しかり、三社祭しかりです。この違いが、想像以上の楽しさの違い、つまり、義理で来るか、そうでないかを分ける分岐点となることを実感しました。ただ出来立ての生ビールを何盃も飲み、鳥の丸焼きを食べ、見知らぬ人と語り合い、乾杯の歌を歌う——それが最も楽しいことなのだということをしみじみ感じました。

この後、イタリアのワイナリーを見学しました。そこでは、農産物であるブドウの生産地と、ワイナリーとが同じ場所にあることがとても重要であることを体感しました。それと対照的に、穀類である米は乾物なので、産地と酒造元が違っていてもいいのだということ、さらに、このことは、ビールやウイスキーなどの原材料と基本的に同じであるということも理解できました。

帰国後筆者たちは、これらの感想を組合幹部に報告しました。もっとも、オクトーバーフェストの規模は、酒造組合の需要振興イベントで集めた人数とは大きくかけ離れており、その違いに戸惑うこともありました。それというのも、需要振興のために必死に集めたイベントの参加者数は数百人に過ぎず、しかも、義理で参加してくれた人数を考えると、非常に心もとない数であったことを組合一同、皆知っていたためです。希望が見えたとともに、あまりの違いに落胆もしました。

「にいがた酒の陣」の始まりは、その頃、新潟県酒造組合創立五〇周年の記念行事を計画することになったことにあります。従来であれば、ホテルの大ホールを借り、ちょっとしたおつまみと全酒蔵のお酒を集めて、最大数百名を招待し、一部の関係者・知人には有料で声掛けをしていました。先に述べた、日本酒党というファンクラブを全体の中心に据えて、案内していたのです。しかし、若者からお年寄りまで、老若男女、様々な人にランダムに来てもらいたいという新しい発想から、このシステムを根本的に変えなければなりませんでした。ただし、今まで失敗を繰り返す中で筆者たちは、日本酒好きは実際には多くないという固定観念を持ってしまったのか、自信をなくしてしまったためか、新潟清酒を一般に広めようと努力しても、あまり反応はないのではないか、という疑心暗鬼や諦めのような思いを抱えていました。それゆえ、参加者はせいぜい数百人、多くても一〇〇〇人を超えることはないだろうという想像しかなく、より大きな会場でやってみよう、という考えには至りませんでした。

同じ頃、二〇〇三（平成一五）年に、新潟市中央区にコンベンションセンター朱鷺メッセが開業しました。当初、日本海側最大のこのコンベンションセンターは、五〇周年の記念行事の会場候補には入っていませんでした。同時期、これに隣接する形で、新潟県で最も高いビル、ホテル日航新潟が建設されました。筆者は他の需要振興委員とともに、ホテルの建設記念パーティーに出席した際、朱鷺メッセにも見学に行きました。実際に観たコンベンションセンターはとても広く、オクトーバーフェストを見た直後だった筆者たちは、上から見た会場がオクトーバーフェストのテントの印象と重なり、「こんな場所でイベントができたらいいね」と口にしていました。そこで、みんなで顔を見合わせ、「やってみますか」となったのです。

しかしながら、これまで数百人しか集められなかった酒造組合が、巨大なコンベンションセンターを会場にイベントを開催し、広い会場にわずかばかりの参加者となってしまっては、さみしさの極みではないかという恐怖も走りました。そこで、展示ホールの三分の一を借りることとしました。三分の一といってもとても広く、どうやってこの会場を盛り上げるのかが重要でした。それまでのイベントとは違い、単に日本酒を集めて利き酒をするというわけにはいかず、やはり、より多くの酒蔵に参加を募り、各自のブースを持ってもらおうということになりました。一部の酒蔵は需要振興委員会に参加していたために、自社のブースでアピールをすることに慣れていましたが、半分以上の酒蔵は、そのような経験が多くありませんでした。加えて、酒造りの真っ最中（第一回「にいがた酒の陣」は、三月ではなく二月の開催でした）で、多くの酒蔵から不満が出ました。「何故こんな時期にやるのか、酒造りでいそがしい」、「どうせ人が集まらない」、さらには「お金をとるのか？そんなの人が集まらない」とのささやきも聞こえました。

なお、この第一回「にいがた酒の陣」では、入場料を五〇〇円に設定しました。今から思えばとても安い値段です。その当時、試飲会といえば無料で、お客様に来ていただくものというのが常識でした。そのため、「絶対に人が集まらなくなるから、試飲は無料にしてほしい」という要望が強かったのです。

しかし、実行委員会のメンバーは、試飲を有料にすることにこだわりました。なぜなら、安くても参加費を有料にするということは、お客様が自分の意志で会場に来ることが前提になる、とオクトーバーフェストを観る中で確信していたからです。こちらから呼び込みをし、お願いして無料で参加してもらうのとは、大きく意味が異なるのです。

二〇〇四（平成一六）年二月、第一回「にいがた酒の陣」は、関係者の不安の中、朱鷺メッセ展示ホールの三分の一を会場として始まりました。会場の残りの三分の二では、その頃日本に広まりつつあったスローフード・スローライフ展が同時開催されました。各酒蔵は、これまでの経験から参加者はそれほど多くないだろうと予想し、持参した自社製品の在庫も多くない様子で、各ブースの装飾も、前掛けを置くくらいの質素なものでした。酒蔵の心配はそれだけではなく、人気のある一部の酒蔵にお客様が集中するのではないかという不安も抱えていました。

しかし、ふたを開けてみるとどうでしょう、開場とともに多くの人々が入場し、会場はいっぱいになりました。名の通った酒蔵だけにお客様が集まるのではないか、という心配も杞憂であったということがすぐにわかりました。既知の酒蔵だけではなく、この機会に今まで飲んだことのない酒蔵の酒を飲みたいというお客様の心理が勝ったのだと思います。また、最初は地味だったブースの装飾も、一軒の蔵が昔の法被や看板を飾るなどし始めると、他の酒蔵も競い合うように展示を始めました。このような反響があるイベントは初めてで、お客様が古い法被や看板などに興味があるということを知りました。

お客様は自分の意志で来ているため、いろいろなお酒を飲みたいという気持ちから、また、こうしたイベントに慣れていなかったこともあってか、飲みすぎて動けなくなる人が続出しました。主催者側も慣れていなかったために、頻繁に救急車を要請してしまい、結果、二日間で八台の救急車を呼ぶこととなりました。過去にこのようなイベントはなかったので、組合幹部がコンベンションセンター事務局に呼び出され、平謝りしたことは言うまでもありません。また、県庁や警察、市当局、消防署、関係所々へ謝罪に行きました。それほど反響が大きかったのです。

数多の反響や批判を受けましたが、そのおかげで「にいがた酒の陣」の知名度は上がり、「楽しかった」、「行ってみたかった」などの声が多く聞こえるようになりました。先にも述べたように、この「にいがた酒の陣」は当初、組合創立五〇周年を記念した一度きりの事業として企画したものでしたが、リクエストが多かったため、翌年からも継続するということになりました。

そして酒造組合では改めて、何故これほどまでに参加者が集まったのかを検証しました。特に興味深かったのは、参加者の年齢層が極端に高く、ほとんどが男性だったことです。これにより、その当時の飲酒人口の構成は、高齢者で、尚且つ極端に男性に偏っていることが推定されました。また、来場者のほとんどが地元新潟市在住で、遠くても県内の市町村という結果でした。将来はどうなるのだろうかという心配もしたのですが、年々、全国に「にいがた酒の陣」が認知されてくると、こうした参加者の構成は一変してきました。回を重ねるごとに来場者は増え、第三回からは、朱鷺メッセ全体を使うほどの大きな規模になりました。来場者の構成比も、徐々に女性が増え、年齢層も二〇代、三〇代、四〇代が中心となってきました。これは、実行委員会にとっては意外な結果でした。

特に、女性の参加率の変化からは、新たな発見がありました。当初、若い女性がほとんど来場しなかった原因は、「日本酒はダサい」、「親父っぽい」と敬遠されていたためだと考えられていました。しかし、徐々に酒の陣に来場する女性が増えてきたのは、一度参加した人が純粋に楽しんで帰ったからだ、と推察するに至りました。「意外と日本酒悪くない」、「かっこいい」、「実は私、大きな声では言えませんが日本酒が大好きなの」という、隠れ日本酒ファンが表に出てきたのだと思います。それまでは、堂々と日本酒をおかわり出来る場所、酔える場所というイベントが無かったということでしょうか。

さらに、毎年来場者が増え続け、新幹線の臨時列車が出されるようになると、県外からの参加者の比率が大幅に上がりました。今や参加者の五〇％以上が、県外からのお客様です。宿泊先となるホテルはどこも満室となり、近隣の温泉や、少し離れた市のホテルまで埋まるようになりました。飲食店は、酒の陣の開催の前後で多くが大盛況となりました。岸保行氏（新潟大学経済科学部准教授）らの研究によれば、「にいがた酒の陣」の経済効果は三〇億以上と推測とされるほど、とても大きな影響が出ています（湯田・岸二〇一九）。

4　日本酒学の「これまで」と「今後」

「にいがた酒の陣」はもう一つ、大きな収穫をもたらしました。まだ大きな割合にはなっていませんが、海外の人の参加も目立つようになってきたのです。その中には一般の消費者もいますが、酒を生業とする業者も多く、それらの人々にとって「にいがた酒の陣」は、酒蔵の人との会話、さらには試飲もできる、魅力的な場となりました。これを受け酒造組合では、海外での「ミニ酒の陣」やＢｔｏＢのビジネスマッチングの機会も設けました。初年度である二〇一二（平成二四）年はシンガポールを会場とし、翌年から現在まで毎年、香港でも「ミニ酒の陣」や商談会を行ってきました。そして近年の日本食ブームに伴い、日本酒に対する海外からの問い合わせも増えてきました。

このように海外の人々と接する中で、いくつか気付いたことがあります。日本から海外へ輸出されるアルコール飲料の中で、日本酒への期待は非常に高いものです。しかし、彼らの日本酒への興味が、私たち日本人とはやや異なっている、と感じることがあるのです。日本酒の味に関する質問ももちろん多いのですが、それに加え、酒蔵の歴史、風土、健康、環境、と海外の人々はあらゆることに関心を持っています。特に、日本の酒蔵には個々の歴史もあります。古い酒蔵には、一二〇〇年代から酒を造っている記録があり、また、応仁の乱の時代に創業した酒蔵、江戸時代の前期や後期からの酒蔵も非常に多くあります。皆、長寿企業です。

しかしながら、これらの歴史をまとめ上げる学問は存在せず、あったとしても、個人的な研究にすぎないものでした。ワインの世界ではボルドー大学などでワイン学（Oenology）という学問があり、世界に通用するものです。醸造学、農学、医学、環境学、経済学、経営学、人材育成、歴史等、考えられるすべての学問が網羅され、ワインの世界を支えています。日本酒においては、このように体系付けられた学問は醸造学のみで、その他の領域はすべて醸造学の一部分として簡単に扱われる程度でした。酒蔵でも、酒造りに重点が置かれていることが普通で、学問としては日本酒を取り扱うことはありませんでした。そのため筆者は、海外に行くたびに、日本にもこのような学問が欲しいと考えていました。

新潟大学の鈴木一史氏（農学部教授）、岸保行氏が酒造組合を訪れたのは、そうした折のことです。新潟大学で日本酒の授業をしたい、と協力の要請があり、たまたま居合わせた筆者は、これまでの考えをお二人と話しました。そして、「是非、新潟大学で『日本酒学』を始めましょう」ということになったのです。これを受けて、新潟大学と新潟県酒造組合三役でトップ会談を行い、醸造試験場を持つ新潟県、新潟大学、そして新潟県酒造組合で連携協定を結びました。こうして新潟大学に、世界初の学問「日本酒学（Sakeology）」が誕生したのです。その後、ボルドー大学、カリフォルニア大学デービス校との連携協定が結ばれましたが、これも、筆者たちの想像以上に海外からの日本酒への関心が高いことの表れだと感じています。

筆者は、この日本酒学をじっくり育て上げることが、日本酒を世界に広げる礎になると考えています。これからも、新潟県酒造組合として、日本酒学の発展に貢献しようと思います。

引用・参考文献

国税庁「地方別課税状況」（昭和三八年）『各県課税状況』昭和三八年。

新潟県酒造組合『数字で見る新潟県の清酒――一九八九年（平成元年）～二〇二〇年（令和二年）』新潟県酒造組合、二〇二一年。

新潟県酒造組合小史編さん委員会編『新潟淡麗の創造へ――新潟県酒造組合小史』新潟県酒造組合、二〇〇三年。

新潟清酒達人検定協会監修『改訂第二版　新潟清酒ものしりブック　新潟清酒達人検定公式テキストブック』新潟日報事業社、二〇一八年。

松本春雄編『新潟縣酒造史』新潟県酒造組合、一九六一年。

湯田浩司・岸保行「『新潟淡麗にいがた酒の陣二〇一九』開催に伴う経済波及効果の分析」、『新潟大学経済論集』一〇七、二〇一九年、三七～五六頁。

ブックガイド

＊嶋悌司『酒を語る』朝日酒造出版部、二〇〇七年。

新潟県醸造試験場第一一代場長として新潟清酒発展のために尽くされました。眼鏡の奥にらんらんと輝く鋭い目、ライオンの鬣のような独特の風貌から、新潟清酒の将来、清酒学校の設立、新潟の酒米、水、環境、そして退官後、朝日酒造株式会社で立ち上げた銘酒「久保田」について大いに語り尽くしました。厳しいなかに、温かみ、人を惹きつける言葉を紡ぎ続けた先生の珠玉の名著です。

コラム3

米作りから見る日本酒学

宮本託志

日本酒になる米

日本酒は米を原料として作られます。酒造りに適した米を酒造好適米（以下、酒米）と言い、たとえば、山田錦、五百万石、美山錦、雄町などの酒米品種があります。新潟県には山田錦と五百万石の交配により育成された越淡麗という品種もあります。酒米は一般的な日本の食用米と比べて粒が大きく、中心部に心白と呼ばれる白色不透明の部分があるという特徴を持ちます。

酒造りの過程で、米の主成分であるデンプンが麹菌によってブドウ糖に分解され、さらに酵母の働きでアルコールに変換されます。心白ではデンプン顆粒の間に隙間があり、麹菌が菌糸を発達させ易いため、心白の多い酒米は麹米（麹造りに使用する米）に適していると言えます。

また、米の表面付近は日本酒として好ましくない味や匂いの原因となる成分を多く含むため、酒造りに先立って削り取られます。これを精米と言います。そのため、粒の大きい米が酒米として好まれます。因みに、日本酒の成分表示に「精米歩合七〇％」とあれば、それは米の表面を三〇％削ったことを意味します。

植物の素となる元素

では、米はどのように作られるのでしょうか。米はイネという作物の種子に相当します。新潟県では五月頃、水田にイネの苗が植えられ、初夏にかけて大きく育ち、七月下旬から八月頃に穂が出ます。穂が出ると緑色の小穂（籾《もみ》になる部分）が開き、黄色い雄しべが出てきます。これがイネの開花です。開花時間は通常、二時間程度しかありません。小穂は閉じた後、徐々に膨らみ、熟して籾になります。そして九月頃に収穫されます。

米のデンプンは種子の発芽に使われるエネルギーの貯蔵物質で、炭素、水素、酸素から成ります。このデンプンの炭素は二酸化炭素に由来します。イネは空気中の二酸化酸素を取り込み、米のデンプンを作ります。

デンプンの合成を含む植物体内の様々な代謝反応は酵素と呼ばれるタンパクが担っています。タンパクは窒素を含みます。また、酵素を作り出すための遺伝情報の担い手、すなわちデオキシリボ核酸（ＤＮＡ）にはリンが含まれます。さらに、植物体内の環境が良好に保たれ、酵素が活発に働くためにはカリウムが必要です。ここまでで紹介した六種類の元素（炭素、水素、酸素、窒素、リン、カリウム）の他、硫黄、カルシウム、マグネシウム、鉄、マンガン、亜鉛、銅、モリブデン、ホウ素、塩素、ニッケルの一七種類の元素が植物の生育に必要です（間藤ほか編二〇一〇）。これらを植物の必須栄養元素と呼びます。必須栄養元素のうち、炭素、水素、酸素を除く一四種類の元素が、土壌から養分として吸収されます。

肥料の使い方と米

土壌から養分として吸収される必須栄養元素のうち、窒素、リン、カリウムは作物の生育の制限因子になることが多く、したがって肥料として与えられることが多い元素です。このことから窒素、リン、カリウムは作物肥料の三大要素と呼ばれます。酒米品種の場合、窒素とリンは肥料成分として一〇アールあたり五キログラムから八キログラム程度、カリウムはそれ以上与えられることが一般的であるそうです（前重・小林二〇〇〇）。

十分な米の収量と品質を確保するためには肥料が不可欠です。しかしながら、肥料をやり過ぎると作物に吸収されなかった肥料成分が流出し、環境を汚染してしまいます。したがって、肥料の使用量をできる限り減らしつつ米作りを行っていくことが求められています。

また、米の品質向上の観点からも、適切な肥料の量と与え方が重要です。

ここからは窒素肥料と米の関係について詳しく述べます。栽培前の土壌に与える肥料を基肥と言いますが、基肥として与える窒素の量を増加させると、イネの茎の数が増え、穂の数が増加する傾向にあります。穂の数の増加は米の収量増加につながり得ます。しかし、穂が多くなり過ぎると、一粒一粒の米の重さが減少することがあります。これは、一株のイネが土壌から吸収し、米の生産に利用できる養分量が限られているためであると考えられます。穂の数を増やし過ぎると、一粒一粒の米に分配される養分量が減ってしまうということです。酒米の重要な特性である粒の大きさと心白の形成率の間には正の相関があることから、米に分配される養分量の減少は酒米の品質にも悪影響を及ぼすと考えられます。大粒の良質な米を収穫するためには、窒素肥料を基肥と追肥（生育中期あるいは後期に追加で与える肥料）とに分散するなど、穂の数を適切に調節することが重要です。

一般的に、窒素の施肥量が多いほど、あるいは窒素の追肥の時期が遅いほど、米に含まれる窒素量が増える傾向にあります。米中の窒素は主にタンパクとして蓄えられています。白米は通常、重量ベースで約五％から七％のタンパクを含んでおり、日本人を含む米食の人々にとって主要なタンパク供給源の一つとされています。

また、米中のタンパクが醸造過程における酵母の重要な栄養源であることも知られています。しかし、米中のタンパク量が増加し過ぎると白米の食味を低下させ、日本酒にも雑味をもたらすとされています。米中のタンパク量を適度に保つためにも窒素肥料の量と与え方の工夫が重要です。また、米に蓄積するタンパクには大きく分けてアルブミン、グルテリン、グロブリン、プロラミンがありますが、そのうちの六割以上を易消化性のグルテリンが占めます。このようなタンパクの組成は窒素肥料の増量により大きく変化しません（西村ほか二〇〇七）。易消化性タンパクが日本酒の雑味に大きく影響すると考えられることから（増村二〇一一）、易消化性タンパク量を低減した酒米品種の利用が検討されています（古川ほか二〇〇四）。

イネの窒素栄養状態が、夏の猛暑による米の品質低下の程度と関係していることが指摘されています。近年、イネの開花・登熟時期の高温による白濁化した米の発生が問題となっています。この米の白濁化が、特に生育後半におけるイネの窒素不足により助長される傾向にあります（近藤二〇〇七）。米の白濁化は酒米にも起こります（三ツ井ほか二〇一七）。登熟時期の高温が酒米の酒造適性に関わる性状に影響を及ぼすことが報告されていることから（芦田ほか二〇一三）、酒米の窒素栄養状態の管理は今後ますます重要になると考えられます。

窒素の追肥が米の胚乳の細胞壁を作る遺伝子に影響を及ぼすことも明らかとなっています（Midorikawa et al. 2014）。米の胚乳は数十万個の胚乳細胞から成り、それぞれの胚乳細胞が多糖を主成分とする細胞壁によって仕切られています。胚乳の細胞壁の性質は食品としての米の特性や日本酒の品質に影響を与える可能性があります。たとえば、米の胚乳細胞壁にはフェルラ酸という芳香族化合物が結合しており、フェルラ酸およびフェルラ酸エチルとして遊離します。フェルラ酸は日本酒の不快な苦味成分とされている一方で、フェルラ酸エチルは好ましい風味をもたらします（Suzuki et al. 2016）。また、酒米の多くの品種では、食用米品種と比べて、胚乳細胞壁にグルコマンナンという多糖を多く含むことが明らかとなっています（渋谷一九九三）。グルコマンナンの分解によって生じると考えられるマンノースという糖の量は、日本酒の甘味・辛味の程度と相関があります（伊藤ら二〇一八）。米の胚乳細胞壁の形成機構は今後の重要な研究課題の一つであると考えられます。

相互作用の学問

ここまで述べてきたように、窒素肥料は米の収量と品質に深く関わっています。同様に、リン肥料、カリウム肥料、その他の肥料についてもその量と与え方が環境と複雑に絡み合い、イネの生育に多面的な影響を及ぼすと考えられます。

肥料は米の作り手、すなわちお百姓さんによって与えられます。お百姓さんは毎年異なる気候条件のもと、イネの生育に気を配りながら米作りを行っています。他方で、イネという作物はお百姓さんによって与えられる肥料とその他の環境要因に応答しながら成長し、米を稔らせます。つまり、米はイネと人とその他の様々な自然の要因との相互作用によって作られます。そしてそのように作られた米が、人、麹菌、酵母、水中のミネラルなどと相互作用することで日本酒に変わります。日本酒は人々を楽しませ、人と人との相互作用を促し、文化を育みます。日本酒学とはこのように多様な相互作用を解き明かす学問であると言えます。

引用・参考文献

芦田（吉田）かなえ・船附稚子・荒木悦子・藤本啓之・池上勝「出穂後の平均気温が酒米品種「山田錦」のデンプン特性とタンパク質組成に及ぼす影響」『北農』、八〇巻、二〇一三年、一〇～一五頁。

伊藤彰敏・三井俊・船越吾郎「純米酒メタボローム解析による酒米特性評価」『あいち産業科学技術総合センター研究報告』、七巻、二〇一八年、五二～五五頁。

近藤始彦「コメの品質、食味向上のための窒素管理技術〔1〕」『農業および園芸』、八二巻、二〇〇七年、三一～三四頁。

渋谷直人「米胚乳細胞壁の化学構造の品種間差とその遺伝解析」『日本醸造協会誌』、八八巻、一九九三年、九一〇～九一三頁。

西村実・宮原研三・森田竜平「水稲の種子貯蔵タンパク質変異系統におけるタンパク質組成およびその集積過程に及ぼす施肥法の影響」『日本作物学会紀事』、七六巻、二〇〇七年、五六二～五六八頁。

古川幸子・水間智哉・清川良文・飯田修一・松下景・前田英郎・春原嘉弘・若井芳則「酒造用低グルテリン米を用いた清酒の酒質改善方法」『生物工学会誌』、八二巻、二〇〇四年、八三～九二頁。

前重道雅・小林信也編著『最新　日本の酒米と酒造り』養賢堂、二〇〇〇年。

増村威宏「お米とお酒のいい関係」『生物工学会誌』、八九巻、二〇一一年、二六五頁。

間藤徹・馬建鋒・藤原徹編『植物栄養学』第二版、文永堂出版、二〇一〇年。

三ツ井敏明・金古堅太郎・鈴木浩武・佐藤友紀・椎名将平「高温登熟による玄米の白濁化メカニズム」『日本醸造協会誌』、一一二巻、二〇一七年、三二三～三二九頁。

Keiko Midorikawa, Masaharu Kuroda, Kaede Terauchi, Masako Hoshi, Sachiko Ikenaga, Yoshiro Ishimaru, Keiko Abe, Tomiko Asakura, Additional nitrogen fertilization at heading time of rice down-regulates cellulose synthesis in seed endosperm, PLoS One, 2014, 9, e98738.

Takuji Miyamoto, Kumiko Ochiai, Saya Takeshita, Toru Matoh, Identification of quantitative trait loci associated with shoot sodium accumulation under low potassium conditions in rice plants, Soil

Science and Plant Nutrition, 2012, 58, 728–736.

Takuji Miyamoto, Kumiko Ochiai, Yasunori Nonoue, Kazuki Matsubara, Masahiro Yano, Toru Matoh, Expression level of the sodium transporter gene *OsHKT2;1* determines sodium accumulation of rice cultivars under potassium-deficient conditions, Soil Science and Plant Nutrition, 2015, 61, 481–492.

Nobukazu Suzuki, Toshihiko Ito, Kai Hiroshima, Tetsuo Tokiwano, Katsumi Hashizume, Formation of ethyl ferulate from feruloylated oligosaccharide by transesterification of rice *koji* enzyme under sake mash conditions, Journal of Bioscience and Bioengineering, 2016, 121, 281–285.

第Ⅲ部　日本酒と科学

第六章　日本酒と料理

伏木　亨

日本酒はどんな料理にも合う酒であると言われています。かつての料亭や居酒屋では、日本酒は冷酒と燗酒くらいしかありませんでした。しかし主人の選んだ酒がどんな料理にも合うのです。一方、欧米のワインには極めて多様な味わいがあり、多様な料理を相手にピンポイントのマリアージュを楽しんでいます。ソムリエの感覚と知識が活躍する世界です。

酒と料理の相性のメカニズムは、まだ科学的には十分な説明がつきません。ここでは、日本酒と料理の味わい、そしてマリアージュを理解するための科学的な基盤について、そして、食のグローバル化における日本酒のあり方について考えていきたいと思います。

1　日本酒と料理のマリアージュとは

最近、日本を訪れる外国人観光客は増加しており、その多くが日本料理を味わって帰国します。日本料理を経験することは訪日の目的の一つにもなっています。一方、日本料理や日本酒も海外への展開が活発になっており、日本料理店という名前をつけた海外の飲食店は二〇一九年に一五万店を超え（農林水産省食料産業局食文化・市場開拓課二〇一九）、その数は益々増加しています。一時的にはコロナウィルスの影響もあって、インバウンドは低迷していますが、長期的には料理もお酒もグローバル化の波が押し寄せており、必ずしも日本料理には日本酒、あるいは海外の料理には海外のお酒というわけではない時代が来ました。このような流れに直面して、伝統的な日本酒を海外の料理とどのように合わせるのか、逆に海外のお酒を日本料理とともにどのように楽しむかは酒と料理の分野では話題になっています。

国の文化の範疇を超えた料理と酒の相性の問題は、ワイン専門雑誌や日本酒の解説書などで以前から多くの特集が組まれてきました。近年では、科学的なアプローチも始められており、どのような手法で酒と料理の相性すなわちペアリングを評価するかが注目されています。清酒と料理との食べ合わせに関しては、その評価法や相性などについて、報告があり（宇都宮ほか二〇〇七a、二〇〇七b）、さらに、中村・平田らは日本酒と日本料理について人を用いたパネルでの実験によって、特定の日本酒に対するいくつかの料理との相性の違いを比較しています（Nakamura et al. 2017）（中村ほか二〇一八）。また、日本料理とワインの相性についての実証的な研究も始められています（Takahashi et al. 2021）。

ワインの世界では古くから料理と酒のマリアージュが重視されてきました。フランス人の言うマリアージュとは、料理とワインが協調しあって単独では実現できなかった高い次元の味わいを作り出すことといえます。マリアージュには多くの形が示唆されていますが、「マリアージュが成功している」と多くの人が感じる一つの例として、料理の癖や強い個性をワインがいったん引き受けて穏やかにして、その後に、ワインの香りと個性が華やかに現れるというソムリエの表現があります。他にも様々なマリアージュの形があり、味わいの幅が広い欧米の料理に対して、ソムリエは多種類のワインから最適なものを選んでマリアージュを演出します。

一方、日本酒はどんな料理にも合うと言われてきました。和食料亭でもご主人が選んだ一種類の日本酒でコースのすべての料理を食べることも不思議ではありません。

日本の料理の特徴は調和にあり、食材の持つ味の癖を除くために手間をかけて食材ごとに下処理を行い、フランス料理のような濃厚なソースや香辛料をあまり用いません。出汁のうま味と風味で料理全体の調和をとり、食材の持つ味わいを活かすことに努めます。このような味わいの調和を意識した料理の特徴もあって、日本酒自体にはあまり個性的すぎる味わいは期待されてこなかったように思います。

さらにどのような料理にも合うという日本酒の性質は、料理を食べて酒を飲む際の酒の役割が欧米と日本で少し異なることにも起因すると思います。ワインは料理とともに新しい味わいの境地を作り上げようとするのに対し、日本酒は料理の味わいをじゃますることなく、その料理の余韻を上品に消していくことに徹していると感じます。そして、これが伝統的な日本酒のマリアージュであったのではないかと筆者は考えています。

どんな料理でも、食べた後の余韻があるうちに日本酒を口に含むと、その後味を穏やかに消して口の中をニュートラルに戻してくれます。そして、次の一口に移ることができます。強い味わいの料理だったら、淡麗・軽快な酒では料理の余韻が速やかに消えないため、少し濃醇な日本酒が必要かもしれません。薄い味わいの料理が中心であったら、あまり濃い酒を飲むと、速やかに消え過ぎてしまって余韻が足りないこともあります。このような時には、淡麗な味わいの酒を合わせます。

日本料理の魚の刺身をとっても濃厚なマグロもあるし、タイやヒラメのような淡白なものもあります。調理技術には切る（生食）、煮る、焼く、蒸す、揚げる、の五法が伝統的に確立されており（ＮＰＯ法人日本料理アカデミー二〇一五）、味わいは決して単調ではありません。現代では和風の料理にも世界各国の多様な食材が用いられますが、料理の余韻を上品に消すという方法に徹している日本酒の守備範囲は広大です。

2　辛口と甘口をめぐって

ワインのような華やかな味わいの果実酒に比べて、穀物酒である日本酒は主要な香気成分の種類や味覚刺激も地味で、個性の幅は狭いと言えます。

古くから、人々は日本酒の味わいを甘口、辛口と大別してきました。昔に比べて最近の酒は辛口が多いなどという意見もあります。昔ほどは耳にしなくなりましたが、今でも甘口や辛口という言葉は使われています。そこで、日本酒のもっとも身近な表現であったこの言葉を科学的な視点から考えてみましょう。

甘口の酒というのは感覚的に理解できます。甘い味は糖質やグリシン、アラニンのような甘いアミノ酸の味で、甘味受容体が対応しています。うま味の受容体も寄与しているように思います。甘口と言われる酒のラベルや解説には、優しい、温かい、豊か、豊潤、芳醇、ほのぼのなど、豊かで幸福な語感の言葉が並びます。

では辛い酒とは何か。塩辛いわけではありません。香辛料のような辛味でもありません。対応する味覚や受容体がないのです。

辛口の酒のラベルや解説には、厳しい、淡麗、冷涼、キレ、澄み切った、ドライ、緊張、など緊張感のある厳しい表現が多く使われます。辛口を表すのに鬼ころしというのもあり、蔵で一番辛い酒を鬼ころしといったという話もあります。

辛口というのは、いったいどんな味かを醸造関係者や識者に聞いてみました。多くの意見を総合すると、辛口の酒というのは、酵母が発酵基質を食い尽くしたドライな味のことであり、アルコール度数が高いと辛いと感じることもあるといます。また、ろ過などで雑味を濾してしまうと辛口に感じやすいようです。つまり、発酵が進んだり、雑味を取り去ったりして、ドライになった味が辛口と言えそうです。

栄養学的に言うと、甘口というのは糖やアミノ酸が豊富にある味だから、これを飲むことでエネルギーを蓄えられる幸福な代謝状態になることを身体は期待します。一方辛口の風味は糖もアミノ酸も少ない液体であることを暗示します。カロリーも、アミノ酸も豊かではないという厳しい代謝状態の到来を舌が身体に訴えているのです。

これらの酒が暗示する代謝状態が、甘口辛口という酒の味の印象を生んでいるのではないかと考え、辛口の酒を飲んだあとの代謝状態を甘口の酒を飲んだ後と比較しました。

一般的な実験動物のネズミ（ラット）に日本酒を飲んでもらって甘口・辛口とエネルギー代謝状態の関係を血液中の代謝物質の状態から調べる実験を行いました（Manabe et al. 2004）。

まず実験動物のラットに甘口の酒と辛口の酒とどっちが好きかというのを行動学的な方法で検討しました。日本酒を甘口から辛口まで七種類選ぶのは専門的な経験が必要とされるため、酒類総合研究所の研究者の方々にお願いして、日本の代表的な酒の中から、典型的な辛口の酒から典型的な甘口の酒まで七種類の酒を選んでいただきました。その酒を使って、ラットがどれを好んで飲むかを調べたのです。

ラットはなんと甘口の日本酒を好み、辛口を嫌いました。辛口の清酒より、さらに辛い酒として、焼酎を清酒と同じアルコール濃度にまで水で薄めた超辛口酒（日本酒度七〇ぐらい）はまったくネズミに好まれませんでした。

一定時間のラットの摂取量の多いものを好まれていると考えて、甘口から辛口までの摂取量を比較すると、甘い酒ほど摂取量が多く、甘さの順番に摂取量の多さが並びました。ラットが甘い日本酒が好きなことは確かです。初めて日本酒を口にするラットが、なぜ、甘口の酒を選ぶのかは興味ぶかい問題です。ラットは餌を食べる時に、栄養素の含量に非常に敏感で、総カロリーやタンパク質含量の高い餌を的確に選んで摂取します。栄養素のバランスに欠陥がある餌は、すぐにそれを察知して食べなくなります。このような経験から、ラットの日本酒選択行動も、栄養素の摂取に関係があるのではないかと考えました。しかし、日本酒の銘柄によってカロリーやタンパク質含量に大きな違いがあるとは思われません。おそらく、味覚や嗅覚の刺激から、栄養素量を察知しているに違いありません、

そこで、一定量の日本酒をラットの胃の中に注入した後で、一定時間後に血液を少し採取し、エネルギー状態を反映する指標である血中遊離脂肪酸濃度とケトン体濃度と血糖値を測定しました。驚いたことに、辛口の酒ほど食後の血中ケトン体の濃度が高いのです。

血中ケトン体の濃度が上昇するのは、体脂肪を燃やしている証拠です。体脂肪が燃えるとケトン体が代謝中間体として必ず血中に出てきます。体脂肪を燃やして、エネルギーをつくっているということになります。辛い酒を飲むと、その味わいから糖もアミノ酸も少ないことがわかります。辛口というのは、エネルギー不足に備えるために、体の脂肪を事前に少し分解してエネルギーを準備します。脳はエネルギーを削る酒なのでした。つらい状態なので、「つらくち」と呼ぶ方が正しそうです。昔に比べて現代は辛口の酒が多いという長老の言も当然で、飽食の現代になったからこそ身を削る辛口の酒が楽しめるようになったと思われます。

甘口の酒は糖もアミノ酸も豊かで、エネルギーを蓄える準備ができます。エネルギーが満たされるのは動物にとって安心でハッピーな状態です。

かつて、超ドライな焼酎の水割りに果汁などの甘味を足して、若い女性たちが酎ハイブームを作りました。それまでは「おじさんの酒」であった焼酎が、突然若い世代に飲まれ出しました。身を削る酒を

ハッピーな酒に変えるアイディアであったと言うこともできるでしょう。

今の若い世代が日本酒に興味を持つようになったことは喜ばしいことです。最近の日本酒は全体的には辛口が多いですが、日本酒を飲みはじめた若い女性の日本酒の好みは、ちょっと甘口に向いているようです。新潟の酒の平均糖度も最近少し上昇していると聞きました。人々がそれまでなじみのなかった食文化を取り入れる際に、甘味を添加して口あたりを良くすることが一般的であることを前川は指摘しています（前川二〇一七）。若い男女がカジュアルに酒を飲みだしたらドライな辛口の厳しい味から、少し甘口にスライドしたというのも理解できます。かつての酎ハイブームを思い出し、日本酒が若い層に受け入れられる兆しのように感じています。

3　日本酒と料理のペアリングの評価実験

酒の味わいは一緒に食べる料理によって変わります。先に述べたように、ワインの世界では、マリアージュといって料理にワインを合わせることは非常に重要な概念です。昨今のメディア上では日本酒の情報が格段に増加しており、同時に、様々な日本酒が市場やネット上に流通しています。日本酒の銘柄や味わいに消費者の興味が向けられており、飲食店で多数の銘柄の日本酒を並べることは当たり前の光景になってきています。日本酒は銘柄を意識しながら飲む酒になってきました。さらに、ワインなどの影響もあって、日本酒と料理との相性にも興味は高まってきています。

これまで、清酒の官能評価において、清酒の品質を評価するための化学物質と関連付けられた体系的な方法は確立されてきました（宇都宮ほか二〇〇七a、宇都宮ほか二〇〇七b）。清酒と料理との食べ合わせに関しても、その評価法や相性などについて報告した論文があります（須藤ほか二〇一二）。また、吟醸酒に含まれるいくつかの化学物質が官能的な評価に及ぼす影響も示されています（岩野ほか二〇〇五）、(Takahashi & Kohno 2016)。

中村ら（Nakamura et al, 2017）（中村ほか二〇一八）は、清酒と料理の相性（ペアリング）を評価する実験を報告しており、その中で、料理とともに味わった際の料理の余韻による清酒のおいしさについて調査しています。その一部を簡単に紹介します。

この研究では、実際の飲用シーンと同様に、日本食のコース料理が順次提供されました。参加者は会話をしながら料理とともに各自のペースで飲酒し、酒自体の評価とともに、特定の料理とともに清酒を摂取した時の清酒の美味しさを評価しました。これは料理の余韻によって清酒の味わいがどのように変化するかを評価の目的としています。調査は九四人の日本人ボランティア（女性五四人、年齢二〇歳から四四歳、中央値三〇歳から三四歳）を対象として実施されました。使用された日本酒は一種類で、新潟の代表的な酒の一つです。日本酒単独の評価に加えて、料理の余韻のもとで同じ酒を評価することで相性を調べる実験を被験者に依頼しています。

酒の味わいに対する評価には様々な方法がありますが、この研究では一〇〇ミリメートルの直線のVisual Analog Scale（VAS）による美味しさ（Palatability）の評価（〇＝全くない、一〇〇＝非常に）が使用されました。被験者は、美味しさの感覚を一〇〇ミリメートルの直線の位置に鉛筆で印をつけることで表現することを依頼されました。Palatabilityというのは、ある条件で食物を摂取した時の、脳の報酬的な喜びと定義されており、好き・嫌いのような食体験に基づく判断ではなくて、口の中にある食物のうまさの程度を判断するものです。

この実験では、特に、料理よりも酒の味わいに注力した評価が求められました。これは、料理の余韻によって酒の味わいがどのように変化するかを捉えたかったからです。酒の味わいに注目することで、

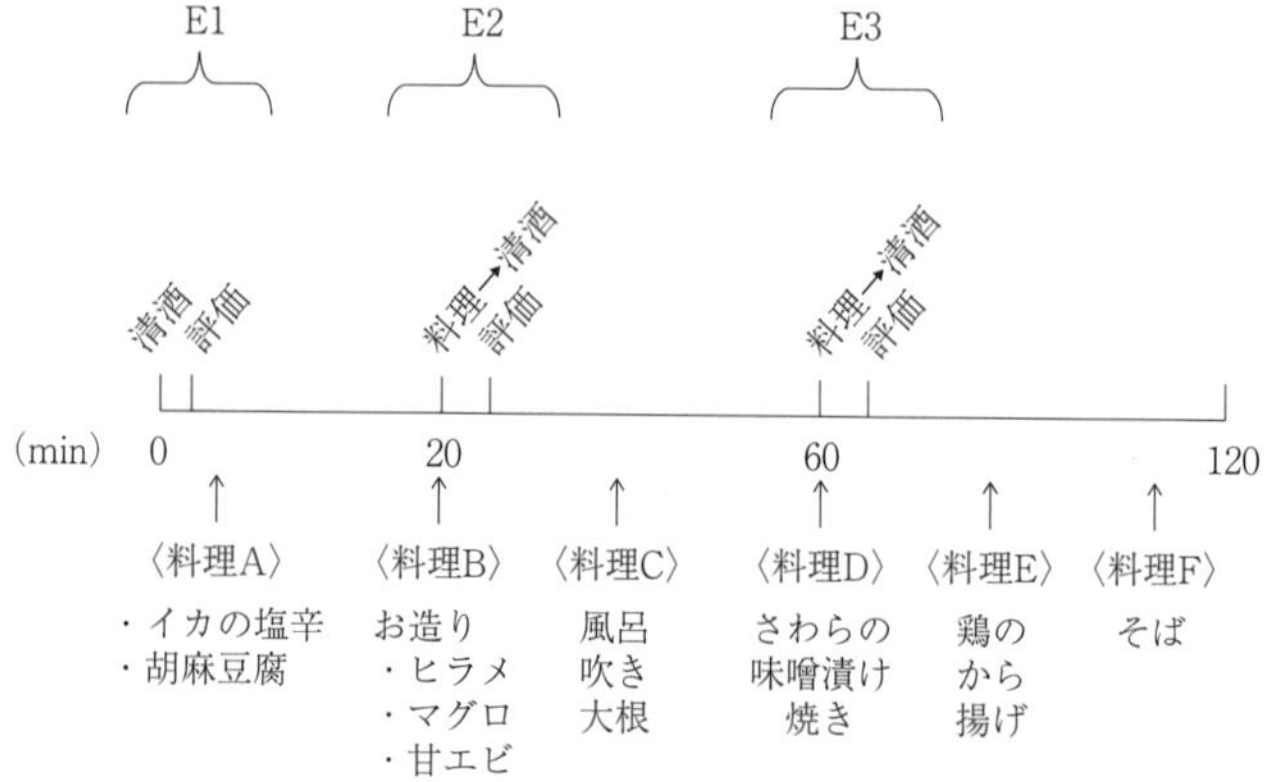

図6.1　料理と酒の提示順序

出典：中村ほか（2018）。

この酒がどのような料理と相性が良いかがわかります。逆に、ある特定の料理に合う酒を調べたい場合には、料理の味わいに注目してペアリングの評価を依頼する方法が有効であると考えられます。

料理と酒の相性の良さについても図6・1に示したように、AからFまでの順に行われ、Aの料理を食べる前とB、Dの二つの料理と同時の合計三回について、同じ清酒を飲み、Aでは清酒そのものの味わい、B、Dでは各料理の余韻の元での清酒の味わいを意識した評価を依頼しています。

料理の内容は、図6・1に示すように一般的な日本料理のコース内容と順序を意識して組み立てられています。実際の評価対象となっているのは、料理Bと料理Dの二つの料理だけで、後の料理は日本料理のコースらしさを演出する目的で提供されています。料理Bではお造りの中のヒラメの刺身を食べた余韻、料理Dではさわらの味噌漬け焼きの余韻が同じ清酒に与える影響を評価しています。

Q01は飲用した酒そのもののおいしさを問う質問で、Q02は味わいとは関係なく飲み疲れの程度を質問してい

表6.1　各評価におけるVAS値と構成要因のスコア

評価	VAS(AV ± SD, mm)			構成要因のスコア(AV ± SD)		
	Q01	Q03	Q04	やみつき	食文化	情報
E1	—	—	70.5 ± 15.2	3.39 ± 0.79	3.22 ± 1.09	3.64 ± 0.79
E2	73.4 ± 16.6	77.5 ± 19.4	76.7 ± 15.7	3.82 ± 0.80	3.25 ± 0.88	3.74 ± 0.77
E3	71.1 ± 18.5	69.7 ± 22.1	72.6 ± 17.7	3.51 ± 0.89	3.24 ± 0.86	3.67 ± 0.82

注1：Q01とQ03のVAS値は対応のある*t*-検定によりE2とE3を比較した。Q04のVAS値と3つの構成要因のスコアに対しては対応のある*t*-検定（ボンフェローニの調整）により全評価間（E1 vs. E2, E1 vs. E3. and E2 vs. E3）を比較した。

注2：**, $p < 0.01$。

出典：中村ほか（2018）。

ます。いずれも一〇〇ミリメートルのVASを用いて評価しています（〇＝全くない、一〇〇＝非常に）。実験の結果、酒と料理の相性の良さを問う質問（Q03）では、ヒラメの刺身を食べた時（E2）の方が、さわらの味噌漬け焼を食べた時（E3）より、有意に高い評価が得られました（$p<0.01$）（表6・1）。酒と料理を同時に食べた際のおいしさを問う質問（Q04）については、両者（E2とE3）の間に有意な差は認められませんでしたが、表6・1には記載していませんが両者の間のp値は比較的低い値を示していました（$p=0.024$）：（ボンフェローニ調整による危険率五％は$p=0.017$）。以上の結果を総合すると、料理との相性および料理の余韻で日本酒を飲んだ時の評価は、ヒラメの刺身を食べた時の方が、サンプル清酒をよりおいしいと判断される傾向にあることが示され、清酒の味わい・おいしさは、直前に食べた料理によって変わりうる（影響を受ける）ことが示唆されました。

刺身は生の魚の淡い味わいを重視しており、魚の味噌漬けでは味噌の焼ける強い風味とうま味が特徴的です。料理の余韻はそれぞれ異なり、相性のみならず、日本酒の美味しさの評価にも影響を与えています。より濃醇な日本酒や古酒などではどのような結果が得られるか、興味はつきません。今後も酒と料理のペアリングの研究が進捗すると思われます。

4　魚の臭みを消す日本酒の技——鍵は嗅覚のメカニズム

新鮮な魚を生で食べるというのは日本の食文化の誇りです。生食できる魚は鮮度が高い貴重品です。生の魚には独特の旨さの他に、生で食べるという緊張感があり、レベルが高い料理と言えます（伏木二〇一三）。刺身はわさびの刺激と醤油のうま味で覆われていますが、新鮮な魚の体臭とも言える微かな生の匂いや、組織が熱で変性していないみずみずしさは重要です。

火を通した魚の料理にも魚の独特の風味があります。生食できるほどは鮮度が良くない魚も、焼く、煮るなどの様々な調理法で魚の風味を味わいながら美味しく食することができます。

生食を含む日本の魚食文化にとっては日本酒が重要な食中酒です。日本酒は魚介類の生臭さを消してくれる作用が強く、刺身には欠かせません。刺身だけではなく、魚介の調理にも日本酒は重用されます。調理過程で日本酒を足すと生臭さが抑えられます。漁業が盛んで魚を常食してきた地域では、昔から魚の料理に合う日本酒が好んで醸造されてきたことが想像されます。

魚の味わいの癖とも言える生臭い風味についていくつかの研究報告があり（太田一九八〇）、近年では2、3ペンタジオン、ヘキサナール、1ペンテン3オールなど、魚油に含まれるDHA、EPAなど酸化されやすい脂肪酸の劣化によって生じる各種揮発性カルボニル化合物が生臭い原因として指摘されています（Ganeko et al. 2008）。また魚やイカなどに多いトリメチルアミンの匂いも魚の癖として報告されてきました。イカを焼いた時の独特の強烈な匂いはトリメチルアミンの匂いです。これらを日本酒が緩和してくれることは経験的に知られていました。

ワインの研究者からは、ワインと魚介類を合わせるときに感じられる生臭さについての臭い物質の研究が進んでいます。特にワインに含まれる二価鉄イオンが魚介類の過酸化脂質に作用して（EZ）-2,4-ヘプタジエナール、1オクテン—3—オンなどを生成する生臭みを感じてしまうことが明らかになっています（田村二〇一〇）。また、ワインに含まれる亜硫酸が不快臭を増強することも報告されています。日本酒は鉄分の含量が低く、また亜硫酸も含みませんので、魚に対してワインのような極端な生臭さを感じることはありません。むしろ、魚の生臭の原因となる成分と、清酒の成分が鼻粘膜状の匂い受容体を取り合うことで魚臭さが清酒によって積極的に緩和されるメカニズムが考えられています（東原ほか二〇一三）。

鼻の粘膜上にある匂い分子の受容体は人間では三九六種と報告されています。味覚の受容体が苦味の二五種程度を除けば甘味や旨味、酸味、塩味などで各一種類ずつしかないのとは大きく異なります。匂いの感覚は味覚に比べて非常に解像度が高いと言えます。また、匂いの記憶は長い年月を経ても忘れません。ただし、匂いの記憶は言語化されません。過去の記憶と照合はできますが、言葉にして記憶されないのです。例えば、魚の匂いを言葉で表わせと言われると困難です。魚臭いとか生臭いとしか言いようがありません。匂いは言語を介さないで化合物の匂い刺激が、鼻から脳に直接入っています。

魚の不快臭を消す日本酒の特性は、鼻の粘膜状で匂い分子が嗅覚受容体と呼ばれるセンサーに結合する嗅覚のメカニズムと深い関係があります（図6・2）。

匂い分子は、非常に多種類存在しますが、匂い分子は、六種類から八種類程度のそれぞれ特定の受容体と結合して鼻から脳に信号を伝えます。この選ばれた受容体のパターンを脳が読みとって、特定の匂いの感じ方を作り出します。鼻の粘膜上では無数にある匂い分子が三九六種類の嗅覚受容体の中から六種類から八種類程度の受容体を取り合いしながら選んでいることになります。もちろん、異なる匂い分子が一部の受容体を共有したり他の分子の結合を追い出したりする事もしばしばあります。この魚と酒

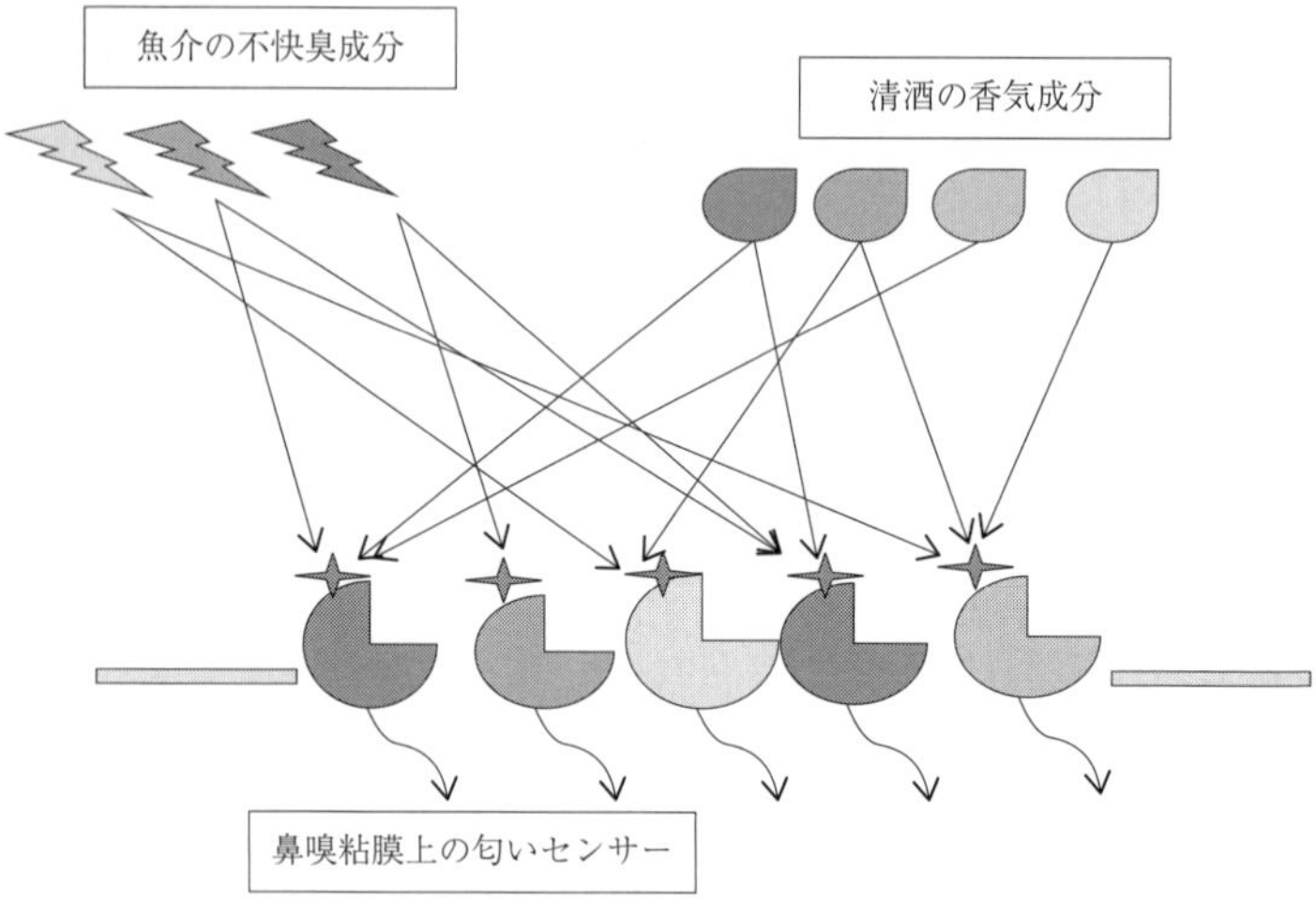

図6.2　清酒の香気成分と魚の不快臭成分との匂いセンサーをめぐる拮抗

出典：筆者作成。

の匂い分子の競合が魚の匂いの消臭に重要です。複数の匂い分子が共存して、受容体の共有が生じると、匂いの感覚が変化します。時には匂いが受容体を取り合って消臭してしまうこともあります。日本酒に含まれる風味は、魚の生臭さを感じさせる分子と匂い受容体を取り合いする事で魚の匂いを緩和することができるのです。

このような匂い分子同士による受容体の取り合いは、匂い分子の種類と受容体の組み合わせの数があまりに膨大であるため正確な予測が不可能です。今のところ、偶然に発見されたペアリングの効果の利用や、試行錯誤のくり返し、あるいは経験による推測にたよるしかないようです。今後、分子生物学を利用した匂い受容体の発現技術やその特異性の解析が進めば、コンピュータ上でのペアリング予測が可能になる日が来るかもしれません。

5　ワインの代替えではなく、日本酒の飲み方の文化を海外に

これまで、日本酒はどんな料理でも合う酒であること、生の魚介の不快な風味の癖を消してくれることなど、ワインには無い特徴があることを述べてきました。この特徴を生かした日本酒の海外展開を期待することは当然なことと思います。

近年、日本食がグローバル化するとともに、海外のレストランの日本酒への注目が高まってきました。高級レストランの前菜によく使われるキャビアや生牡蠣はまさに魚介類の生の味を豊かに有しています。もっとも華やかな前菜なのですが、これらを甘味と酸味の強い果実酒であるワインと合わせるのは至難の技でした。果実の酒であるワインが欧米人の苦手な生の魚介の風味をうまく消してくれないのです。むしろ不快な感覚を増強することさえあります。ソムリエの高度な技術を使ったピンポイントのマリアージュは報告されていますが、一般的には困難です。海外ではこうした魚介類には非常にドライな白ワインやシャンパンなどの発泡性のワインを合わせることが多いのですが、日本酒と魚介のマリアージュを知る我々日本人から見ると、かなり無理があるように思います。これまでワインではうまく合わせきれなかった、生の魚介類とのマリアージュを成功させるために日本酒を使いたい高級レストランのソムリエは少なく無いはずです。

そして、海外の業者が大挙して日本酒の買い付けに日本の酒蔵を訪れています。キャビアや生牡蠣や生の魚介臭を日本酒はいとも簡単に緩和してくれることにレストランのシェフやバイヤーの人々は驚嘆したはずです。念願の魚介に合う酒が見つかったと喜ぶのも当然です。

日本酒の力が見直されたことは喜ばしいことです。これからは、世界の全レストランで前菜の酒に日

本酒が仲間入りすることでしょう。確かに、生の魚介などの前菜とのマリアージュには日本酒は抜群の力があると思いますが、ここで訴えたいと思うのは、ワインの代替え品として、あるいはワインでカバーできない部分を補う酒として日本酒が海外に紹介されるのは日本酒の将来にとって最善のデビューでは無いように思うのです。

料理をする人にとって日本酒の魅力は、どんな料理にも合うという特徴にあると思います。これ一つあれば、極めて幅広い料理が楽しめます。数本のお酒で、全部の料理が楽しめます。しかも、繊細なものから非常に強烈なものまで全部カバーできます。これは、実は、日本酒の力だけでなく、日本の酒の飲み方の文化が重要な役割を果たしています。

ワイン的なマリアージュを離れて、日本的なマリアージュ、すなわち、料理の味わいを上品に消していき、フレッシュな感覚で次の一口を迎えられるという、飲み方の文化の海外展開を狙うべきであると思います。欧米人にとっては、淡麗なグループと濃醇なグループという日本酒の世界は、色彩の豊かな油絵に対して幽玄の水墨画の世界のようですが、これが日本の文化であるとして、日本料理のうま味や調和の精神とともに海外に訴えることがより総合的な発展を遂げる戦略では無いかと思います。

ワインのピンポイントの代替え酒ではなくて、日本のマリアージュの作法を世界に広めるべきというのが筆者の日本酒学の結論です。

引用・参考文献

岩野君夫・伊藤俊彦・中沢伸重「吟醸酒の官能評価と化学成分との相関分析」『日本醸造協会誌』一〇〇巻九号、二〇〇五年、六三九～六四九頁。

宇都宮仁「清酒の美味しさ」『食品・食品添加物研究誌』二一二巻、二〇〇七年a、七三一～七三九頁。

宇都宮仁「清酒の官能評価にかかわるにおい・かおりについて」『におい・かおり環境学会誌』三八巻、二〇〇七年b、三五二〜三六〇頁。

太田静行「魚の生臭さとその抑臭」『油化学』二九巻七号、一九八〇年、二九〜四八頁。

須藤茂俊・藤田晃子・遠藤路子・神田涼子・磯谷敦子「食品と清酒との相性評価法」『日本醸造協会誌』一〇七巻一号、二〇一二年、四九〜五六頁。

田村隆幸「ワイン中の鉄は、魚介類とワインの組み合わせにおける不快な生臭み発生の一因である」『日本醸造協会誌』一〇五巻三号、二〇一〇年、一三九〜一四七頁。

中村諒・中野久美子・田村博康・伏木亨・平田大「料理とともに味わう日本酒のおいしさの評価（新たな試み）」『日本醸造協会誌』一一三巻五号、二〇一八年、二八二〜二八八頁。

農林水産省食料産業局食文化・市場開拓課「海外における日本食レストラン数の調査結果（令和元年）の公表について」（令和元年一二月）、二〇一九年。

東原和成・佐々木佳津子・伏木亨・鹿取みゆき『においと味わいの不思議』虹有社、二〇一三年。

伏木亨「生で食べることのおいしさ」、一色賢司監修『生食のおいしさとリスク』ＮＴＳ、二〇一三年、一一三〜一一六頁。

前川健一「アジアの甘さの勉強ノート」、山辺規子編『甘みの文化』食の文化フォーラム35、ドメス出版、二〇一七年、三八〜六一頁。
T. Fushiki & K. Nakano, Evaluating the palatability of fermented foods. *Biosci. Biotechnol. Biochem*, 2019 1417-1421.
N. Ganeko, M. Shoda, I. Hirohara, A. Bhadra, T. Ishida, H. Matsuda, H. Takamura, T. Matoba, Analysis of volatile flavor compounds of sardine (Sardinops melanostica) by solid phase microextraction. *J Food Sci.*, 73(1), 2008, S83-88.

Y. Manabe, H. Utsunomiya, K. Gotoh, T. Kurosu, T. Fushiki, Relationship between the preference for sake (Japanese wine) and the movements of metabolic parameters coinciding with sake intake *Biosci Biotechnol Biochem.*, 68(4), 2004, 796-802.

R. Nakamura, K. Nakano, H. Tamura, M. Mizunuma, Fushiki T. Hirata D., Evaluation of the comprehensive palatability of Japanese sake paired with dishes by multiple regression analysis based on subdomains. *Biosci. Biotech. Biochem.* 81, 2017, 1598-1606.

K. Takahashi & H. Kohno, Different Polar Metabolites and Protein Profiles between High- and Low-Quality Japanese Ginjo Sake, *PLoS ONE*, 11, 2016, e0150524.

T. Takahashi, K. Nakano, K. Yamashita, H. Yamazaki, T. Fushiki, Pairing of white wine made with shade-grown grapes and Japanese cuisine. *NPJ Science of Food, Brief communication*, Mar 1;5(1):5, 2021, doi: 10.1038/s41538-021-00089-0.

ブックガイド

＊東原和成・佐々木佳津子・伏木亨・鹿取みゆき『においと味わいの不思議』虹有社、二〇一三年。

ワインを主な題材にして、嗅覚と味覚の機能をわかりやすく解説しています。東原氏の担当しているにおい成分と嗅覚との関わりについての記述は非常に理解しやすくかつ学術的に正確な表現や例が示されており、日本酒の香りについて勉強するための手引書として最適です。また、鹿取氏や佐々木氏によるワインのフレーバーの解説や料理との相性については、日本酒の研究者が読んでも非常に参考になる部分が多くあります。

＊田崎真也・髙橋拓児『和食とワイン』日本ソムリエ協会、二〇一五年。

ソムリエ界の第一人者田崎真也氏と日本料理の若手リーダーである髙橋拓児氏が和食とワインというテーマで

和食と酒のマリアージュについて対談しています。田崎真也氏は日本料理の出身であり、一方の高橋拓児氏は京都の老舗料亭木乃婦の三代目主人でありながらシニアソムリエの資格を持つ料理人です。両者の和食とワイン・日本酒のマリアージュ感は見事に一致しており、具体的でありながら奥が深いものがあります。料理と酒のペアリングを考える上で衝撃的ともいえる対談が展開されています。

＊高田公理『語り合うにっぽんの知恵』創元社、二〇一〇年。

長い日本の歴史の中で培われてきた「にっぽんの知恵」について日本を代表する碩学の面々が縦横無尽なやり取りを展開する朝日新聞の共同討議の連載記事を加筆してまとめたものです。いずれの章も興味深いですが、特に、第三章の「日本人の食とその周辺」では、和食を石毛直道、高田公理ら、米を原田信男、佐藤洋一郎ら、日本酒を栗山一秀、村田吉弘、高田公理らが語り合っています。日本酒の歴史と知恵、世界への展開など、示唆に富む内容です。

第七章　日本酒と健康

伊豆英恵

宇都宮らの調査報告（宇都宮ほか二〇一〇）によると、消費者の日本酒の健康イメージは決して良くないことがわかっています。日本酒はカロリーが高い、二日酔いになりやすい、糖尿病になりやすい、頭が痛くなりやすい、気持ち悪くなりやすいといったマイナスの健康イメージが強く持たれています。はたしてこれは本当でしょうか。飲酒は大変、身近な行為であり、色々な方がそれぞれの経験に基づいた意見を持っているのではないでしょうか。飲酒や日本酒と健康について、どのように考えられているか、紹介します。

1　飲酒と健康

飲酒の生体への影響は二通りあり、一つは飲酒して数時間から翌日にかけてみられる二日酔い、悪酔い、急性アルコール中毒などの「急性影響」、もう一つは長期の習慣飲酒に起因する生活習慣病や依存症などの「慢性影響」があります。本章では、「慢性影響」のうち、飲酒者の多くの方を悩ます生活習慣病について、主に取り上げます。

食生活、運動、飲酒、喫煙などの生活習慣によって、肥満、高血圧、高血糖などの基礎疾患が形成され、がん、脳卒中、心疾患などの生活習慣病につながります。疫学研究において、イギリスのマイケル・ギデオン・マーモットら（Michael G Marmot）（Marmot et al. 1981）が適量飲酒によって生活習慣病を含む色々な疾患のリスクが低くなることを発見しました。グラフの縦軸を色々な疾患のリスク、横軸を飲酒量とした場合、この現象を示すグラフ形状がJ字型を示すことから、これを「Ｊカーブ効果」と呼んでいます。これらの一連の研究では、他にも注目すべき重要な点があり、大量飲酒で色々な疾患のリスクが上昇すること、疾患によってカーブ形状が異なることなどが明らかになりました。

日本人はアルコールに弱い体質の人が多いのですが、Ｊカーブ効果ははたして観察されるでしょうか。大変、興味深いところですが、日本人男性でも、欧米同様にＪカーブ効果が見出されました（Tsugane 2012）。また、大量飲酒で疾患リスクが上昇すること、疾患でカーブ形状が異なることも、同様に観察されました。

Ｊカーブ効果には、注意点がいくつかあります。疫学研究によるＪカーブ効果は、対象者に飲酒と健康状況を尋ね、飲酒と疾病の相関関係を調べたものです。決して、飲酒と疾病の因果関係（原因と結果）を示すものではないことに注意が必要です。つまり、「飲むから元気」とは言い切れず、「元気だから飲めている」可能性が排除できないということです。Ｊカーブ効果には、他にも、様々な議論があります。非飲酒者の中に体調を崩して飲酒をやめた断酒者が含まれる可能性があるというものが、その代表です。これについては、このような断酒者を除外してもＪカーブ効果が認められたというケースが報告されています。また、どのような集団を調査対象とするかによって、結果が異なる可能性があります。たとえば、ワインを好む集団で高学歴、健康的な食生活への志向、良好な社会経済状態など、健康にプラスとなる要因が観察された例があります。疫学研究では、慎重にデータを取り扱い、影響する可能性のある要因を調整するものの、想定外の要因が結果に影響することがあります。

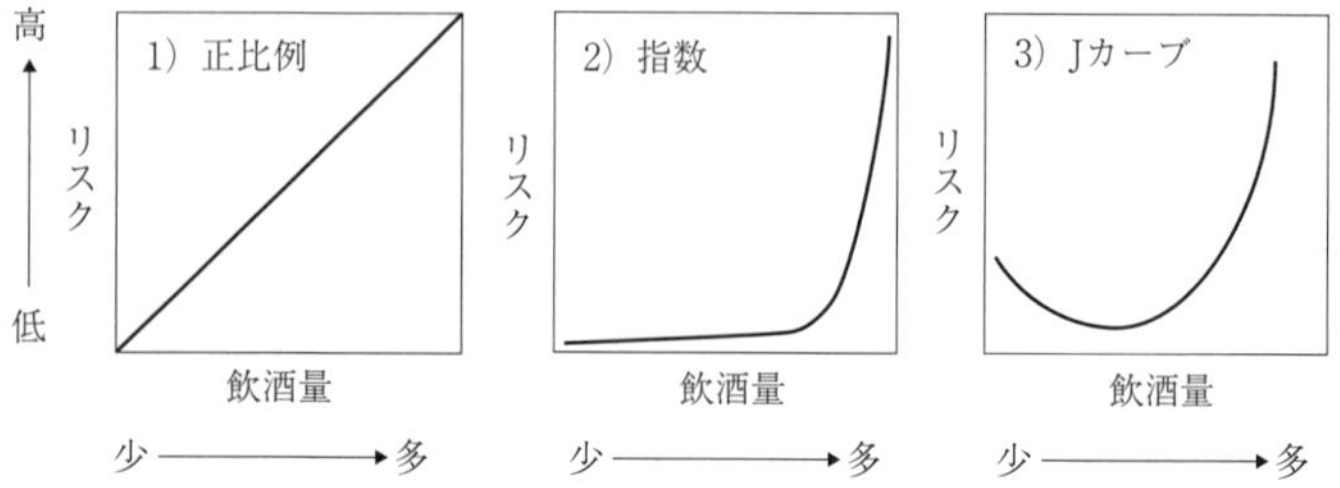

図7.1　飲酒量と疾患リスク

出典：厚生労働省「e-ヘルスネット」をもとに筆者作成。

飲酒が疾患リスクへ与える影響は主に三パターンに分類されます（図7・1）。一つめは、飲めば飲むほどリスクが上昇する正比例パターンで高血圧、脂質異常症、乳がんなどがあります。二つめは、ある一定の飲酒量で急激にリスクが上昇するパターンで肝硬変などがあります。三つめは、Jカーブで虚血性心疾患、脳梗塞、二型糖尿病、認知症などがあります。なお、各疾患がどのパターンにあてはまるかは、研究によって異なる場合があります。現在も新たな研究データが更新されていますので、前述はあくまで参考としてください。

過去の疫学研究から、「一日の適量飲酒量」が推定されています（表7・1）。成人・健常男性で一日当たり、純アルコール換算二〇グラム相当で日本酒でいうと一日一合、ビールでいうとロング缶一本になります。これは健康な方の目安であり、何らかの健康問題がある方は主治医の指導に従ってください。さらに注意点として、以下の三つがあります。

①女性は男性よりもアルコール影響を受けやすいため、これよりも少量が適量です。
②飲酒で顔が赤くなり、酒に弱い方も、これよりも少量が適量です。
③六五歳以上の方は体内の水分量が少なくなるなどして、アルコール影響を受けやすいため、これよりも少量が適量です。

表7.1　1日の飲酒量の目安

酒の酒類	（適量）純アルコール20g相当量	（生活習慣病リスク）純アルコール40g相当量	（多量）純アルコール60g相当量
ビール	ロング缶1本(500mL)	ロング缶2本(1L)	ロング缶3本(1.5L)
日本酒	1合(180mL)	2合(360mL)	3合(540mL)
ウイスキー	ダブル1杯(60mL)	ダブル2杯(120mL)	ダブル3杯(180mL)
ワイン	グラス2杯弱(200mL)	グラス4杯弱(400mL)	グラス6杯弱(600mL)
焼酎	グラス半分(100mL)	グラス1杯(200mL)	グラス1.5杯(300mL)

出典：筆者作成。

どのぐらいの量で飲みすぎとなるのでしょうか（表7・1）。生活習慣病リスクが上昇するのは、毎日、純アルコール量四〇グラム相当、すなわち日本酒二合程度を飲み続けた場合です。また、多量飲酒に相当するのは、純アルコール量六〇グラム相当、すなわち日本酒三合程度を飲み続けた場合です。ただし、この量は目安であり、個人差があることを付け加えておきます。さらに、愛飲家の方には耳が痛い話となりますが、「適量」について、新たな研究成果が報告されつつあり、今後、見直される可能性があります。二〇一八年に『ランセット』（Lancet）誌で報告された飲酒の大規模疫学研究結果によると（Wood et al. 2018）、過去に心臓病の前歴のない約六〇万人の飲酒者を飲酒量別に八グループに分け、すべての原因による死亡と心臓病による死亡のアルコール摂取との関連性を調べたところ、最も死亡リスクが少なかったのは、一週間の飲酒量がアルコール換算一〇〇グラム程度であったそうです。各国の適量アルコール摂取のガイドラインはまちまちだそうですが、日本で現在、示されている一日あたり純アルコール二〇グラム相当ですと、一週間で一四〇グラムになってしまいます。一日の量を少なくするか、週二日程度は飲酒しない休肝日をもうけることが推奨されそうです。

ここまで、主に成年健常者を対象に飲酒の健康影響について示しました。ここで一つ付け加えておきたいことがあります。飲酒に関連する問題は成年の健康影響だけでなく、乳幼児や青少年だけでなく、周囲を巻き込む場合があります。たとえば、妊娠中の飲酒により、胎児に障害が起こることがあります。また、酩酊した親から子供への虐待が起こることがあります。青少年になると、未成年飲酒、急性アルコール中毒の問題があり、さらにはそれが非行、違法薬物のゲートウェイにつながる可能性があります。この他、心身の健康影響だけでなく、飲酒運転、事故、アルコールハラスメントなどの社会的問題、家庭内暴力などの家庭問題、失業などの職業上の問題など様々な問題を生む可能性が指摘されています。現在、日本では、飲酒が原因の交通事故はより厳しい責任が求められ、道路交通法で運転者の酒気帯びや酒酔い運転に対する罰則強化だけでなく、運転者へのお酒の販売や飲酒の勧めについても禁止されていることは良く知られたことです。

このように多岐にわたるアルコール関連問題改善のため、二〇一〇年五月に第六三回世界保健機関（WHO）総会で「アルコールの有害な使用を低減するための世界戦略」が承認され、各国が目標達成に向け、具体的な戦略を立てることとなりました。

日本では、二〇〇〇～二〇一二年に「二一世紀における国民健康づくり運動（健康日本21）」（厚生労働省）が行われました。この中で飲酒をめぐる問題について、①大量飲酒者（一日平均の飲酒が純アルコール約六〇グラムを超える人）の減少、②未成年飲酒の防止、③節度ある適度な飲酒（一日平均純アルコールで約二〇グラム程度の飲酒）についての知識の普及が目標としてかかげられました。最終評価結果では、①大量飲酒者の割合はほとんど変わらず、②未成年飲酒の防止については、中学生、高校生の飲酒経験が顕著に減少し、効果が認められ、③節度ある適度な飲酒の基準を知っている人の割合は男性でやや増加、女性は変化なしという結果となりました。

これに引き続き、二〇一三年から一〇年間、「健康日本21（第二次）」（厚生労働省）が実施されています。飲酒に関する新たな目標は、①生活習慣病のリスクを高める量（一日の平均純アルコール摂取量が男性四〇グラム以上、女性二〇グラム以上）を飲酒している者の割合の減少、②未成年者の飲酒をなくす、③妊娠中の飲酒をなくすとなっています。さらに、二〇一四年六月には、「アルコール健康障害対策基本法」が施行され、飲酒に伴うリスクに関する正しい知識の普及、アルコール依存症の正しい理解、アルコール健康障害への早期介入、地域における関係機関の連携による支援体制整備が進められました。また、その推進を図るため、二〇一六〜二〇二〇年度に「アルコール健康障害対策推進基本計画」を実施し、発生予防から、進行・再発予防に向け、医療機関による具体的活動が行われました。

なぜ国を挙げて飲酒問題に取り組む必要があるのでしょうか。お酒に様々なマイナス面があることは前述しました。お酒を飲んでの喧嘩、犯罪、飲酒運転、健康被害、大量飲酒者の増加やアルコール依存症の問題など、社会問題としてメディアで度々、取り上げられています。やや古い調査結果（一九八七年）ですが、アルコールに起因する疾病のために一兆九五七億円の医療費がかかり、アルコール乱用による本人の収入減等を含め社会全体で約六兆六〇〇〇億円の社会的費用がかかっているとの推計があります（健康日本21企画検討会・健康日本21計画策定検討会二〇〇〇）。さらに日本では、アルコール依存症ではないものの、問題のある飲み方とされる多量飲酒者（一日平均アルコール六〇グラム以上）が約九七九万人いるとの報告があります。このことからも、各種の飲酒問題を未然に防ぐため、様々な取り組みがされているというわけです。

2　アルコール飲料の種類と健康

アルコール飲料の種類によって、健康影響に違いがあるのでしょうか。

一九九〇年代にフランスのセルジュ・レナウド（Serge Renaud）がフレンチパラドックスを提唱しています（Renaud and Lorgeril 1992）。これは、フランス人は肉や乳製品による飽和脂肪酸摂取が多いのに、心疾患が少ないのは、赤ワイン摂取が多く、赤ワインに含まれるポリフェノールが有効成分ではないかとする説です。これをきっかけに赤ワインや食品ポリフェノールの機能性研究が世界中で発展し、赤ワインの健康イメージが形成されるきっかけとなりました。

赤ワインの健康効果が多くの研究で示されていますが、現時点では、特定の酒類の健康効果が特に強いという証拠は薄いとされています。これは、赤ワインをあまり飲まない国でもJカーブ効果が観察されていること、酒類の主要かつ共通成分はエタノールであるためです。現状では、酒類の違いはあまり考慮されておらず、摂取したアルコール量がもっとも問題とされています。

例として、日本酒の成分を見てみましょう。日本酒の約八〇％は水分、約一五％がエタノール、約一・五％から四％がグルコース、約〇・七％から一・五％が有機酸で残り数％がその他の成分になります。そして、その他の成分には、味に影響するアミノ酸、香味に影響するイソアミルアルコールなどのアルコール類、香りに影響する酢酸エチルや酢酸イソアミル、カプロン酸エチルなどのエステル類、ビタミン類、金属イオン、無機イオンなどが含まれます。日本酒は醸造酒であり、蒸留酒に比べ、発酵に由来する様々な成分を含んでいるとはいえ、水を除いて、主要な成分はやはりエタノールなのです。飲酒場面を考えると、日本酒などのアルコール飲料を飲めば、豊富な酒類成分とともに同時にエタノール摂取を伴います。

運動時のサプリとして代表的なＢＣＡＡ（分岐鎖アミノ酸）を例に具体的に見てみましょう。ＢＣＡＡはサプリメントでは一回あたり二〇〇〇ミリグラム程度を摂取するのがよいようです。食品で同量のＢＣＡＡを摂取しようとするとカツオや鶏むね肉だと約五〇グラム、豆腐だと約一五〇グラム程度の摂取が必要であり、あまり無理のない量に思えます。日本酒はアミノ酸豊富な酒類と言われますが、BCAA二〇〇〇ミリグラムをまかなおうとすると、約一二三合（約二二リットル）も摂取しなければいけません。これでお伝えしたいことが、イメージしていただけたのではないでしょうか。酒類成分の健康影響がまったくないとは言い切れませんが、飲酒時、もっとも注意すべきは摂取したアルコール量です。

アルコール飲料の種類よりも、摂取アルコール量に注意する場合の良い例として、ビールと尿酸値の例があります。ビールは酒類の中では、プリン体を多く含みます。日本酒やワインにはプリン体はわずかしか含まれず、焼酎などの蒸留酒にはプリン体はほとんど含まれません。このため、ビールは尿酸値上昇の犯人のように言われてきました。ですが、実際には、アルコール自体に尿酸値を上昇させる効果があるのです。アルコールは体内での尿酸合成を促進する一方、尿への尿酸排泄を阻害するため、この結果、尿酸値の上昇を招きます。また、量に違いはあるものの、ほとんどの食品がプリン体を含みます。特に、魚介類・肉類にプリン体が多いことがわかっています。お酒とおつまみはセットです。尿酸を気にする場合、摂取するアルコール量と食事の内容にも気を付ける必要があります。プリン体カットのビールでは、尿酸値の問題は完全に解決できないかもしれません。

日本酒にマイナスの健康イメージを持っている人が多いようですが、必ずしもそうではなく、注意すべきは摂取するアルコール量や、それとともに摂取する食事の内容です。

とはいえ、これまでの赤ワインのポリフェノールに関する多くの研究を見れば、アルコール以外の酒類成分の影響がまったくないとは言い切れなさそうです。赤ワインのポリフェノールに匹敵するような日本酒成分が今後、見いだされれば、それはそれでとても魅力的に感じます。ただし、適量飲酒量の範囲内で十分な効果が発揮されることが条件でしょうか。これまで、このことを目標に日本酒成分の研究に取り組みましたが、目標達成はなかなか困難でした。今後の研究に期待したいと思います。

3　エタノールの生体への影響

飲酒後、酒類中の主成分であるエタノール（アルコール）はどのようにして代謝され、どのような影響を体に与えるのでしょうか。

エタノールは他の物質にない特性を持ち、全身に影響を及ぼす可能性があります。エタノールは分子量四六の低分子化合物であり、濃度勾配に従って、高濃度から低濃度へと単純拡散で細胞膜を簡単に出入りし、体内のあらゆる場所に分布することができます。親水性の性質が強く、体内の水分中に拡散します。また、低いながら、脂溶性もあり、生体内の脂肪組織にもゆっくりと広がります。さらには、脳血液関門という血液中から脳内への物資移行を制限する組織も通過し、脳に移行して酔いをもたらします。エタノールの作用はとても複雑で、脳、代謝系、内分泌系、循環器（心臓・血管）、消化器、呼吸器など、体の様々なところに作用します。さらには、摂取して数時間から数日程度の急性影響と長期間の継続摂取による慢性影響があります。

口から摂取したエタノールは胃、小腸に行き、速やかに吸収されます。そして、血管で肝臓に運ばれ、速やかに酵素で分解されます（図7・2）。まず、アルコール脱水素酵素（ADH）でアルコールからアセトアルデヒドに分解されます。次に、アルデヒド脱水素酵素（ALDH）でアセトアルデヒドから酢酸に分解されます。この経路がアルコール分解系の主要経路です。ただし、大量飲酒あるいは継続的な習慣飲酒の場合、この経路以外にも、ミクロソーム・エタノール酸化系（MEOS）やカタラーゼによる分解系が働きます。大量飲酒でたくさんのエタノールを摂取した場合、肝臓で分解処理しきれないエタノールは血流にのって、体内を巡ることとなります。そして、脳などに移行し、酔いの症状が出ると

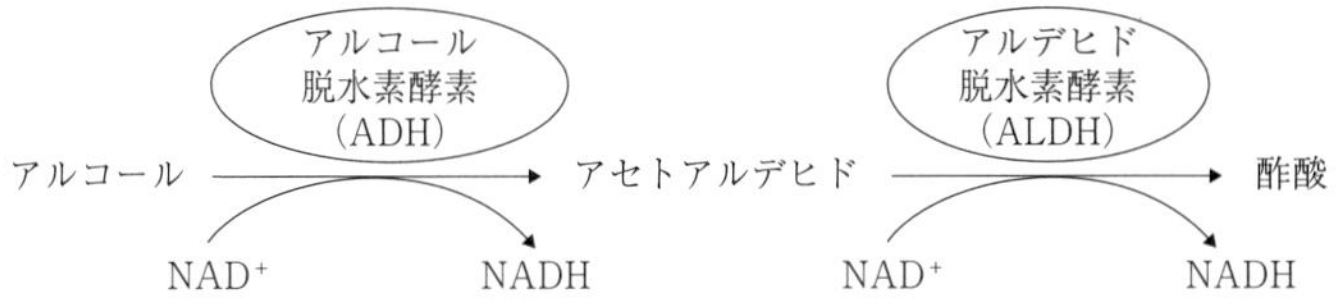

図 7.2　アルコール分解反応

出典：筆者作成。

いう訳です。

エタノールも問題ですが、代謝産物のアセトアルデヒドも問題です。アセトアルデヒドは大変、反応性が高い物質で、生体内のＤＮＡ、タンパク質、脂質を攻撃して付加体（共有結合体）を形成し、細胞を障害します。ＤＮＡ付加体となった場合、ほとんどの遺伝子の「傷」は修復されますが、修復がうまくされない場合、遺伝子変異が誘発される可能性があります。こういったことが長年、積み重なり、生活習慣病、発がんなどにつながります。したがって、代謝で生じたアセトアルデヒドを速やかに分解し、無毒化することが大変、重要です。

少し難しいですが、もう少し詳しくエタノール分解反応の影響をみていきましょう。ＡＤＨやＡＬＤＨによる反応では、反応にＮＡＤ$^+$という物質をＮＡＤＨに変換する反応が伴います（図７・２）。したがって、エタノール分解に伴い、ＮＡＤＨが増加するという訳です。そして、細胞内のＮＡＤＨが増加すると、細胞内の酸化還元状態が変化し、糖新生という糖を作る反応が阻害されたり、脂質代謝に作用して脂質が蓄積したりする上、活性酸素が発生して酸化ストレス状態になりやすくなります。なお、ＡＤＨやＡＬＤＨ以外のエタノール分解系のＭＥＯＳ系でも、同様に活性酸素が発生して酸化ストレスが誘導されます。

この活性酸素は何が問題なのでしょうか。活性酸素もアセトアルデヒドのように大変、反応性が高く、生体内のＤＮＡ、タンパク質、脂質を攻撃して付加体（共有結合体）を形成し、細胞を障害します。ただし、人の体内では常に活性酸素が発生しており、飲酒だけが活性酸素の発生源ではありません。人は空気中の酸素を取り入れ、酸化によって得たエネルギーで生命を維持しており、こういった様々な代謝の過程で活性酸素が発生します。さらには、喫煙、紫外線、放射線、大気汚染、化学物質、ストレス、肥満、過度の運動など、色々な環境因子によって活性酸素が発生します。つまり、人は生きている限り、活性酸素から逃れられないのです。

しかし、安心してください、人の体はとても良くできています。活性酸素から人体を防御するため、酸化ストレスに対抗する抗酸化システムが人体に備わっています。このシステムでは、スーパーオキシドジスムターゼ、カタラーゼ、グルタチオンペルオキシダーゼといった生体内の抗酸化酵素や、ビタミンC、ビタミンE、カロテノイド類などの抗酸化物質によって、活性酸素が無害化されます。さらに、活性酸素によって、DNA、タンパク質、脂質が攻撃された場合、それらを修復、除去するシステムも人体に備わっています。活性酸素と抗酸化、修復、異物除去のバランスが崩れ、酸化ストレス状態が強くなると色々な障害が発生してしまうことになります。このため、飲酒でいうと、継続的な大量飲酒は酸化ストレス状態を作り出すため、避けるのが賢明です。

ここまでエタノールの有害な影響について説明しました。好ましい影響がないわけではありません。たとえば、血中の不要なコレステロール除去に関わるHDLコレステロール（善玉コレステロール）を増加し、心疾患予防につながります。また、血小板凝集を抑制し、血栓の形成を防ぎ、血栓症予防につながります。この他、脳神経系への作用により、リラックス効果がもたらされますが、これについては、次章に詳しい説明をゆずることにいたします。

ところで、日常の食生活でエタノールはアルコール飲料からの摂取にとどまらず、飲酒に起因しないエタノール摂取もあることをご存じでしょうか。たとえば、食品製造者が保存性や風味向上の目的でアルコールを食品に加えることがあります。また、香味付与のために加える調味料、洋酒、香料にアルコールが含まれることがあります。果実の糖類から酵母の発酵でエタノールが生成することがあり、果汁一〇〇％のオレンジジュースに微量のアルコールが検出されることがあります。ごく少量ずつの摂取ではありますが、これらによる摂取量は純エタノール換算で一日あたり約四・五グラム、ビール換算で約一二〇ミリリットル相当との試算があります。なお、製品によって含有量は異なるものの、味噌（一キログラムあたり一二グラム）、醤油（〇・五％）、味醂（一四％）、酢（〇・二％）、漬物（一キログラムあたり四グラム）等、日本特有の調味料は発酵食品が多く、少ないながらエタノール含有があり、和食では洋食に比べ、飲酒に起因しないエタノール摂取が多い可能性があります。

4　自分のアルコール体質を知る

飲酒をする上で自分のアルコールに対する体質を知っておくことはとても重要です。お酒に強いか弱いかを決めるのは、前の節で説明したＡＤＨ、ＡＬＤＨというアルコール分解に関わる酵素の働きの強さです。これは生まれつきの体質であり、訓練しても、この酵素の働きは強くなりません。他のアルコール分解系の働きで少しは慣れますが、基本的な体質は変わりません。

遺伝子検査をしなくても、お酒に強い体質かそうでないかは「東大式二型ＡＬＤＨ（ＡＬＤＨ２）表現型スクリーニングテスト（ＴＡＳＴ）」でだいたいわかります。初めてお酒を飲んだ時を思い出していただくのが一番ですが、飲酒時に「顔が赤くなる」、「吐き気がする」場合、明らかに弱い体質と言えます。

アルコール体質はおおまかに三タイプあり、アセトアルデヒドの分解がスムーズで、飲酒後、顔色に変化がない「飲めるグループ」は日本人の五割から六割で、上手に飲めば、心身面でプラス効果が期待できますが、飲めるが故に危ない点があり、中毒や依存症に注意が必要です。アセトアルデヒドの分解が遅く、飲酒後、ほんのり顔が赤くなる「本当は飲めないグループ」は日本人の三割から四割で、適量であれば問題ないのですが、それを超えている場合、アセトアルデヒドによる害を受けやすいため、健康影響が大きくなります。飲酒後、顔が真っ赤になる「まったく飲めないグループ」は日本人の一割から二割で、アセトアルデヒドの分解ができないため、気分が悪くなったり、逆に顔が青白くなるなどして、まったく飲めません。また、そもそも飲めないので、飲酒に関わる疾患の危険性はありません。他のタイプの方は、こういったタイプがいることを理解し、無理にお酒を進めないようにするのが大切です。

見過ごされがちですが、ほんのり顔が赤くなる「本当は飲めないグループ」はＡＬＤＨ２の働きが弱く、特に飲酒に対して慎重になる必要があります。いつの間にか、慣れてしまって、習慣的に飲酒してしまっている場合もあるかと思います。しかし、「本当は飲めないグループ」では、食道がんのリスクが四一四倍高くなる場合があるという報告があります（Yokoyama et al., 2002）。ＷＨＯは飲酒が口腔、咽頭、喉頭、食道、肝臓、大腸と女性の乳がんの原因になるとしています。また、アルコールそのものに発がん性があり、アルコール代謝産物のアセトアルデヒドが食道がんの原因になるとしています。これは、口腔内の唾液や食道・頭頸部の粘膜でアセトアルデヒドが代謝されず残存することによるためと考えられています（Yokoyama et al., 2008）。

日本では、従来、女性の飲酒者は少ない傾向にありました。近年、女性の社会進出に伴い、女性の飲酒は珍しいことではなく、ごく普通のことになりました。ある調査では、二〇代前半世代では、男性よりも女性で飲酒者が多いことが報告されています（厚生労働省「ｅ－ヘルスネット」）。ですが、これまでの臨床経験から、女性は男性よりも少ない飲酒量で疾患が発生するということが明らかになっているため、女性は男性よりも飲酒量を少なくすることが妥当と言われています。その原因として、女性は体内水分量が男性よりも少なく、血中アルコール濃度が高くなりやすいこと、体格が一般的に男性より小さく、肝臓が小さく分解力が弱いこと、女性ホルモンの影響などが考えられています。また、妊娠を想定される女性の飲酒については、より慎重にとの意見があります。妊娠中の女性が飲酒すると、胎児に影響し、生育不良、奇形、発達障害などの悪影響が出てくる可能性があり、少量の飲酒であっても、避けるべきとされています。

高齢者の飲酒も注意が必要です。加齢による体内の水分量減少に伴い、血中アルコール濃度が高くなりやすくなってしまいます。この他、退職した場合は、ライフスタイルがこれまでと大きく変化してしまいます。これに伴い、活動が極端に減ってしまう方もいるかもしれません。また、逆に、地域や趣味などの活動でお付き合いが増える方もいるかもしれません。心身や環境が大きく変化していることに注意が必要です。時間にしばられないのをいいことにして、長時間にわたってダラダラ飲まず、時間を決め、メリハリをつけて飲酒することが大切です。また、外に出る機会が減少し、人との付き合いが減る場合、問題飲酒が表面化しにくいので、周囲の人が気を配ることが大切です。

アルコール分解速度に影響する要因はアルコール体質、性別、年齢だけでなく、他にもあります。食事をしている時ほど、起きている時ほど、アルコール分解速度が速くなります。逆に、空腹時や睡眠時には、アルコール分解速度が低下します。このため、いかに「飲めるグループ」の方でも、その日の体調と相談の上、飲酒するのがおすすめです。

いかがでしょうか。こんなにも飲酒と健康の問題には色々な影響があります。たくさんの研究がこれまでに行われてきましたが、案外、わかっていないことがあるのです。ただ、世界では、日々、たくさんの人がごくごく普通に飲酒しています。だからこそ、言えるのは、各自の体質や体調に合わせ、上手にお酒に付き合うのであれば、問題はあまりないということではないでしょうか。

5　人はなぜお酒を飲むのか

人はなぜお酒を飲むのでしょうか。荒巻らの調査報告（荒巻ほか二〇〇六）によると、「おいしい」のほか、「リラックス」、「ストレス解消」、「コミュニケーション」、「食事をおいしく」といった理由が上位に挙げられています。このように、嗜好面のほか、心身面、対人面でのメリットを求めて、お酒は飲まれていることがうかがえます。

今田らの調査報告（Imada et al. 2017）において、飲酒習慣がある方のうち、飲酒の心理的効能が高い方の特徴が示されています。これによると、好奇心が強く、外交的な方が、人と食事を楽しみながら飲酒することで、飲酒による幸福感が高くなることがうかがえました。この点から、お酒にとって、食事や人との交流といったことが、重要なポイントであることがわかります。また、逆に飲酒が好ましくない結果を引き起こしてしまう方の特徴も示されています。情緒不安定な方がストレス対処的に飲酒すると飲酒量が増加しやすく、飲酒による心身両面の健康阻害が生じやすいことがわかりました。イライラするから、寂しいから、退屈だから、眠れないから、不安や緊張感を忘れたいからという理由で飲酒すると依存症になりやすいことが言われています。まさにその通りと言えます。

このように聞いてしまうと、ごくごく当然のことのように感じますが、お酒は飲む量も健康管理の上で重要ですが、どのように飲むかも、とても大切であることがわかるのではないでしょうか。

引用・参考文献

荒巻功・鈴木崇・尾高康夫・木下実「消費者の健康に関する意識と酒類消費との関係調査」『日本醸造協会誌』一〇一巻五号、二〇〇六年、二九〇〜三〇五頁。

宇都宮仁・柳谷光弘・橋爪克己「消費者の健康に関する意識と酒類消費との関係調査」『酒類総合研究所報告』一八二号、二〇一〇年、六三〜七八頁。

健康日本21企画検討会・健康日本21計画策定検討会「二十一世紀における国民健康づくり運動（健康日本21）について　報告書」、二〇〇〇年。

厚生労働省「e－ヘルスネット」（二〇二二年二月三日最終閲覧、https://www.e-healthnet.mhlw.go.jp/information/alcohol/a-03-001.html）。

S. Imada, and I. Furumitsu, H. Izu, Development of a Five Factor Drinking Motive Questionnaire for Japanese (DMQ-J), *Studies in the Humanities and Sciences*, 57(2), 2017, 153–162.

M. G. Marmot, G. Rose, M. J. Shipley, B. J. Thomas, Alcohol and mortality: a U-shaped curve, *Lancet* 1 (8220 Pt 1), 1981, 580–583.

S. Renaud, and M. Lorgeril, Wine, alcohol, platelets, and the French paradox for coronary heart disease, *Lancet* 339(8808), 1992, 1523–1526.

S. Tsugane, Alcohol, smoking, and obesity epidemiology in Japan, *J Gastroenterol, Hepatol*, 27 Suppl 2, 2012, 121–126.

A. M. Wood, et al., Risk thresholds for alcohol consumption: combined analysis of individual-participant data for 599-912 current drinkers in 83 prospective studies, *Lancet*, 391(10129), 2018, 1513–1523.

A. Yokoyam, H. Kato, T. Yokoyama, T. Tsujinaka, M. Muto, T. Omori, T. Haneda, Y. Kumagai, H. Igaki, M. Yokoyama, H. Watanabe, H. Fukuda, H. Yoshimizu, Genetic polymorphisms of alcohol and aldehyde dehydrogenases and glutathione S-transferase M1 and drinking, smoking, and diet in Japanese men with esophageal squamous cell carcinoma, *Carcinogenesis*, 23(11), 2002, 1851-1859.

A. Yokoyama, E. Tsutsumi, H. Imazeki, Y. Suwa, C. Nakamura, T. Mizukami, T. Yokoyama, Salivary acetaldehyde concentration according to alcoholic beverage consumed and aldehyde dehydrogenase-2 genotype, *Alcohol Clin Exp Res*, 32(9), 2008, 1607-1614.

ブックガイド

＊佐々木敏『佐々木敏の栄養データはこう読む！』第二版、女子栄養大学出版部、二〇二〇年。

今回、飲酒のJカーブ効果を紹介し、それとともに疫学データを見る時の注意点について、少しふれました。本書では、飲酒だけでなく、コレステロール、トランス型脂肪酸、食塩、肥満、低炭水化物食、高タンパク質食、地中海食などを題材とし、栄養疫学者の佐々木博士が様々な疫学研究から健康情報を読み解いています。メディアで色々な健康情報が流れていますが、同書で「栄養健康リテラシー」を高め、確かな健康情報を選択できるようにしたいものです。読み進めるうち、目から鱗が何枚も落ちます。

＊葉石かおり・浅部伸一監修『酒好き医師が教える最高の飲み方太らない、翌日に残らない、病気にならない』日経ＢＰ社、二〇一七年。

著者の葉石氏は酒ジャーナリストとして、様々な活動を通じ、日本酒や焼酎の魅力を紹介されています。肝臓専門医の浅部氏監修のもと、酒好きのおふたりの観点から、太らない、翌日に残らない、病気にならない「最高の飲み方」を本書で紹介されています。葉石氏が専門家に取材し、専門家がそれに答える形式で本書は書かれ、最新のエビデンスがわかりやすく紹介されています。酒に強く、酒好きの方が適量を守るのは至難の業でそこがお酒の難しいところです。お酒の量が多めの方にぜひともご一読いただきたい本です。

＊千葉麻里絵・宇都宮仁『最先端の日本酒ペアリング』旭屋出版、二〇一九年。

お酒は「どのように飲むか」ということも、とても大切です。特に、お酒と食事は切り離せない関係です。著者のおひとりの千葉氏は大学で食品の物質化学を専攻していた強みを生かし、お酒や食品成分による口内調味を意識した様々な日本酒のフードペアリングを提案されています。このため、従来のフードペアリングの紹介と異なり、躊躇なく物質成分名が本文に出てきます。後半では、日本酒の味わい、香りについて、科学的観点のわかりやすい説明が付されています。写真がとても美しく、見るだけで、うっとりしてしまいます。

第八章　アルコールと脳

武井延之

お酒を飲むと「酔い」ます。酔いというのはどういうメカニズムなのか。これは本当のところ、まだ分かっていません。何百年、何千年も人類はお酒を飲んでいますが、本当のメカニズムはまだ解明されていないのです。ただ作用点が脳にあるのは確かで、それは分かっています。本章ではアルコールと脳の関係について説明します。

1　なぜ「酔う」のか？——アルコールの作用機序

人類は大昔からお酒を飲んでいます。分かっている範囲ですが、紀元前七〇〇〇年ぐらいに中国でお酒を造っていた形跡が残っています。それよりも前に偶発的に、例えば果物が自然に発酵したものを食べたとしたら、もっと前からアルコールを摂取していることになります。もしかしたらホモサピエンスになる前から、飲んでいる可能性もあります。旧人類のときから、あるいは、類人猿の段階で、造ってはいなくても偶発的にできた物を摂取した可能性はあります。

日本でも紀元前三〇〇〇年から四〇〇〇年の縄文時代にお酒の痕跡があります。ですからアルコールは、最古の向精神薬と言えます。向精神薬とは、脳に対して作用する薬物の総称です。麻薬や覚醒剤も精神疾患の治療薬もすべて向精神薬です。いわゆる薬物中毒や薬物依存というときの、大麻や覚醒剤、ヘロイン、コカインといった薬物と同じような括りなのです。ただその中でアルコールは非常に作用が穏やかです。人体に通常では破滅的な悪影響を及ぼさないことから、人類の長い歴史で飲み続けられています。イスラム教など宗教上の規律や、昔のアメリカで「禁酒法」という法律があった時代などの社会的な規制以外には、年齢以外特別な規制がありません。これは作用が穏やかなことが関係しています。

脳に作用する薬物として、「酔っ払う」という状態はどのようなものでしょうか？

　脳は、何種類かの細胞から構成されています。主に脳の機能を司っているのが、神経細胞、ニューロンという細胞です。この細胞の特徴は情報を伝えることです。一つの神経細胞から次の神経細胞へ、次の神経細胞がその次へと情報を伝える回路を形成しています。神経細胞同士はシナプスという一方通行の接点で情報を受け渡しています。一つの細胞からの出力は一つですが、入力は一〇〇〇くらいのシナプスがあります。

　シナプス部分は非常に小さいので、電子顕微鏡で見えるレベルです。シナプス前部（出力側）には小胞があって、その中に神経伝達物質という物質が詰まっています。信号がここまで来ると、膜と融合して中身の神経伝達物質が放出されます。放出された神経伝達物質はシナプス後部（入力側）の受容体と結合して神経細胞に情報を伝えます。

　神経伝達物質というのは、様々な種類があり、それぞれに固有の受容体が存在します。神経伝達物質と受容体の組み合わせによって興奮性、抑制性が決められています。数多く来る入力を統合して、それがトータルでプラス（興奮）になるか、マイナス（抑制）になるかで、次に刺激が伝わるかどうかが決まります。これはコンピューターの0と1によく例えられますが、オンかオフか、つまり興奮性か抑制性によって情報の伝達は規定されています。

例えば、プラスの刺激、興奮性の入力が総和として大きい場合、この細胞は興奮します。そうすると、伝達物質が放出されて、情報が次の細胞に伝わります。これがマイナス、つまり抑制性の入力が多い場合は何も起こりません。伝達物質が放出されないので、次の細胞に情報が伝わらず、回路としてそこで沈黙するわけです。興奮と抑制を使って、皆さんの脳の中で神経回路というものが出来ています。それが呼吸や体温調節といった生命維持に必須の機能や、感情や学習とか記憶など高次脳機能と呼ばれる物まで全てを制御していると現在の脳科学では考えられています。

アルコールとの関係でも、神経伝達、神経回路には興奮性と抑制性があるということが重要です。脳の中で代表的な抑制性の神経伝達物質はＧＡＢＡ（γ-アミノ酪酸：ギャバ）という物質で、代表的な興奮性の伝達物質はグルタミン酸、どちらもアミノ酸の一種です。アルコールは脳内の抑制性ＧＡＢＡ神経伝達系を抑制します。抑制性を抑制、マイナスをマイナスなので、抑制がなくなります。これが初期段階で、脳内アルコール濃度が低い場合です。経験がある方も多いと思いますが、アルコールは飲み始めからちょっと酔っ払ったぐらいのほろ酔い状態のときは、声が大きくなったり、やたらと笑ってみたり、感情の起伏が大きくなったりすることがあります。これは大脳皮質の抑制系、つまりＧＡＢＡ神経系が抑制されているからです。グルタミン酸による興奮性の神経伝達系もまたアルコールの脳内濃度が高くなってくると抑制されます。つまり初期には興奮性の方は特に作用がなく、抑制性の方だけ抑制されます。結果として全体的には興奮、つまり活発な状態となります。次第にアルコール摂取量が増えて、脳内のアルコール濃度も高くなって来ると、全てが抑制傾向になり、呂律が回らない、千鳥足になるなどの運動障害から記憶が無くなる、さらに進行すれば意識がなくなる、昏睡状態になるといった状態になってしまいます。つまりアルコールの脳に対する影響は量に応じて段階的であるという、経験的にもよく知られた結論になるわけです。

通常、薬物には標的となる生体内の分子があります。神経伝達物質の受容体であったり、代謝酵素であったりと、薬物に固有の特異的な標的分子があるのが普通です。例えばタバコの主な作用は主成分のニコチンが神経伝達物質であるアセチルコリン受容体の一種、ニコチン受容体に結合することで発揮されます。アルコールの場合はこれがありません。少なくとも見つかっていません。現在ではアルコールは特定の分子に作用するのではなく、抑制性や興奮性の神経伝達物質の受容体など複数の分子に、非特異的に作用して、その機能を変化させると考えられており、脳内のアルコール濃度によって作用点も増えてくるのではないかと考えられています。

お酒は飲んだ量によって酔っていきます（薬物は投与量に従って効果が強まりますが、これを用量依存性と言います）。表８・１は酔いの段階を示したものです。まず「爽快期」。アルコールを飲んで一番気分のいいときで、気分がさわやか。陽気で活発になります。血中濃度は〇・〇二％から〇・〇四％です。血中濃度は体重と比例しているので、同じ量を飲んでも大きい人ほど血中濃度は低くなります。血中濃度は代謝、排泄などによっても左右されますが、大まかには以下の式で計算できます。

血中アルコール濃度＝（アルコール度数×飲酒量（ミリリットル））／（体重（キログラム）×八三三）

例えば体重六〇キログラムの人がビール（アルコール度数五％）を五〇〇ミリリットル（中瓶／ロング缶一本）飲むと、（〇・〇五×五〇〇）／（六〇×八三三）＝〇・〇五％になります。この程度が爽快期にあたり、いわゆる晩酌として適正量といわれているものです。この段階では脳のどこに作用していくかというと、主に大脳皮質です（図８・１）。大脳皮質の抑制系、前述したＧＡＢＡ神経系ですが、大脳皮質にはＧＡＢＡを使った抑制性の神経回路が張り巡らされており、そこの抑制が低下していきます。大脳皮

表 8.1　アルコールによる酔い方

	血中濃度(%)	酒量	状態	脳への作用	神経伝達への影響
爽快期	0.02-0.04	ビール：中瓶1本（500ml），日本酒：1合(180ml)，ワイン：1杯(120ml)程度	気分爽快。陽気で活発な態度。判断力がやや低下。	理性／判断をコントロールする大脳皮質からの抑制が低下し，本能，感情などを司る辺縁系の活動が（相対的に）高まる。	大脳皮質の抑制性（GABA）神経系の抑制。
ほろ酔い期	0.05-0.1	ビール：中瓶1-2本，日本酒：1-2合，ワイン：グラス1-2杯）程度	ほろ酔い気分。身振りが大きくなる。理性（抑制）の低下。体温，脈拍の上昇。	同上	大脳皮質の抑制性（GABA）神経系の抑制。
初期酩酊期	0.11-0.15	ビール：中瓶3本，日本酒：3合，ワイン：グラス3杯程度	気が大きくなる。声が大きくなる。感情の起伏が激しくなる。ふらつく，取り落とすなど初期の運動失調。	理性／判断をコントロールする大脳皮質からの抑制が低下し，本能，感情などを司る辺縁系の活動が（相対的に）高まる。ほろ酔い期より進行。感情コントロール不全。	大脳皮質の抑制性（GABA）神経系の抑制。興奮性（グルタミン酸）神経系も抑制。
酩酊期	0.16-0.3	ビール：中瓶4-6本，日本酒：4-6合，ワイン：グラス4杯-1本（720ml）程度	ふらふらする。千鳥足になるなど運動失調。同じことを話すなど短期記憶に乱れ。吐き気。嘔吐。	大脳皮質に加え，辺縁系機能も低下。運動機能を司る小脳機能の低下。短期記憶を司る海馬の機能低下。	大脳皮質，辺縁系，小脳，海馬の神経伝達の抑制。
泥酔期	0.31-0.4	ビール：中瓶7-10本，日本酒：7合-1升(1.8l)，ワイン：1.5-2本（720ml）程度	立てない。言語不明瞭。意識がはっきりしない。	大脳皮質，辺縁系，小脳，海馬など脳機能の麻痺。	上位脳の神経伝達の深刻な機能低下。
昏睡期	0.41以上	ビール：中瓶10本以上，日本酒：1升以上，ワイン：2本以上	急性アルコール中毒状態。意識混濁，喪失（返事をしない，ゆすっても起きない等)。呼吸異常，失禁，体温低下。	脳全体の神経伝達機構の破綻，停止。	脳全体の神経伝達機構の破綻，停止。

出典：厚生労働省「e-ヘルスネット」をもとに筆者作成。

質は何をしているかというと、もちろん色々なことをしていますが、理性、論理的な考えや、種々の感覚入力、見たり聞いたり味わったりといった感覚情報をそこで統合して、理性、論理的な考えを加味して総合的に判断しているところです。

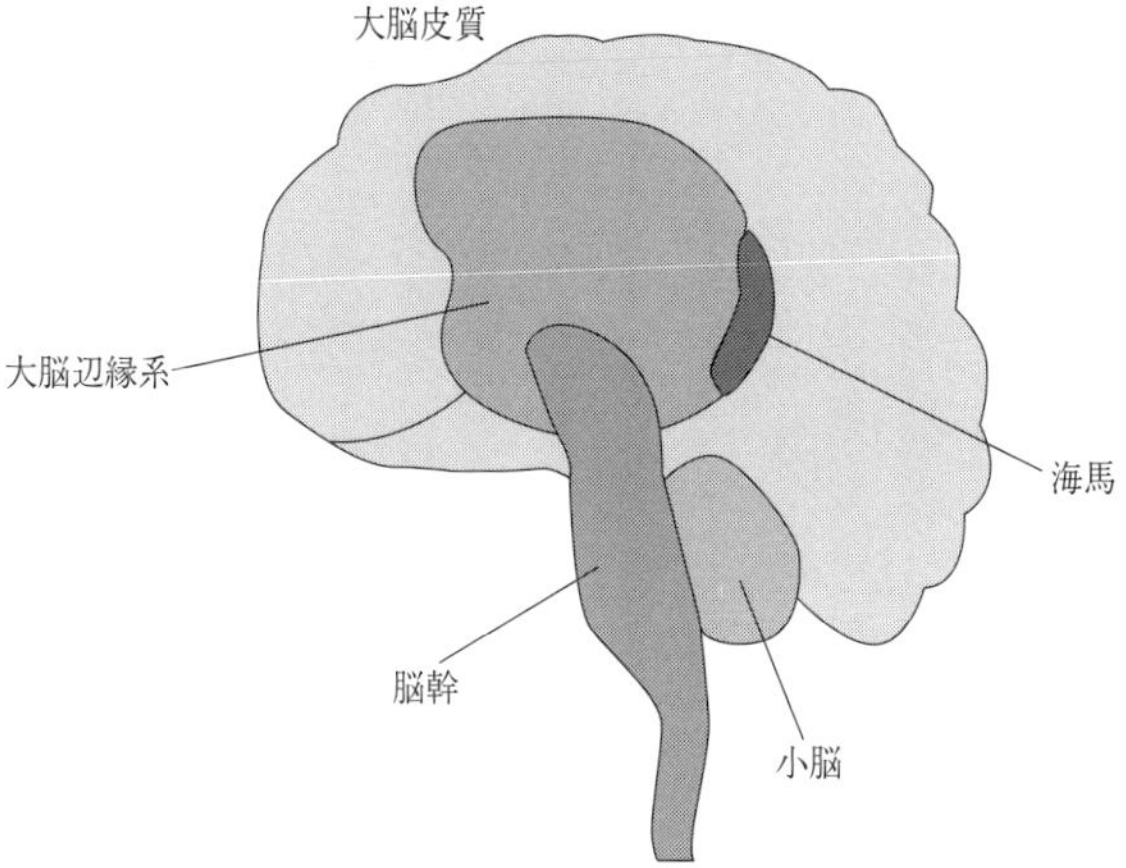

図 8.1　脳の領域によってアルコールに対する感受性が異なる

出典：筆者作成。

通常状態では、感情や本能などを司っている大脳辺縁系の働きは、大脳皮質の監視下に置かれています。ですから人は普段は本能のままに行動したり、感情にとらわれて暴れたりということは、通常の状態ではしないわけです。それは大脳皮質が判断して、ここではやってもいい、ここではやってはいけないというコントロールをしているからです。アルコールを摂取すると（お酒を飲むと）それがだんだん薄れてきます。普段、そんなに大きな声でしゃべらない人が、大きな声でしゃべるようになったり、笑い方が大げさになったり、そういう状態です。これは初期段階、非常に早い段階で、抑制性のＧＡＢＡ系に対するブレーキが効いているということです。

次が、「ほろ酔い期」です。抑制解除がさらに進んだ段階で、血中濃度も〇・〇五％から〇・一％ぐらいで、理性的な判断が弱まってきて、気が大きくなったり身振りが大きくなったりします。こういうます。

段階で危険なのが飲酒運転などです。最近は非常に厳しくなったので、歯止めが効いていますが、昔は法律的な歯止めが割と緩かったので、気が大きくなって「大丈夫、大丈夫」と言って車に乗って事故を起こしたりしてしまいます。通常の状態だったら、酒を飲んだら運転をしないということは理性的には分かっているはずです。しかも法律で禁じられているということも分かっている。それなのに飲酒運転がなくならない一つは、アルコールの薬理作用によって理性的な判断が失われているということが言えます。

「初期酩酊期」。抑制解除はさらに進んできます。しかし本能、感情などを制御する辺縁系（図8・1）はほとんど影響されていません。最初のほろ酔い期から初期酩酊期ぐらいまでは、アルコールの血液濃度としてはそれほど差はありません。それでも人によっては、あるいはストレスなどその人の置かれている環境によっては、結構、豹変します。外に表れる態度はかなり変わってきたりします。

そして「酩酊期」。さらに感情の起伏が激しくなる、理性がなくなる状態です。同じことを何度もしゃべるとか、千鳥足でまっすぐ歩けない。完全に酔っ払っているのが分かる状態です。血中濃度が〇・一六～〇・三％ぐらいになると抑制系も興奮性の神経系もすべて抑制されてきます。また運動機能を制御している小脳（図8・1）に麻痺が及んでいるので、運動失調といって、まっすぐ歩けない、バランスが取れない、物を取り落とすなど支障が出てきて、思ったように動けなくなります。最初のうちは、抑制系の抑制の方が強く、興奮性の神経伝達の抑制というのは、まだそこまで起こっていません。そのため、動きが派手になったり感情の発露が大げさになったりするのですが、酩酊期まで来るとすべて抑制されていますから、かなりドロドロの状態です。

さらに「泥酔期」。これは酔い潰れた状態です。立てない、意識がない。何か言っているけど何を言っているか分からない。アルコール血中濃度が〇・三一％から〇・四％ぐらいになると、全部抑制されています。脳内には海馬（図8・1）という部位があり、短期記憶を貯蔵していると言われています。海馬が麻痺すると、短期記憶がないため、飲んでいるときの記憶がない状態が起こります。非常に盛り上がって、次の日、一緒にいた人から「昨日おまえあんなことしただろう」と言われてびっくりするという状態です（ちなみに学生時代、飲んだ日の記憶をよくなくす友人が「俺の記憶はどこに行ったんだ?」と言っているのを、「○○君の記憶は皆の頭の中にあるよ」と返されていたのを思い出します）。もちろん脳の活動が全体的に抑制されたからといって、昔の記憶までなくなるわけではありません。酔っていちいち全部リセットされたら大変なことになるので、そんなことはないのですが、酔っ払っている状態のときに起こった出来事を覚えていられなくなるのです。短期記憶が出来なくなるのが泥酔期です。

飲んだアルコールが全部血液濃度に反映されるわけではありません。どのぐらいの時間をかけて飲んだかにもよります。アルコールはどんどん代謝され分解されていきますし、排泄もされているので、飲んだものがすべて血中濃度に反映されるわけではありませんが、飲酒量と血中濃度の関係は目安として考えておけば、泥酔して失敗することも避けられるかもしれません。

昔からお酒の作用はよく知られていて、例えば『徒然草』には、酒飲みを批判している記述があります。「第百七十五段：世には、心得ぬ事の多きなり」には「うるはしき人も、忽《たちまち》に狂人となりてをこがましく」とあります。普段ちゃんとしているのに、酔っ払って乱れている状態です。「息災なる人も、目の前に大事の病者《びょうじゃ》となりて、前後も知らず倒れ伏す」、これは泥酔して倒れ込んでいるさまです。「あくる日まで頭《かしら》いたく、物食はず、によひふし、生を隔てたるやうにして、昨日の事覚えず」とは二日酔いの状態です。昨日のことは覚えていない、短期記憶がなくなっている、『徒然草』の吉田兼好が書いているぐらい、昔から変わりません。変わらないのだけれども、人は繰り返してしまうということです。おそらく世界中の古典に似たような描写があるのではないでしょうか。

さらに進むと「昏睡期」で、これは急性アルコール中毒状態です。救急車を呼ばないと危ない事態になります。血中濃度が〇・四一％以上で揺り動かしても起きない、返事をしない、失禁、呼吸が不規則、体温の低下などが起こります。これは呼吸や体温調節などの生命維持の基本となる生体の恒常性維持を行っている脳幹部（図８・１）まで麻痺（神経伝達の抑制・停止）が進んだ状態です。このような状態になったら（本人には不可能ですから）周りの人が救急車を呼ぶ必要があります。病院で何をするかというと基本的には点滴で血中アルコール濃度を下げます。本当に死に至りますので、意識のない人がいたら放置しないことです。ニュースなどで聞いたことがあると思いますが、大学の飲み会などでそういうことがあって、訴えられている事例もあります。何よりそこまで行かないようにするのが大事ですけれど。楽しく飲んでいる段階で終わるのが一番ですが、さらに進んでしまった場合は躊躇なく救急車を呼びましょう。

これを過ぎると、死んでしまいます。そういう意味でアルコールは怖いのです。何が怖いかというと、この段階になるのがアルコール血中濃度〇・四％以上で、最初に気分良く飲んでいる段階で〇・一％ぐらいです。薬に例えると、一錠で効く薬を四錠飲んでしまうと死に至る。少なくとも市販薬ではまずあり得ません。薬理学では薬の安全域（治療係数とも言う）というのがあって、ＬＤ五〇／ＥＤ五〇で示されます。ＥＤ五〇というのは薬Ａを投与した個体の半数に効果が出る量、ＬＤ五〇は薬Ａを投与した個体の半数が死亡する量です。これとは厳密には違いますが、効く量から致死量まで四倍ということはアルコール（エタノール）は薬としては危険な部類に入るということです。ただ通常飲むお酒は一〇〇％エタノールではありませんし（アルコール度九六％とかいうウオッカもありますが……）、点滴のように血管から血中に投与するわけでもないので、一気に摂取できないところが歯止めになっています。しかし効き始めから致死量までの幅が狭いということは覚えておいた方が良いでしょう。ほどほどに嗜むということが非常に大事なことです。

アルコールの薬理作用は脳に働いて、まずは抑制性の神経伝達を抑えて、特に大脳皮質の抑制系を抑えて活発になったり楽しくなるということが初期段階としてあり、それからだんだんと進んでいく。だんだん脳が麻痺していく。最後は呼吸中枢もまひして死に至るということになります。

では、どうしてそういうものを繰り返し飲みたくなるのか。もちろん味が美味しいからということはあります。しかしアルコールという観点から言えば、初期段階の楽しい状況を脳は覚えているからです。ですから、なぜアルコールを飲みたくなるのかというと、脳が飲みたがっているからです。これはすべての習慣性のものと一緒で、極端な例でいうと依存性薬物です。覚醒剤や麻薬などの依存性薬物と同じで脳が欲しがる、そういう習慣性のものです。

2　なぜお酒（アルコール）を飲みたくなるのか？――アルコールの報酬効果

飲み過ぎれば気分が悪くなり、翌日まで不快な状態（二日酔い）になったり、最悪死の危険性まであるものを何故繰り返し飲みたくなるのでしょうか？

脳には様々な神経回路がありますが、報酬系という神経回路があります。報酬系、ご褒美がもらえる、嬉しい、という神経回路があるのです。図8・2は人の脳を左右に垂直に分析し、横から見たものです。中脳の腹側被蓋野という部位があります。ここから内側前脳束を通って前方の側坐核や前頭前野に伸びていく神経回路が報酬系と呼ばれる神経回路で、ドーパミンを神経伝達物質としています。この経路が活性化してドーパミンが大量に出ると、人に限らず動物はそれを報酬として捉えます。ですから快刺激、心地良い刺激になるのです。

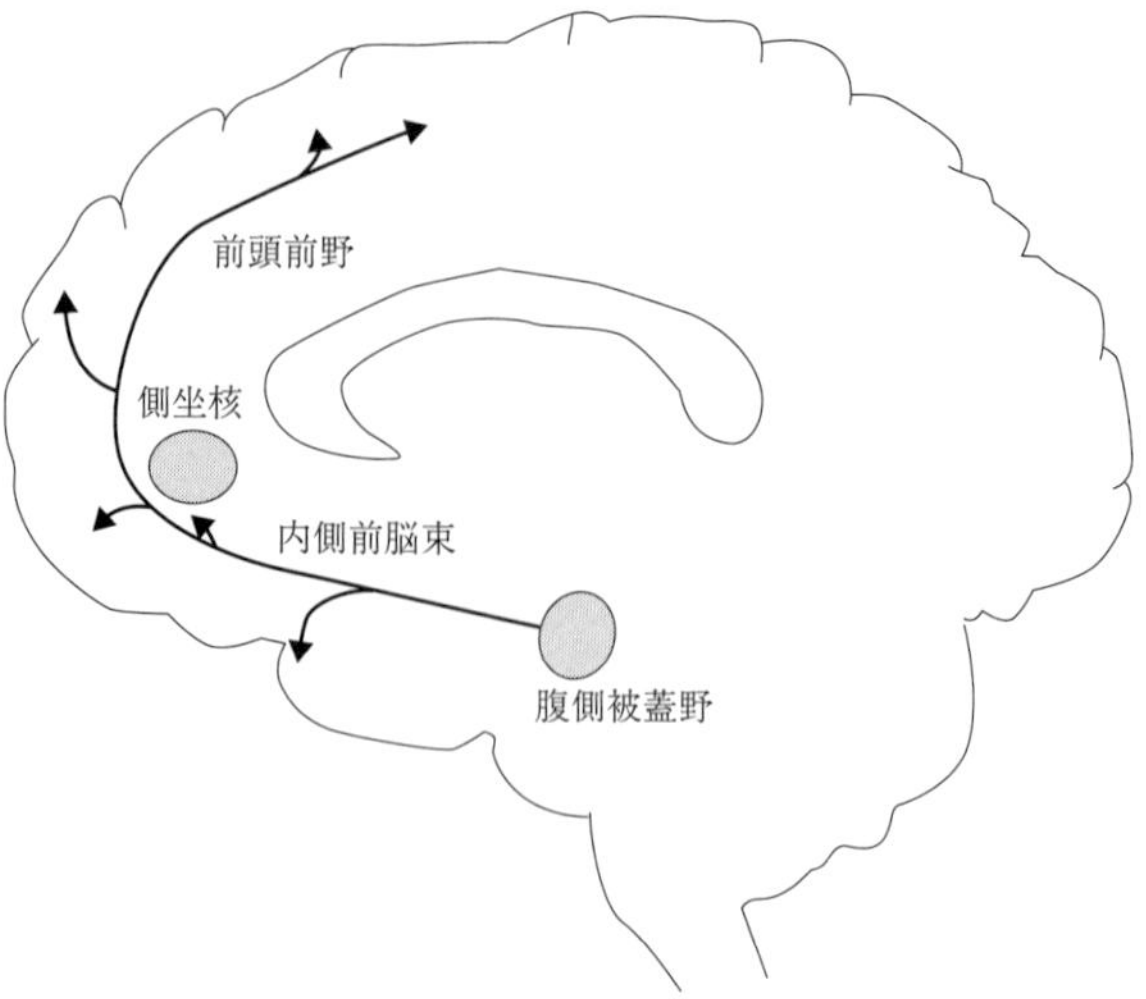

図 8.2　報酬系ドーパミン神経回路

出典：筆者作成。

この経路が刺激されると人を含む哺乳類は、心地良い、もっと欲しいということを脳として感じます。アルコールはこの経路を初期の段階では刺激し、ドーパミン放出を促進します。ですからアルコールを飲むと最初の濃度が低い状態では、報酬系が活性化されます。つまり、アルコール＝報酬という学習が頭の中でできてしまいます。一回気持ちよくなったので、次も気持ちよくなりたい、と習慣になるのです。

ヒトとネズミでは脳自体の大きさや形は全然違いますが、報酬系のような神経回路は結構、保存されています。ネズミを使った脳内自己刺激という実験があります。脳の様々な部位に電極を入れて固定し、ネズミがレバーを押すと極短時間、微弱な電流が流れます。脳の様々な部位に電極を刺して調べたところ、図8・2の腹側被蓋野や内側前脳束に電極が入っている場合に、ネズミはレバーを押し続けることがわかりました。ここから報酬系という回路の存在が明らかになりました。

脳内自己刺激は一九五〇年代から行われている実験です。レバーを押すと、電極が刺さっている部位に電気刺激が入ります。そうする電極周囲の限られた部位の神経が活性化されます。レバーを一回押すと一回電気刺激が入り、内在性ドーパミンが放出されます。これを「快」と感じるとまたレバーを押します。このような学習をさせるとネズミはどうなるのでしょうか。ドーパミンが出るため、ものすごい勢いで、ずっとレバーを押し続けます。電気刺激は一瞬なので、次から次へと刺激が欲しいが故にレバーを押し続けることになります。この実験により、脳内に報酬系があり、それはドーパミンが担っていることも分かったのです。

これは、電極を刺す電気刺激という非常に直接的なやり方です。この代わりに、例えば薬物、覚醒剤とかコカイン、そういった薬物がレバーを押すと微量注入されるような実験をしても、やはりネズミはずっと押し続けます。アルコールでも同様です。この場合は、バーを押すとアルコール（を含んだ液体）が一滴落ちてくるようにします。動物種によって、アルコールを好んだり、好まなかったりしますが、慣れて報酬だということを学習すると飲むようになります。レバーを押すと出てくれば、レバーをずっと押し続けます。エタノールは報酬性の効果のある分子であることが分かります。

アルコールは抑制を抑えていますので興奮作用になります。また通常ではグルタミン酸系はドーパミンの放出を抑えているので、それを抑えることでもドーパミンの放出は増強されます。アルコールを飲むと、特に初期段階ではドーパミンが放出される。それが報酬刺激となるので、アルコールは報酬をもたらす物質だと脳が認識、学習するわけです。

つまり「何故アルコールが飲みたくなるのか？」という問いに対する脳科学／神経科学の回答は「報酬系を刺激する習慣性薬物だから」ということになります。そうなると次に依存症という問題が出てきます。

3　アルコール依存症とは？

アルコール依存症とはどういうものでしょうか？よくアルコール中毒、通称アル中などといいますが、アルコール中毒は急性アルコール中毒のことで、依存症とは異なります。依存性薬物一般の特徴ですが、満足しない（しずらい）、常に欲しがるということがあります。しかも、報酬、快という記憶が消去されづらく、されないとまでは言わなくとも、されづらいのです。前述したネズミの脳内自己刺激でレバーを押す実験ですが、レバーを押すということと気持ちいい刺激が来るということが頭の中で連結しているので、これは「学習」と言います。通常の学習というのは、ずっと報酬が来なくなると、消去されます。つまり「忘れる」訳です。脳内自己刺激実験は非常に消去されづらい。レバーをずっと押して、一度報酬と結びつくことを覚えると、いくら押しても電気刺激が来なくてもずっと押しています。次は来るのか、次は来るのかと。諦めが悪くなるのか、学習を忘れることができなくなる。これが依存性薬物のすべての怖いところです。消去されづらいです。

覚醒剤などの違法薬物の再犯率が高いのは、一旦止めていても、何かのきっかけで手を出してしまうと元の木阿弥になってしまうためです。アルコールもそうです。アルコール依存症が深刻な人は断酒をする。お酒を断つ。入院したり断酒会のグループに入ったりして、心理的な治療をします。でも、つい一杯飲んでしまうと、それまで一〇年やめていても、また元にすぐ戻ってしまう。記憶が消去されづらいというのが、アルコールを含む依存性薬物の一つの恐ろしい特徴でもあります。「お酒」はアルコール（分子の名前としてはエタノール。消毒薬としても用いられます）が含まれている飲料の総称ですが、アルコールというのは依存性の向精神薬なのです。脳に働く薬物で、依存性があるものと理解してください。

ただ、少量を楽しく飲んでいる分には問題ありません。けれども、依存性になるぐらい長期間、習慣的に多くの量を飲むと、やはり普通の依存性薬物と同じでやめられなくなります。「日本酒学」でお酒の悪い話もどうかと思いますが、正しく知ることも大事かと思います。

アルコールは依存性の向精神薬ですが、薬物としては効果が穏やかです。アルコール依存症になるには、時間がかかります。一方、禁止薬物、例えば覚醒剤は、ほとんど一発でなります。一回だけと思っても駄目というのはよく言われていると思いますが、一回でも依存症が形成されます。アルコールは非常に作用が穏やかですから、アルコール依存症になるには、長い時間がかかります。典型的な依存症の人は、飲酒歴が一〇年とか二〇年くらいあります。依存症になるとアルコールそのものを求めてしまう。日本酒とかワインとかウイスキーとかブランデーとか。お酒の味が好きで飲むわけではなくなって、酔いを求める感じなので、エタノールでいいのです。ビールや日本酒やワインなどの醸造酒系、アルコール度数の低いものを主に飲んでいる人たちはアルコール依存症になりづらいです。アルコール依存症患者は強い酒を好みます。ウォッカとかスピリッツ系、蒸留したお酒です。日本でしたら焼酎とか。なぜかというと圧倒的に経済的だからです。アルコール自体が欲しいので、味や香りは取りあえず要らないわけです。だったら濃度の高い方が手っ取り早いということになります。日本酒（ワインやビールもですが）で依存症になるにはお金もかかるし、変な言い方ですが効率が悪いのです。依存症への道はアルコールの薬理効果を期待した飲み方です。眠れないから飲むとか、何もかも忘れたいからやけ酒を飲むとか。アルコール自体が脳に及ぼす薬理効果を求めて飲むのはよくありません。味とか雰囲気を楽しむようにした方がいいと思います。

アルコール依存症の中核的な症状は、飲酒コントロールと離脱症状の二つです。一つめは飲酒コントロールの障害です。これは何かというと、やめようと思ってもやめられない。特に飲み始めると止まらない。一杯だけでやめておくというのができなくなって、飲み始めると意識がなくなるくらいまで飲んでしまう。自らの意志で量をコントロールして、飲酒をすることができないということです。

さらに進むと常にアルコールが体内に入っている状態、これを連続飲酒と言います。酔い潰れて、起きたらまたアルコールを摂取する。アルコール血中濃度が保たれている状態を維持しないと不具合が出てくる。これは次の離脱症状で説明しますが、それを避けるために連続飲酒という状態になる。これが依存性の特徴的なものです。アルコールの報酬効果は消去されないと前述しましたが、何年、何十年も断酒していても、ちょっとでも飲んでしまうと戻ってしまう。一〇年我慢できたのだから、コップ一杯ぐらいいいだろうと思って飲むと、止まらなくなってコントロールできないということが起こる。これは、脳の不可逆的な変化、脳の神経回路自体に変化が生じてしまうためと考えられています。

中核的症状のもう一つは離脱症状です。一般的な言葉でいうと、禁断症状というのを聞いたことがないでしょうか。アルコールから離脱した、アルコールから引き離された状態になると、体の具合が悪くなる。お酒を抜くと離脱症状といって手が震えるとか、汗がひどいとか、心拍数が増加するとか、血圧が下がるとか。とにかく自律神経系が非常に不規則になって、体調が悪化します。

さらにひどくなると幻覚、幻聴などの精神疾患様の状態となります。幻覚、幻聴といっても、気持ちのいいものではなく、だいたい自分の嫌いなものが見えたり、悪口が聞こえたりするそうです。幻覚、幻聴。ここまでくると立派な依存症です。

中核的な症状のほかにさまざまな健康問題が起こります。これだけアルコールを飲んでいたら、多くの日本人の場合は内臓疾患が起きます。アルコールを処理する能力が高くない人が多いので、肝臓や消化器系疾患や、心臓、血管等の循環器系疾患が起こります。また強いお酒を薄めずに飲んでいると喉や食道癌のリスクが高まります。健康問題だけでなく社会生活でも問題が起きてきます。当たり前ですが、二四時間連続飲酒しているような人は仕事ができない。家庭内でも、ずっと飲んでいれば咎められますし、家庭内の不和も起きてきます。対人関係や社会問題が起きてくることになります。それをただすには、完全にやめる、お酒を断つしかないのです。

久里浜医療センターというアルコール依存症の拠点病院があります。そこで久里浜式アルコール依存症のスクリーニングテストというものを公表しています（表8・2：久里浜医療センターの許可を得て転載）。各自採点してみてください。また久里浜医療センターのウェブサイトには他にもスクリーニングテストがありますので、興味のある方はチェックしてみてください。

表8・2は男性と女性で採点表が違っています。一つには日本の社会システムを反映しています。昔は外で働いていない専業主婦が結構多かったことや、ライフイベント、育児などもあるので、違うテストになっています。男性、女性で分けているのは生物学的作用を反映しているというよりは、社会的な作用を反映しているアルコール依存症テストなので、だんだん、今の日本のスタイルだと一つになっていくという気がします。どちらにしろ、基本は同じです。飲むまいと思っても飲んでしまうとか、自覚がある、やめた方がいいと自分で思うかどうか。周りの人がどう見ているか。そういうところはまったく共通です。

一度依存症になると、治療するには生涯お酒が飲めなくなるわけですから、お酒が好きな人ほど、程々にお酒を楽しみ、依存症にならないようにしたいものです。

お酒は程々の量を、楽しく、味わって楽しみましょう！

表8.2　アルコール依存症簡易テスト

新久里浜式アルコール症スクリーニングテスト：男性版（KAST-M）

項目		
最近6カ月の間に、以下のようなことがありましたか。	はい	いいえ
1）食事は1日3回、ほぼ規則的にとっている	0点	1点
2）糖尿病、肝臓病、または心臓病と診断され、その治療を受けたことがある	1点	0点
3）酒を飲まないと寝付けないことが多い	1点	0点
4）二日酔いで仕事を休んだり、大事な約束を守らなかったりしたことが時々ある	1点	0点
5）酒をやめる必要性を感じたことがある	1点	0点
6）酒を飲まなければいい人だとよく言われる	1点	0点
7）家族に隠すようにして酒を飲むことがある	1点	0点
8）酒がきれたときに、汗が出たり、手が震えたり、いらいらや不眠など苦しいことがある	1点	0点
9）朝酒や昼酒の経験が何度かある	1点	0点
10）飲まないほうがよい生活を送れそうだと思う	1点	0点
合計点		

合計0点：正常。
合計1～3点：要注意群。
合計4点以上：アルコール依存症の疑い！

新久里浜式アルコール症スクリーニングテスト：女性版（KAST-K）

項目	はい	いいえ
最近6カ月の間に、以下のようなことがありましたか。		
1）酒を飲まないと寝付けないことが多い	1点	0点
2）医師からアルコールを控えるようにと言われたことがある	1点	0点
3）せめて今日だけは酒を飲むまいと思っていても、つい飲んでしまうことが多い	1点	0点
4）酒の量を減らそうとしたり、酒を止めようと試みたことがある	1点	0点
5）飲酒しながら、仕事、家事、育児をすることがある	1点	0点
6）私のしていた仕事をまわりのひとがするようになった	1点	0点
7）酒を飲まなければいい人だとよく言われる	1点	0点
8）自分の飲酒についてうしろめたさを感じたことがある	1点	0点
合計点	点	

合計0点：正常。
合計1～2点：要注意群。
合計3点以上：アルコール依存症の疑い！

出典：久里浜医療センターウェブサイト。

引用・参考文献

厚生労働省「e‐ヘルスネット」（二〇二二年二月三日最終閲覧、https://www.e-healthnet.mhlw.go.jp/information/alcohol/a-03-001.html）。

ブックガイド

＊キングスレー・エイミス、吉行淳之介・林節雄訳『酒について』講談社、一九八五年。

少し古い本ですが、様々なお酒や酒飲みに関する（イギリス人らしい？）ウイットと皮肉の効いた文章が魅力です。正統的なカクテルレシピや創作ではないかと思われるレシピなども、つい試してみたくなります。原文『On Drink』もそれほど難しくない英語なので、併読するのも良いかもしれません。

＊池波正太郎『散歩の時何か食べたくなって』新潮社、一九八一年。

時代小説の他、食べ物や映画のエッセイの名手でもある池波正太郎の食に関するエッセイの一つです。お酒のことだけを描いてあるわけではないものの、著者にとって食事とお酒は切り離せないようで、随所に「思わず飲みたくなる（特に日本酒）」記述が出てきます。気取らず、しかし粋な食べ方、飲み方はお手本にしたくなる思いです。「酒の飲まぬくらいなら蕎麦屋には入らない」などの台詞（？）も泣かせます。

＊吾妻ひでお『失踪日記』『失踪日記2　アル中病棟』イーストプレス、二〇〇五年、二〇一三年。

シンプルな曲線のかわいい絵で、内容はSF、不条理マンガという独特の世界を描き、根強いファンを持つ吾妻ひでおのマンガ。失踪日記の後半とアル中病棟で、アルコール依存症体験談を描いています。悲惨で醜い状態を、かわいい絵とユーモアでマイルドに描写してあり、依存症の実態を知る入門編としてお勧めです。

お勧めのウェブサイト

＊アルコール健康医学協会「お酒と健康に関する公益財団法人のウェブサイト」
酔いの段階の解説やお酒と健康に関する情報がある（二〇二二年二月三日最終閲覧、http://www.arukenk-yo.or.jp）。

＊厚生労働省「e-ヘルスネット」
お酒と健康に関する厚労省のウェブサイト（二〇二二年二月三日最終閲覧、https://www.e-healthnet.mhlw.go.jp/information/alcohol）。

＊久里浜医療センター
アルコール依存症の中核専門病院。最近注目されたギャンブル依存症も含め、依存症を専門に扱っている（二〇二二年二月三日最終閲覧、https://kurihama.hosp.go.jp/）。

コラム4　食品の美味しさの秘密

藤村　忍・山口智子

ウンチクで食肉を味わう

食肉の食味は、主に化学的要素と物理的要素によって食味が形成されます。色、味、香りなどの化学的要素があり、この中で味は、甘味、酸味、うま味、塩味、苦味、肉様の味、コクなどから成り立っており、食肉では特にうま味や肉様の味が重視されます。さらにテクスチャー（歯ごたえなど）の物理的要素や多汁性などがあります。これら食肉の品質評価には、機器分析や官能評価が用いられています。

機器分析による評価

味を示す物質には、食肉の代表的成分であるグルタミン酸やイノシン酸などがあり、個々の成分の量で表すことができます。

食肉の色は、主に色彩色差計が用いられ、明るさ（L*）、赤色（a*）、黄色（b*）などの程度によって表されます。

香りには、脂肪酸が関与するほかに、糖とタンパク質の反応による多様なメイラード反応生成物など、多くの化学物質が関与します。この評価は特に複雑です。

テクスチャーは、剪断時の応力などを物理量として機器で評価します。また、やわらかさに関与する脂肪交雑度や脂肪含量も指標の一つとなりますし、可溶性や不溶性コラーゲンなどのタンパク質も評価対象です。

また、五感の官能評価と機器分析の特徴を併せ持った方法として、味認識装置（味覚センサー）やにおい識別装置等が開発されています。これらはセンサーを用いた測定結果を、うま味、酸味、アンモニア様の香りなど、ヒトの感覚に近い用語で表すことができる興味深い評価法です。測定に際しては、肉のスープ調製や加熱香気が生じる状況にする等の前処理を伴うため、ヒトが食すよりも時間はかかります。一方、体調の影響がなく安定して測定できる等の特色があります。また味覚の感度の変化がないことや、清酒とのペアリング研究においては二日酔いしないことなどのメリットがあります。

五感による評価

視覚、嗅覚、味覚、触覚、聴覚のヒトの五感を使った官能評価は重要です。簡単な方法に思われがちですが、日本酒の鑑定士、ワインのソムリエなどそれぞれ専門家がいるように複雑な評価です。大別すると嗜好型官能評価と分析型官能評価に分けられ、嗜好型は、消費者の嗜好（好み）を評価する際などに用いられます。分析型は、主に訓練した被験者によって、うま味の強弱や、甘味の強弱など、設定した項目で数値化したり、的確な言葉で表現してもらうことなどにより、対象物の特徴を明らかにする方法です。

食肉の高品質化も、分析型官能評価によって特徴を的確に評価する過程があります。この評価には、先入観を持たせないような提示法をとります。例えば試料の識別には乱数を用います。試料の提示順序も変更します。評価項目に合う調理法を検討し、また再現試験が行えるように条件を吟味します。被験者の構成、手法の選択、静穏な環境、再現性などに細やかに配慮をして行います。

食肉は複雑な要素を持った食材で、評価も手間がかかります。複雑であるが故に美味しいのでしょう。食肉はこのように多様な評価によって、高品質化が図られてきました。世界中でさらに美味しい食肉の研究に取り組んでいる研究者が多数います。

そして霜降りの多い牛肉、赤身肉主体の牛肉、脂質が少なくうま味の強い鶏肉、また絶妙で上品な味わいの地鶏肉など、牛肉、豚肉、鶏肉それぞれに特徴的な美味しさがあります。また品種や飼料などを工夫したブランドも存在します。

　さあ、どの清酒との組み合わせが好みか、まずは五感で評価をしながら、美味しさを楽しんでまいりましょう。

視覚で味わう美味しさ――彩りと季節感

美味しさと聞くと味（味覚）が真っ先に思い浮かびますが、食肉の美味しさで示したように、私たちは食べ物を味わう際、味覚以外にも視覚、嗅覚、触覚、聴覚の五感をフルに働かせています。このうち、視覚、触覚、聴覚で感じる美味しさは物理的要素に分類されます。食べ物（料理）が出された時、一番に目に飛び込んでくるのが外観です。その色、形、大きさ、つや、キメ、彩りなど、視覚に訴えかける見た目の良し悪しにより、料理は美味しそうにも不味そうにも見えます。特に、色はその食べ物を特徴付けていて、鮮度や価値の外観的な判断に繋がります。美味しい料理を作る際には色の良い新鮮な食材を使うことが重要で、その食材本来の色を保持し、調理過程で生成する好ましい色を利用する一方、好ましくない変色を抑制することで美味しさを引き出しています。

　日本料理は「季節を食べる」や「目で食べる」と言われます。日本には春夏秋冬の四季があり、四季折々の食材が豊富なので、料理には季節の食材を使用して、その季節感を活かすように調理が工夫されます。旬の食材は栄養価が高く、美味しさも格別です。そして、日本人は旬の食材はもとより、初物（走り）やなごりを楽しんできました。初物はその季節に初めて収穫された野菜・果実・穀物・魚介など、旬の食べ物の中でも第一便のものです。「初物七五日」という言い伝えがあり、初物は縁起が良く、食べると寿命が七五日延びるとの思想に基づいて、人々は初物を好んで食べてきたのです。江戸時代から初物の中でも最も人気を集めていたのが鰹であり、初夏を彩るものとして「目には青葉　山ほととぎす　初鰹」と江戸時代の俳人・山口素堂が詠んだ事でも有名です。初鰹と一緒にたしなむ日本酒は絶品でしょう。「目で食べる」ということに関して、日本料理を「食べる料理よりも見せる料理である」と評した外国人もいます。料理そのものの見た目の良さはもちろんですが、日本料理では陶磁器や漆器などの器が多く使われ、器の色や形などの芸術性も重視されます。そして、盛り付けではいかに美味しそうに盛り付けるかの工夫が凝らされるため、このように見せる料理としての一面を持ち合わせているのです。

生活において自然を尊重してきた日本人が、食材の持ち味を生かした淡泊な味付け、料理の姿や彩りの美しさ、料理を引き立てる器へのこだわりなど、自然の美しさと季節の移ろいを表現して作り上げてきた料理とその食文化が、ユネスコ無形文化遺産「和食：日本人の伝統的な食文化」として世界で認められているのです。料理を口に運ぶ前に、料理の季節感と美味しさをしっかり目で味わってください。

触覚で感じる美味しさ
——温度とテクスチャー

食べ物の美味しさは、温度やテクスチャー（食感）にも影響されます。テクスチャーとはラテン語の「織る」を語源とし、本来は「織物の風合い、手触り」を表す言葉ですが、食品でいうテクスチャーは外観や風味を除いた食品の物理的性質（特に力学的性質）のことです。口腔内の触覚で感じる硬さ、滑らかさ、弾力性、粘性、付着性、もろさなど、食品の組織構造とそれに由来して現れる力学的性質により、私たちは歯ごたえ、歯切れ、口当たりなどの良し悪しを感じ、嗜好性をも左右します。日本語でテクスチャーを表す用語は四四五語ありますが、英語七七語、フランス語二二四語、中国語一四四語と比べて非常に多いこと、さらに、その七〇%に該当する三一二語が擬音語・擬態語であることが特徴です（早川二〇一三）。カリカリ、バリバリ、パリパリ、ポリポリなどの硬さに関連する用語は、せんべいなどの米菓や漬物など日本特有の食べ物の美味しさを表現する用語と言えるでしょう。また、モチモチ、ネチャネチャ、ニチャニチャ、ネバネバ、トロトロ、ベタベタなどは、ご飯や餅、納豆などの美味しさを表現する時によく使われますが、このような粘りを表す用語が多いのも日本人の食生活の現れです。テクスチャーによって、食べ物を口の中に入れた際の咀嚼音が異なるので、聴覚で感じる美味しさにも影響します。ポリポリ音がする歯ごたえのある漬物は、日本酒の美味しさをより引き立てることでしょう。

食品のテクスチャーは温度によって変化します。温度が高ければ液体であったり、流動性をもつゾルであったり、固体は一般的に軟らかい性質を示します。ただし、ステーキ肉や茶わん蒸しなどは、加熱しすぎるとタンパク質の変性により硬くなるので注意が必要です。一方、食品を冷却することで温度が低くなれば、流動性がなく固体のような状態（ゲル）や硬い固体になるのが一般的です。このように、加熱や冷却により温度を変化させることで異なるテクスチャーにすることができますが、調味料によっても食品のテクスチャーを変えることができます。たとえば、肉を酒類に浸漬してから焼いた場合、成分の溶出が抑えられ、肉の収縮変形が少ないことが分かっています。すなわち、軟らかく美味しい肉になります。また、清酒に浸した鶏肉の唐揚げはジューシーで軟らかく仕上がります。

温度によって美味しさの感じ方が変わるのは食べ物だけではありません。日本酒の場合、冷酒、冷や（常温）、ぬる燗、熱燗といった温度の違いにより、お酒の香りやすっきり感など味わいの違いが感じられます。そして、料理と同じように器（酒器）にこだわることで、さらに味わいを楽しめます。さて、程よいテクスチャーの枝豆を肴に、あなたはどのような酒器で、どのような飲み方を楽しみますか?

引用・参考文献

早川文代「日本語テクスチャー用語の体系化と官能評価への利用」『日本食品科学工学会誌』六〇巻七号、二〇一三年、三一一〜三二二頁。

コラム5

糖尿病と飲酒・アルコール摂取について

山本正彦

糖尿病とその合併症

糖尿病は、インスリンというホルモンの働きが悪くなり、血液中のブドウ糖の濃度である血糖値を下げられず、高い状態が続いてしまう病気です。インスリンは膵臓からしか出ないホルモンであり、体内で唯一血糖を下げることができるホルモンです。この働きが悪くなると血糖が上がってしまいます。糖尿病は、「インスリンを分泌する唯一の細胞である膵β細胞が何らかの理由により破壊され、インスリン分泌が枯渇して発症する糖尿病」と定義される1型糖尿病と、「インスリン分泌低下を主体とするものと、インスリン抵抗性が主体で、それにインスリンの相対的不足を伴うものなどがある」と定義される2型糖尿病、その他の糖尿病、および、妊娠糖尿病に大別されています（清野ほか二〇一二）。

血糖値が高い状態が続くと、全身に様々な合併症を引き起こします。目や腎臓、神経などの毛細血管が障害される細小血管合併症のほか、心筋梗塞、脳梗塞、足壊疽、感染症などを引き起こすことがあります。

飲酒・アルコール摂取

飲酒・アルコール摂取について、「過剰な飲酒が、糖尿病などの生活習慣病をはじめとするさまざまな健康障害のリスク要因となる」一方で、「適度な飲酒は、必ずしも糖尿病の危険を上げない」ということが、すでに示されてきました。

注意点としては、中等度の飲酒者においてみられた2型糖尿病発症リスクの低下は、アジア人においては認められなかった（Knott C et al. 2015）ことが挙げられます。そのため、日本人においては、2型糖尿病の予防のために飲酒することは推奨されておりません。また、糖尿病で、インスリン療法を行っている方では、アルコールの急性効果としての低血糖に注意する必要があります。

最近、我が国では、適度な飲酒量を遵守するだけでなく、個々の飲酒習慣や合併症の状況に応じて飲酒方法を調整することも重要とされています。実際に、飲酒には中性脂肪値を増加させる作用があることが知られており、糖尿病だけでなく、脂質異常症についても留意が必要です。脳心血管病予防に関する包括リスク管理チャート（二〇一九）によると、アルコールは、一日あたり、純エタノール換算二五グラム以下にとどめた上で、休肝（酒）日を設けることが勧められています。具体的な量としては、日本内科学会誌（二〇一九）によると、一日あたり、エタノール二五グラム以下は、およそ日本酒一合（一八〇ミリリットル）、ビール中瓶一本、焼酎（三五度）半合（八〇ミリリットル）、ウイスキー・ブランデーダブル一杯（六〇ミリリットル）、ワイン二杯（二四〇ミリリットル）に相当します。

適正な飲酒量設定については、糖尿病診療ガイドライン（二〇一九）によると、アルコール量のみならず、アルコール飲料に含有されている他の炭水化物によるエネルギーも計算に入れ、各個人の飲酒習慣を考慮しながら個別化することが勧められています。さらに、糖尿病以外の、脂質異常症、高血圧症、心疾患、脳疾患、肝疾患、膵疾患、アルコール依存症、精神疾患などの他疾患合併の有無や重症度を含めて、許容する飲酒量や頻度を個別に設定することが重要であると考えられます。特に、肝疾患や合併症など、留意点のある症例では禁酒を原則とすることが示されています（日本糖尿病学会二〇二〇）。

飲酒について、過剰な摂取は避けつつ、適量を意識しながら、お酒を楽しみたいところです。

引用・参考文献

清野裕・南條輝志男・田嶼尚子・門脇孝・柏木厚典・荒木栄一・伊藤千賀子・稲垣暢也・岩本安彦・春日雅人・花房俊昭・羽田勝計・植木浩二郎、「糖尿病の分類と診断基準に関する委員会報告（国際標準化対応版）」、『日本糖尿病学会誌』五五巻七号、二〇一二年、四八五～五〇四頁。

日本糖尿病学会編著『糖尿病治療ガイド二〇二〇―二〇二一』文光堂、二〇二〇年。

Knott C, S. Bell, A. Britton, Alcohol Consumption and the Risk of Type 2 Diabetes: A Systematic Review and Dose-Response Meta-analysis of More Than 1.9 Million Individuals From 38 Observational Studies. Diabetes care, 38, 2015, 1804-1812.

第Ⅳ部　日本酒と社会

第九章　日本酒の経営学

岸　保行

日本酒の国内市場は、一九七三年をピークに右肩下がりで縮小してきました。その背景には、酒類の多様化や健康志向、さらには国内の伝統的な儀式の西洋化や簡素化があり、国内の日本酒消費量は減少してきました。他方、国内市場が縮小するなかで、海外市場は少しずつですが、拡大しています。日本酒の国際展開が進むなかで、海外の日本酒の消費スタイルが国内にも還流する動きが起きています。

本章では、国内市場が縮小するなかで、日本酒酒蔵がいかにして新しい戦略を獲得しようとしているのか、その具体的な取り組みや、近年における海外輸出やそれにともなう国内市場の動向を見ていきます。そして、日本酒が今後どのような世界を拓いていくのかを考えていきます。

1　日本酒の重層的世界

日本酒の魅力の一つは、日本酒がもつ重層的な世界観にあります。日本酒は、米を原料とする醸造酒であり、糖化と発酵が一つのタンクのなかで同時に起こる並行複発酵という複雑で繊細な醸造過程を経て造られます。その複雑で繊細な醸造プロセスを杜氏と呼ばれる醸造責任者が管理し、品質の高い日本酒が造られてきました。そのため、日本酒に光が当てられる場合には、杜氏に光を当て、複雑で繊細な醸造プロセスが注目されるのです。

従来、日本酒の世界では、原料である米（酒造好適米、酒米）は、各県・地域ごとに組織化されている酒造組合などを通じて購入するのが一般的でした。外部から購入した米を杜氏の技術によって日本酒に変えてきたのです。外部から購入する原料である米は、農作物のため、作付けされる年ごとに出来や品質にバラツキが生まれますが、そのバラツキを、並行複発酵という複雑な醸造プロセスの中で、杜氏の技術によって統制・管理してきました。そのため、同じ銘柄であれば毎年一定の味と品質の製品を市場に送り出してきました。そういった意味で、日本酒は杜氏（造り手）の技術の世界であり、外部から原料を購入し、造り手の技術によって製品の品質や出来を一定に作り込んでいく「工業的な世界観」をもっていると言うことができます。

他方、近年では、原料である米を酒蔵自らが栽培したり、あるいは地元の農家との直接的な取引をおこなう契約栽培をしたりして独自に酒米を調達することが盛んにおこなわれるようになってきました。そうすることで、「どこで・誰が・どのように」酒米をつくっているのかを「見える化」し、日本酒に高い付加価値を付けていく動きが活発になっています。酒米を自ら栽培したり、契約栽培を通じた取引が増えるなかで、従来までのように同じ銘柄であれば同じ味や品質を担保するという考え方だけでなく、原料の出来・不出来に応じて最終的な製品の味や品質を変えるという考え方に基づく製品設計が生まれています。こういった流れは、日本酒造りや日本酒の製品設計に原料である酒米づくりを関連づける動きであり、「農業的な世界観」を前面に出した取り組みと言うことができます。近年の日本酒の世界では、「農業的な世界観」を取り込むことで日本酒に高い付加価値を付ける動きが活発化していると言えます。

さらに、日本酒は、言うまでもなく「歴史・文化的な世界観」をもっています。酒税法上、日本酒は

「清酒」というカテゴリーに分類されますが、一般的には広く〝日本酒〟と呼ばれて親しまれてきました。読んで字のごとく〝日本のお酒〟と書いて「日本酒」であるように、日本で古くから醸造され親しまれてきており、日本の国酒として考えることができるのです。そういった観点から、日本酒は当然、「歴史・文化的な世界観」をもっているのは言うまでもありません。

このように考えると、日本酒は杜氏の高い技術に裏付けられて造りこまれる「工業的な世界観」と農作物である酒米をどのように調達して製品としての日本酒に高い付加価値を与えるかという「農業的な世界観」、さらには、日本の伝統・文化・歴史に埋め込まれた文化的な製品であるという「歴史・文化的な世界観」が重層的に混じり合いながら、日本酒の世界観が創り上げられています（図9・1）。日本酒を愛飲する消費者は、これら重層的な世界観をもつ日本酒を、単なるアルコールの液体消費（機能的な消費）という範疇にとどまらず、意味や情報の消費をともなって飲むことになります。すなわち、日本酒の向こう側に広がる意味的価値や意味的世界を消費していることになるのです。それは三つの世界観で構成される「物語の世界」が今日の日本酒の世界では重視されるようになっており、三つの世界観が重層的に混じり合うことで、奥深い世界が展開されるのです。

2　ワインの戦略スタイルに合わせた国際展開

近年、日本酒の輸出が伸びるなかで、多くの地酒メーカーが輸出を開始し、海外市場での販路拡大に乗り出しています。日本の各地域で、地元の米、水で醸した〝地酒〟が国境を越えて消費されるようになっています。財務省「貿易統計」から日本酒の輸出金額の推移をみると、その金額は年々増加しており、輸出金額は、一九八八年には約二二億円だったのが、二〇一九年には約二三四億円となり、三〇年

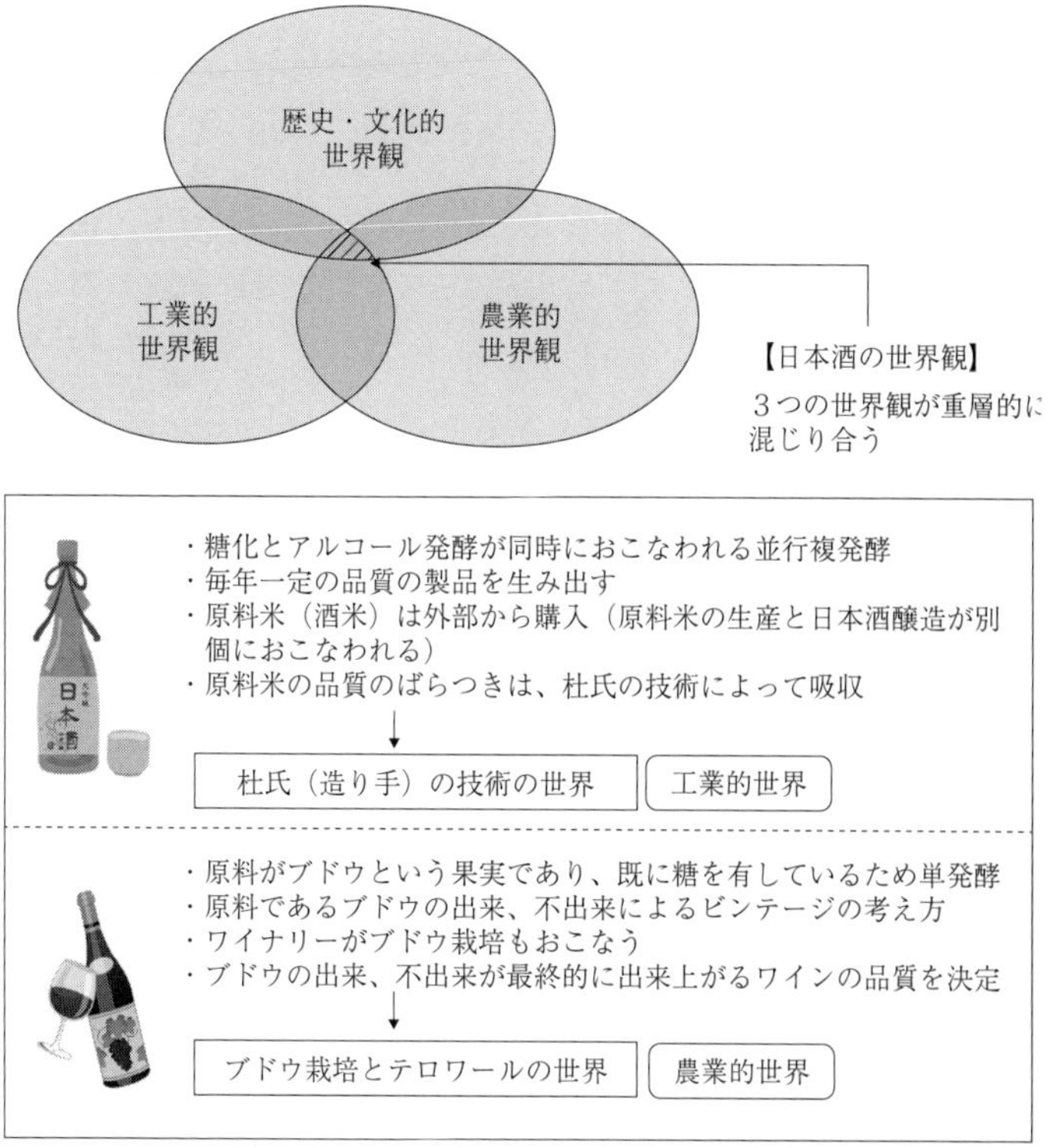
歴史・文化的
世界観
工業的
世界観
農業的
世界観
【日本酒の世界観】
3つの世界観が重層的に
混じり合う
・糖化とアルコール発酵が同時におこなわれる並行複発酵
・毎年一定の品質の製品を生み出す
・原料米（酒米）は外部から購入（原料米の生産と日本酒醸造が別個におこなわれる）
・原料米の品質のばらつきは、杜氏の技術によって吸収
杜氏（造り手）の技術の世界
工業的世界
・原料がブドウという果実であり、既に糖を有しているため単発酵
・原料であるブドウの出来、不出来によるビンテージの考え方
・ワイナリーがブドウ栽培もおこなう
・ブドウの出来、不出来が最終的に出来上がるワインの品質を決定
ブドウ栽培とテロワールの世界
農業的世界

図9.1　日本酒の重層的世界観と従来の日本酒の世界の考え方

出典：筆者作成。

間あまりでおよそ一〇倍以上に増加していることが見て取れます。

　また、輸出金額を数量で割った一リットルあたりの単価の推移をみてみると、輸出されている日本酒の価格は年々上昇してきています。一九八八年では約三三六円であった単価は、二〇一〇年には約六一五円となり、二〇一五年には約七七〇円、二〇一八年には約八六五円となっています。この三〇年でおよそ三倍弱になっており、近年ではより高級な日本酒の輸出が増えていることがうかがえます（岸二〇一九）。

日本酒輸出の伸びは、海外の日本食レストランの増加と深い関連があります。日本酒が海外市場で飲まれる場面は、一般的に二通り考えられます。一つが、消費者が小売店で購入し、主に自宅で飲む場合と、もう一つがレストランで飲む場合です。現在の海外市場では、八割、九割以上がレストランでの消費となり、この数十年間の日本酒輸出の伸びは、海外における日本食レストランの増加と深い関わりがあると言えます。外務省調べによる農林水産省の推計では、海外の日本食レストランは、二〇〇六年の段階では約二万四〇〇〇店であったのが、二〇一三年には約五万五〇〇〇店、そして二〇一五年には約八万九〇〇〇店、二〇一七年には一一万八〇〇〇店、二〇一九年には約一五万六〇〇〇店にまで増加しています（農林水産省食料産業局食文化・市場開拓課二〇一九）。とりわけ、二〇一三年一二月に、「和食：日本人の伝統的な食文化」がユネスコ無形文化遺産に登録されたことで、世界的に和食が注目され、日本食レストランが増加しました。この日本食レストランの増加に合わせて日本酒の輸出も伸びをみせてきていると言えます。

和食が無形文化遺産に登録される前までは、海外での日本酒とりわけ日本から輸出される日本酒は、主に海外に在住する日本人によって消費されてきましたが、和食が世界的に注目されることで、現地市場での現地人による消費が増えてきました。海外で日本酒が消費される際には、その在り方が国内とは異なる形で展開しています。国内で日本酒が消費される際には、これまで特定の料理とのペアリングということがあまり強調されてきませんでした。そもそも日本の国酒として位置づけられてきた日本酒は、日本のどんな料理とも相性が良く、特段「この料理にはこの銘柄の日本酒が合う」といった形で消費される傾向にはなかったのです。

ところが、海外では、日本食レストランの増加にともない、レストラン間での競争が激化し、差別化した日本酒への需要が高まってきました。他店との差別化を図るためにラインナップが拡充されるということが起きてきました。さらには、料理とのペアリングを重視した需要も高まりをみせており、日本食とのペアリングはもとより、近年では、中華やイタリアン、フレンチなどとのペアリングが重視されるようになってきていたり、同時に、フュージョン料理に代表される新しいジャンルの料理スタイルが発展したりすることで、単に和食に限定せずに、それらの料理に日本酒をペアリングさせる動きがでてきています。このような日本酒の消費スタイルは、ワインの消費スタイルから影響を受けています。料理とアルコール飲料をペアリングするというフランス発祥の食習慣である「マリアージュ」と同列にあります。このような流れのなかで、海外でのレストランにおいて、異なるメニューに応じた多様な種類の商品需要を生み出しています。

この数十年間で、海外での日本酒市場が徐々に拡大し、輸出が堅調な伸びをみせてきているものの、類似のアルコール製品であるワインの国際的な普及には到底及びません。フランスは、ワイン一品での輸出額がおよそ一兆円程度であり、現在の日本酒の輸出額が約二四〇億円であることを考えると（財務省「貿易統計」）、フランスからのワインの輸出は日本酒の海外展開を考える上での先行事例として考えることができます。また、ワインは世界中で造られ、日本のワイン市場においても多様な国々からワインが輸入されるようになっており、ワインは既に世界中で生産・消費されるアルコール飲料として確立していると言ってよいでしょう。

日本酒の海外展開は、この数十年間で堅調な伸びを示しているものの、日本酒産業全体の生産量に占める輸出比率はおよそ五％程度に留まり（財務省「貿易統計」）、海外での日本酒の認知度はまだまだ低いのが現状です。このような状況の中で、日本酒産業は、海外展開において先行的に国際的に普及しているワインの戦略に準拠して海外での販路拡大をおこなうスタイルが主流となってきています。製品やサービスのポートフォリオの組み換えをワインの戦略に準じておこなうことで、海外市場での販路拡大を進めています。海外での販路拡大において、とくに料理との食べ合わせを意識した「マリアージュ」や生産地の気候や風土・地域性を前面に出した製品づくりを意味する「テロワール」を前面に押し出して生産や販売をしていく動きが主流となっています。「マリアージュ」も「テロワール」もワインの販売戦略で用いられる言葉で日本酒の国際展開は、日本酒の造りや消費のスタイルがワインと類似していることで、ワインの戦略に準拠した販売戦略が取られるようになっていると言えるでしょう。

3　三つの戦略的アプローチ――製品適応・慣習移植・慣習適応

日本酒のように、ある国や地域の文化に深く根ざした製品のことを「文化製品（cultural product）」と呼ぶとすれば、文化製品の国際展開における普及の難しさは、文化製品と外国の慣習との不適合にあります。不適合が生じると、結果的に消費満足の低下を招き文化製品の価値を減少させてしまうことに繋がります。そのため、文化製品の国際展開の場合には、（文化）製品と（外国）慣習の不適合（製慣不適合）をいかにして解消していくかが重要な課題となります（岸本・岸二〇一八）。

国際展開を積極的におこなう日本酒酒蔵が、製慣不適合の解消に向けて取る戦略的アプローチとして、次の三つが確認できるでしょう（図９・２）。一つ目は「製品適応」と呼ばれる戦略的アプローチです。製品適応とは、文化製品を外国の慣習に適合するようにカスタマイズすることによって、製品と慣習の不適合の解消を試みるアプローチのことを指します。

製品適応に該当する戦略の典型例としては、輸出先の料理に合う日本酒の開発が挙げられるでしょう。例えば、新潟県五泉市の近藤酒造は、フランスでの販路開拓を目指して、MIROKUとKAROKUという製品を新たに開発しています。前者は鹿や鴨などの芳醇なうまみと香りの高いジビエ料理とのペアリ

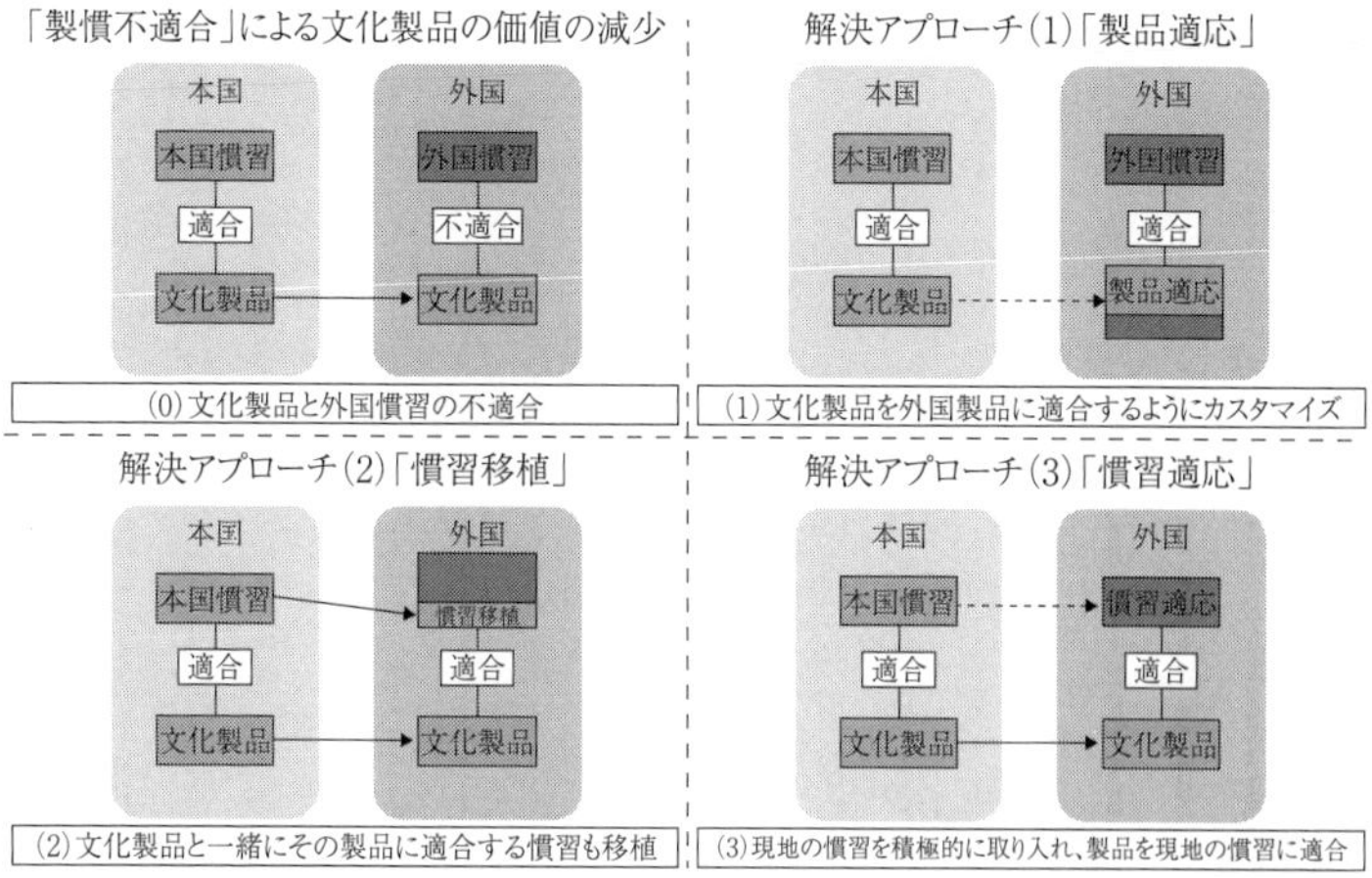

図 9.2　製慣不適合を解消する 3 つの解決アプローチ

出典：筆者作成。

ングを、後者はエスカルゴやムール貝、牡蠣などの貝料理とのペアリングを念頭において開発された製品です。ちなみに、両製品では、容器についても、ワインと同じ形状のボルドー型のボトルが採用されています。

上記の例は、マリアージュという食習慣への適応に繋がる戦略になっています。元々日本酒には、特定の料理と特定の銘柄の日本酒とを合わせて消費するというペアリングを重んじる消費習慣はありませんでした。そのため、料理とのペアリングを想定した製品開発を行うこと自体が、外国の慣習への適応に繋がる行為なのです。

二つ目の戦略は「慣習移植」です。慣習移植とは、文化製品と共にその製品に適合する慣習も移植するアプローチを指します。製品適応との違いは「慣習を変えること」にあります。慣習移植では、外国慣習を変えることで、製慣の適合化が目指されます。

慣習移植の具体的な手段としては、まず啓蒙が挙げられるでしょう。日本酒の事例でいえば、お酒の嗜み方や保管の仕方を外国人消費者に伝授する、といった活動がこれに該当します。慣習に関連した道具の供給や、慣習移植が自然と起きやすい場の提供も、間接的ですが慣習移植の手段となり得ます。徳利やお猪口の販売、さらには現地の日本食レストランを主な販売チャネルとして活用し、そこで消費してもらうといった工夫は、その一例と言えるでしょう。日本酒が国際展開をしてきた初期には、まさに「慣習移植」の戦略アプローチがとられ、海外の日本食レストランでの文化的体験の一環として日本酒が提供されてきました。

しかし、近年多くの酒蔵が輸出を開始し、数多くの銘柄が海外の日本食レストランで取り扱われるようになるなかで、新たな第三の戦略的アプローチが取られるようになってきました。それが、現地の慣習への適応（「慣習適応」）です。「慣習適応」とは、現地の慣習を積極的に取り入れて、現地の慣習に適合させようとする戦略アプローチを指します。たとえば、海外のレストランで日本酒が飲まれる際に、ワイングラスを用いるのは、今日では日常的となりつつあります。また、フランスのワイン業界には、料理とワインとの食べ合わせの専門的な知識を有する国家資格者としてソムリエが存在しますが、日本酒業界でも近年外国人を対象に、民間団体が国際唎酒師という日本酒の資格を一定の条件を満たした受験者に対して付与していますが、それらのテキストや講義では、日本酒のペアリングの内容に多くのページや時間が割かれています。

さらには、日本酒産業が国際展開を積極的に進めるなかで、ワインの「テロワール」という造りの慣習を積極的に取り入れるようになってきました。ワインのテロワールの考え方である地域性や気候・風土を大切にする生産の考え方を取り入れる酒蔵が増えてきています。その典型的な例として、各地の県で独自の酒米開発が積極的におこなわれ、酒米を自社栽培する酒蔵が増えてきていることが挙げられます。

4　国際展開がもたらす国内での販売戦略の深化

海外輸出の拡大を図り、製慣不適合を解消するために、三つの戦略――「製品適応」、「慣習移植」、「慣習適応」――がとられていることを紹介してきましたが、それらの輸出の拡大のための戦略的アプローチは、国内での販売戦略の深化に影響を与えている側面を指摘することができます。日本酒産業の国際展開が進展するなかで、海外でのワインに準拠した販売戦略に呼応する形で国内でも販売戦略の深化が起きており、日本酒の多様な高付加価値化戦略がとられてきています。それらの高付加価値化戦略は、主に、（1）原料米、（2）製品設計、（3）製造手法、（4）流通・販売、の各段階で見られます（図9・3）。それらの販売戦略をそれぞれの段階で概観してみたいと思います。

（1）原料米――酒蔵による酒米作り

近年、原料米を自社栽培する地酒メーカーが出てきています。戦後、日本の日本酒業界では酒米を栽培する米農家とその米を購入してお酒を造る酒屋とは、分業体制が構築され、原料米は、酒造りにとっては長らく外部から購入してくるものでした（庄司・岸二〇二〇）。それが、近年、日本酒産業全体の国際展開にともない、地域色を前面に出した「地酒」が求められるようになり、自らの県の酒米を用いて、自ら酒米を造る酒蔵が増えてきました。従来は、高品質のお酒を造るために、兵庫県の山田錦を用いることが主流であったのが、今日では、日本酒の高付加価値化を図るために、自らの県で開発された地元の酒米を酒蔵自ら栽培するケースがみられるようになっています。

たとえば、新潟県糸魚川市にある合名会社渡辺酒造店では、自らの酒造りを「ドメーヌスタイル」と

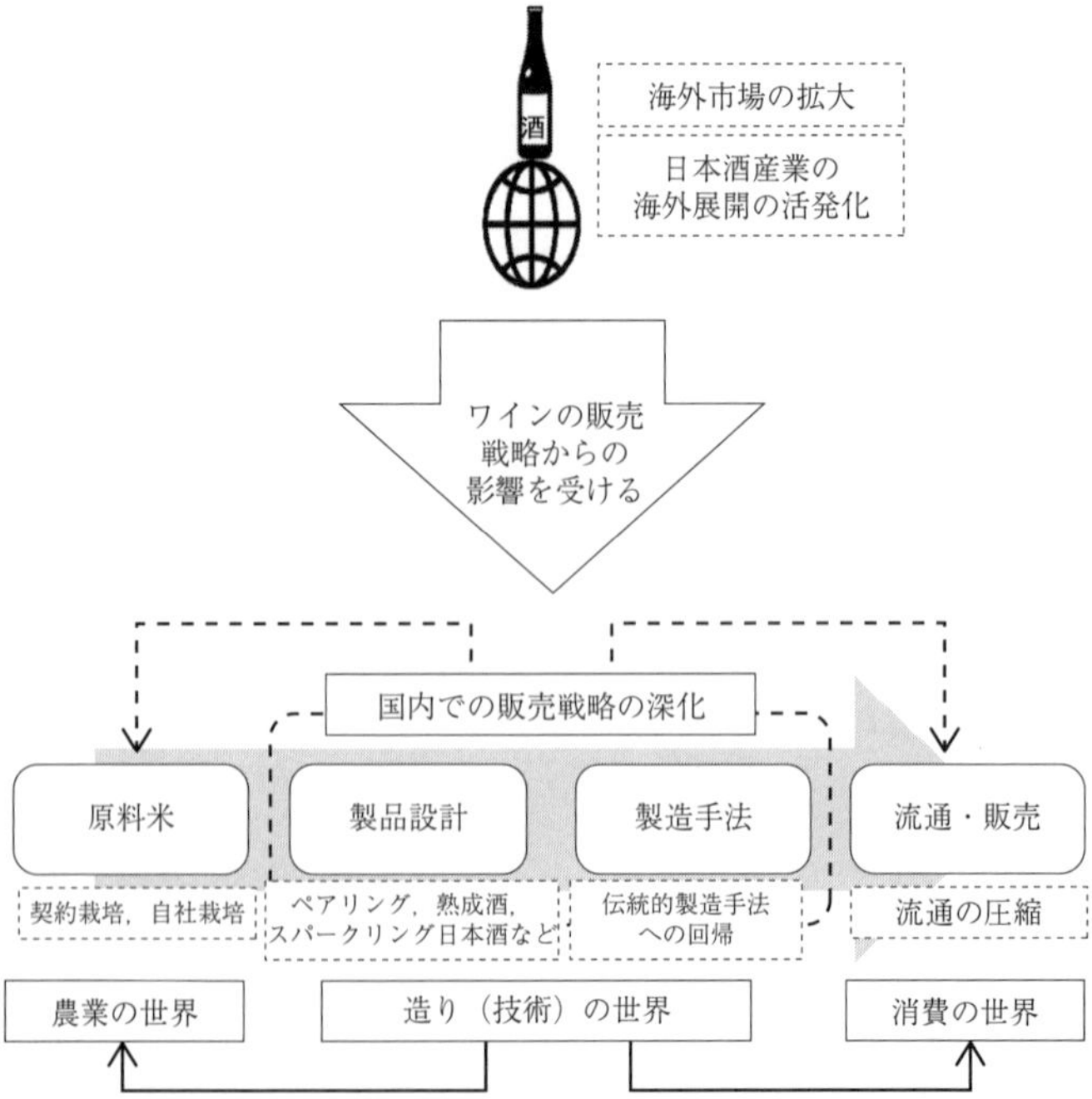

図 9.3　国際展開がもたらす国内での販売戦略の深化

出典：筆者作成

呼び、使用する酒米のほぼ全量を自ら栽培し、ワイン的な造りの慣習に適合しています。他にも酒蔵が自ら栽培しないまでも、酒米農家と独占的な契約を交し、契約栽培の下で酒米の調達をおこなう酒蔵が増えています。酒米が栽培される地域性やその土地の風土や気候を前面に出すテロワールの慣習へ適合することで、新しい価値を日本酒へ付与しようとする戦略的な取り組みがとられていると言えます。

（2）製品設計——料理との食べ合わせを意識した製品設計

日本酒が海外で消費される際には、ワインのマリアージュの販売戦略に準拠した特定の料理との食べ合わせが意識された販売戦略がとられる傾向が強く見られます。とりわけ日本から輸出される日本酒は、特定名称酒と言われる高価格帯の日本酒が中心となるため、海外の高級レストランで取り扱われることになり、ワインと同様に料理との食べ合わせが全面に押し出される形で販売戦略がとられてきました。しかし、従来、国内で日本酒が消費させる際には、特定の料理とのペアリングを強調するというよりは、むしろ和食であればどのような料理でも合うことが指摘され、それが日本酒の魅力として語られることが多かったわけです。米を原料とする日本酒は、どんな料理や食事とも相性が良いのは当然であると考えられてきたのです。

しかし、日本酒の国際展開により特定の料理とのペアリングが強調されるようになるなかで、国内でも特定の料理とのペアリングを意識した新製品の開発がおこなわれるようになっています。たとえば、肉料理とのペアリングや鯖や鰤、秋刀魚などの魚料理とのペアリングをラベルに謳った製品開発、また白ワインを意識して牡蠣とのペアリングの相性の良さを前面に出した製品や、カレーやチョコレートとのペアリングを推奨した斬新な製品など、国内で料理や食事とのペアリングを前面に出した新しいスタイルの新商品の開発が起きています。

（3）製造手法——伝統への回帰

日本酒が海外で販売される場合には、これまでは多くの場合、日本食レストランで、日本の文化的な体験の一環として日本食と合わせて日本酒が消費されてきました。まだまだ普及段階の初期である海外の市場では、Sake（海外で日本酒はSakeと呼ばれます）は、日本の文化、伝統に埋め込まれた文化製品として認識されるため、より伝統や文化に根ざした製造方法や製品の見せ方が、消費者にとってはより魅力的な製品として映ることになります。近年では、国内において日本酒の伝統性や文化性を前面に出した製造手法をとる酒蔵が数多く出てきています。たとえば、「生酛《きもと》造り」や「山廃（山卸し廃止）仕込み」という手法で日本酒を醸造するのは、まさに伝統的な製法への回帰であると言えます。

「生酛造り」や「山廃仕込み」は、端的にいえば、日本酒の基となる「酒母」を手作業で造る伝統的な醸造方法です。今日の近代的な日本酒造りでは、「生酛造り」の代わりとして、人工の乳酸を使って「速醸酛《そくじょうもと》」を造る製法が確立していますが、近年では、あえて伝統的な製法である「生酛造り」や「山廃仕込み」を強調して、日本酒の醸造がおこなわれるケースが増えています。さらには、伝統的な木桶を用いて日本酒造りをおこなう酒蔵も出現するようになっており、伝統的な酒造りへの回帰が一部見られるようになっていると言えます。

（4）流通・販売――流通の圧縮と酒蔵ツーリズム

今日では、大手小売店やリカーストアが積極的に地酒を扱うようになり、これまで各地域に存在していた地元の酒販店が弱体化するとともに、その数を減らしてきました。これまでの「酒蔵がお酒を造り、（地元の）酒販店がお酒を売る」といった形から、酒蔵が自らお酒を販売するケースが増えてくるようになってきました。日本酒の海外での消費が増え、海外でも日本食とともに日本酒の知名度が上がってくるなかで、日本への外国人旅行者（インバウンド旅行者）の増大にともない、地方の酒蔵への酒蔵見学が増えてきています。

既に「酒蔵ツーリズム」と呼ばれる形で、国内外からの旅行者に酒蔵へ来てもらう取り組みも各地で活発化する中で、酒蔵の中で試飲と販売をおこなう動きが起きています。従来は、地元の酒販店が日本酒を販売する役割を担ってきましたが、日本酒の消費量の減少と地方の人口減少により地元での販売量もそれほど多く期待できないなかで、流通を圧縮して、酒蔵内での販売やインターネットを通じた直接販売をする酒蔵が増えてきています。

このように、酒蔵は、産業全体の国際展開から影響を受けながら、国内の戦略を深化させていることが見えてきます。すなわち、産業全体が活発に国際展開することにより、国内における戦略の構造転換が生じている可能性を指摘することができるのです。具体的には、原材料の部分では、酒蔵が酒米をつくることで、最終製品である日本酒に高い付加価値をつける戦略がとられるようになり、製品設計ではワインの消費スタイルに準拠して料理との食べ合わせを意識した製品開発が積極的におこなわれるようになっています。また、造りの領域では、伝統的な造り方への回帰をおこなうことで、日本酒という伝統と文化に強く埋め込まれた製品としての魅力を最大限に引き出そうとする戦略がとられるようになっています。また、流通販売でも、従来の流通構造の転換が起こり、酒蔵自らが消費者に直接販売する動きが見られ、流通の圧縮が起きています。これらの戦略は、産業全体が国際展開していくなかで、国内での戦略が深化していることを意味します。国内での市場が縮小していくなかで、酒蔵は海外での消費傾向から学びながら、国内での戦略の深化を図っていることが見て取れるのです。

5　日本酒の未来

日本酒産業は、積極的に国際展開を進めるなかで、日本酒という文化製品を外国の慣習に適合するようにカスタマイズしてきました（製品適応）。同時に、現地のワインの消費の在り方やワインの作り方といった慣習への適合をおこなうことで、先行業界としてのワインの戦略に準拠する形で国際展開を進展させるようになっています（慣習適応）。

これら日本酒産業の国際展開におけるワインの戦略の準拠は、日本酒にとってプラスの側面とマイナスの側面をもたらします。プラスの影響としては、販路拡大に向けた即効性の高い戦略をとることができるという点にあります。現地で既に普及しているワインというカテゴリーの販売戦略に依拠することで、戦略のバラエティが増大しました。ワインの戦略に準拠することで、戦略の打ち手が増え、日本酒にとってこれまでに無かった全く新しい戦略を容易に実行に移すことができるようになったのです。

他方、マイナスの影響は、従来からの日本酒産業の強みであった側面（例えば温度帯による楽しみ方の違い、酒器による味わいの違い、杜氏の匠の技術により製品を均質に作り込むという側面など）がなおざりにされ、日本酒産業がこれまでに蓄積してきた技術や能力と戦略とのミスマッチが起きてしまう可能性を指摘することができます。従来の国際経営の研究では、本国で活用してきた資源の活用の重要性が指摘されてきており（臼井二〇一五）、進出国で採用する戦略や活動が、自社が過去に本国で蓄積してきた資源とフィットしていることが、海外での事業を成功する上で重要である点が指摘されています。過度な製品適応と慣習適応をおこなうことで、そうした本国側で従来蓄積してきた技術や能力を生かしづらくなるデメリットを生じさせる可能性がある点は注意が必要です。

本章では、日本酒産業の国際展開において、海外での販路拡大に向けてワインの戦略的アプローチをとることで、それが国内に還流し、国内での販売戦略に新たな構造転換が起きていることを述べてきました。本章で光を当てた「マリアージュ（料理とのペアリング）」や「テロワール（地域性や気候・風土を大切にする生産の考え方）」の他にも、今日ではワインに準拠した製品設計として、たとえばスパークリングの日本酒やビンテージ（醸造年）を強調した日本酒、さらには熟成して新たな味わいを創出する熟成酒といった新しい製品開発も活発におこなわれるようになっています。

世界中で生産され消費されるワインの製品設計に準拠して、日本酒に新たな付加価値を与える取り組みは、「マリアージュ」や「テロワール」以外にも様々な側面でみられます。これらの取り組みは、先行事例のワインから学ぶ形で日本酒に新たな価値を与える試みと理解することができます。新たな価値を生み出すことをイノベーションと言います。イノベーションを起こすためには、「知の探索」と「知の深化」を同時におこなっていくことが必要であると言われています（オライリー・タッシュマン二〇一九）。日本酒が海外展開し、ワインの戦略を取り込むことで、国内で新たな構造転換が起きていることは、まさに知の探索の帰結です。

他方で、日本酒は、冒頭で述べたように、長い歴史を有する伝統・歴史・文化に根差す「歴史・文化的世界観」を有しています。さらには、杜氏の技術による製品の造りこみという素晴らしい「工業的世界観」ももち合わせています。近年では、そこにワインの戦略に準拠した「農業的世界観」が入り込むことで重層的な世界観を作り上げることに繋がっています。今後は、既に先行しているワインはもちろん、同じ穀物を原料とするビールや、今日、世界的に注目されているウイスキーやジンからも日本酒はたくさんのことを学ぶことができるのかもしれません。そして、日本酒が従来からもつ「歴史・文化的世界観」「工業的世界観」を深化させることを忘れてはいけません。知の探索を継続的に続けながら、日本酒がこれまで蓄積してきた資源や能力を深化させていくことで、日本酒の独自の新しい世界を刷新し続けることが可能となるのです。

引用・参考文献

麻井宇介『麻井宇介著作選』イカロス出版、二〇一八年。
臼井哲也「リソース・リポジション・フレームによる新興国市場戦略の分析視角——本国資源の企業特殊優位化の論理」『国際ビジネス研究』七巻二号、二〇一五年、二五〜四五頁。
オライリー、チャールズ・A／マイケル・L・タッシュマン／、入山章栄・渡部典子訳『両利きの経営』東洋経済新報社、二〇一九年。

岸保行「グローバル統合とローカル適応の相克――伝統産業としての日本酒の海外展開への示唆」、山田真茂留編著『グローバル現代社会論』文眞堂、二〇一八年、四九～六五頁。

岸保行「日本酒のグローバル展開とそのグローバルな消費――ワインの消費スタイルに合わせた販路開拓」『日本家政学会誌』一二巻六九号、二〇一八年、四六～五一頁。

岸保行・浜松翔平「日本酒産業における情報の生成・流通モデル――価値創造のための生産・分類・適合情報」、『新潟大学経済論集』一〇三号、二〇一七年、一一五～一二九頁。

岸本太一・岸保行「文化製品における国際展開戦略――『製慣不適合』解消への三つのアプローチ」『日本経営学論集第八九集、自由論題』二〇一八年、F六三-1～F六三-二頁。

喜多常夫「お酒の輸出と海外産清酒・焼酎に関する調査（1）――日本の清酒、焼酎、梅酒の未来図」『日本醸造協会誌』一〇四巻七号、二〇〇九年、五三一～五四五頁。

楠木健『ストーリーとしての経営戦略』東洋経済新報社、二〇一〇年。

財務省「貿易統計」（二〇二一年二月三日最終閲覧、https://www.customs.go.jp/toukei/info/）。

庄司義弘・岸保行「清酒製造業における組織の動態的変容プロセス――制度論的アプローチから」『新潟大学経済論集』一〇九号、二〇二〇年、一一七～一四一頁。

農林水産省食料産業局食文化市場開拓課「海外における日本食レストランの数」二〇一九年。

浜松翔平・岸保行「海外清酒市場の実態把握――日本酒の輸出と海外生産の関係」『成蹊大学経済学部論集』四九巻一号、二〇一八年、一〇七～一二七頁。

二宮麻里『酒類流通システムのダイナミズム』有斐閣、二〇一六年。

延岡健太郎『価値づくり経営の論理――日本製造業の生きる道』日本経済新聞出版社、二〇一一年。

ブックガイド

＊二宮麻里『酒類流通システムのダイナミズム』有斐閣、二〇一六年。
酒類流通システムの歴史を二五〇年にわたり概観しています。日本酒を中心とした酒類の市場が各時代にどのように形成され、変化してきたのかを生産、流通・卸、消費の各領域に目を向け、それらの関係をダイナミックに分析しています。本書を読めば、二五〇年の日本酒の流通の歴史を知ることができ、江戸期からの日本酒市場の変遷が把握できます。

＊麻井宇介『麻井宇介　著作選』イカロス出版、二〇一八年。
日本を代表するワインの造り手であった著者が記したワイン考です。ワインを比較文化の視点から論じた論考や、ワイン造りの思想をまとめた論考が収録されている著作選です。本書を読めば、ワインの基礎的な理解をすることができ、そこから日本酒を考えるヒントを得られます。また、本書には、酒文化に造詣の深い文化人類学者、石毛直道、吉田集而、高田公理の三氏との酒文化に関する興味深い対談がまとめられています。

第一〇章　日本の酒類のグローバル化

都留　康

日本の酒類のグローバル化（輸出と現地生産）が急ピッチで進んでいます。その背後には、国内消費の長期的な停滞と減少があります。酒類の国内販売（消費）の数量は、一九九六年度の九六六万キロリットルをピークとして減少し、二〇一九年度には九六年度比の八四・二％（八一三万キロリットル）まで落ち込みました。

そこで、酒類メーカーは対応を迫られています。対応のひとつとして、海外展開は大きな選択肢です。事実、日本からの日本酒、ビール、ウイスキーなどの酒類輸出が近年急増しています。本章では、日本酒、ビール、ウイスキー、焼酎のグローバル化を分析していきます。

1　グローバル化とは何か

酒類輸出の増加はまず日本酒が最も早く二〇一一年頃から、次いでビールが二〇一三年頃から、さらにウイスキーは二〇一四年頃から、急角度を描いて増加してきました（図10・1）。注目すべき点は、二〇二〇年初頭から、新型コロナウイルスの世界的な感染拡大にもかかわらず、日本からの酒類輸出は減少することなくむしろ増えました。このことは特筆に値します。

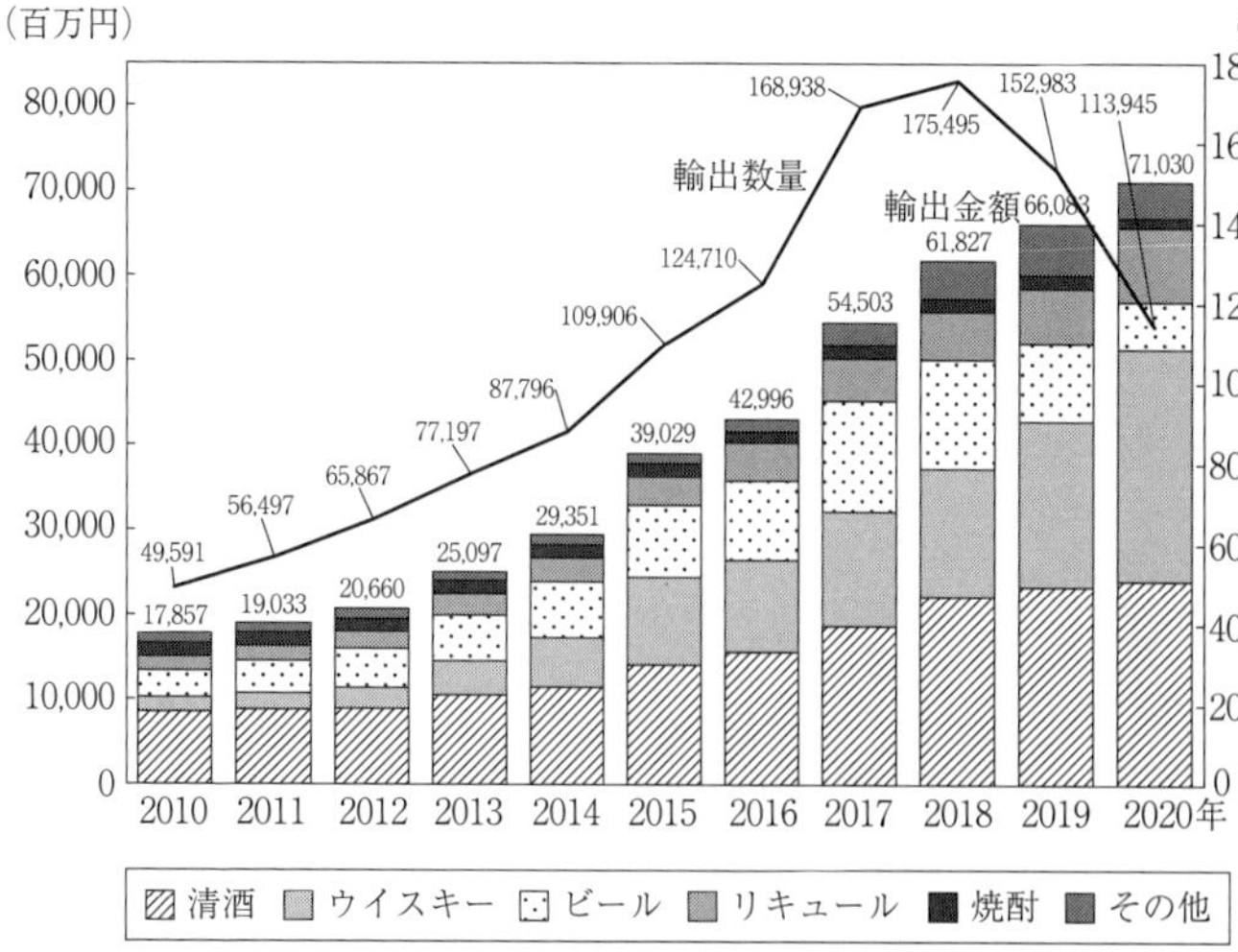

図 10.1　酒類輸出数量と金額の推移

出典：国税庁課税部酒税課「令和３年３月　酒のしおり」2020 年。

主な輸出先の国・地域は酒類ごとに異なります。日本酒は、(一)香港、(二)中国、(三)米国の順です。ただし、かねて首位を占めていた米国を二〇二〇年に香港＋中国が大きく上回りました。また、輸出の中で第一位の座をウイスキーに譲り、第二位になりました。

ビールは、(一)台湾、(二)中国、(三)オーストラリアの順です。注目されるのは、EUの伸びが大きいことです。また、韓国が減少したのは、二〇一九年夏以降の日韓外交関係の悪化のゆえです。

ウイスキーは、(一)中国、(二)米国、(三)フランスの順です。オランダが四位になったのは、サントリーが米国のウイスキーメーカーであるビーム社を買収した二〇一四年以後のことであり、それ以前は英国が四位でした。この変化は、ビーム サントリーの成立により、ビーム社の流通網との関係で、英国に代わりサントリー製品がオランダで通関してEU域内に流通するようになったためです。オランダ国内での消費が急増したわけではありません。

焼酎は、(一)中国、(二)米国、(三)香港の順です。輸出先の第一位・第二位(中国・米国)は常に固定されていますが、第三位は毎年のように入れ替わります。これは第三位以下の金額が小さく差もわずかなため、在留邦人や駐在員の数を反映して増減するものと考えられます。

グローバル化はよく使われる言葉ですが、明確な定義が必要です。内閣府『経済財政白書』(二〇〇四年)の定義では、「グローバル化とは、資本や労働力の国境を越えた移動が活発化するとともに、貿易を通じた商品・サービスの取引や、海外への投資が増大することによって世界における経済的な結びつきが深まること」を意味します。

また、世界銀行は、グローバル化を「個人や企業が他国民と自発的に経済取引を始めることができる自由と能力」と定義しています(内閣府二〇〇四)。

ここでは、「酒類のグローバル化」を、「従来は主に日本国内市場でのみ活動してきた酒類メーカーが、貿易を通じた取引や海外への投資を増大させ、他国と自発的に経済取引を始めることができる自由と能力を獲得してきたという現象」と定義します。

2　日本酒のグローバル化——真の世界化に向けて

日本酒(清酒)の現地生産は、歴史的に日本からの輸出量を絶えず上回ってきました。現地生産は、安価な普通酒が主体であり、日本からの輸出品は純米吟醸酒などの高級酒です。両者の差は高級酒の輸出増に伴い近年縮まってきています。

日本酒輸出は二〇〇〇年代の初めまでは現地生産の補完的な存在でした。状況が一変するのは二〇〇三年頃からです。地方の蔵元が高級酒（特定名称酒）を積極的に輸出しはじめたのです。これを第一次拡大期と呼びましょう。

第一次拡大期の特徴は、二〇〇〇年頃から始まった第三次焼酎ブームと小売自由化によって、高級な日本酒の内需が減少したため、海外を目指さざるをえなくなったということです。本格焼酎（単式蒸留焼酎）の台頭は地方の蔵元にとって強力なライバルの出現を意味しました。また、小売自由化によって地方の蔵元が頼りにしてきた酒屋が激減し、大型店化が進み、高級酒の内需がダメージを受けたのです。

さらに、日本酒は、第三次ブームとなった焼酎によって国内から海外へ「押し出された」ともいえます。輸出拡大は二〇〇九年のリーマンショックにより一服しましたが、二〇一三年以降は内需の高級化が牽引する形で輸出が高級化しています。これは二〇一一年の東日本大震災の被災地復興支援購買を契機に、高級酒に対する消費者や大型店の理解が進み、高級酒の内需が回復しているためです。第二次拡大期の出現です。

内需の回復は、新製品を喚起し、それにより市場を拡大させる好循環が生じつつあります。二〇一三年以降の輸出拡大は、このような好循環の一環です。二〇〇三年から二〇〇八年の輸出拡大が海外にとりあえずの販路を求めたものとすれば、二〇一三年以降は内需の高級化を背景とした積極的進出です。

以下では、筆者が過去に行った企業への聞き取り調査などの情報に基づき、企業レベルでの実態を明らかにしましょう。

いわゆるナショナル・ブランド企業である月桂冠は日本酒のグローバル化に早くから対応してきました。輸出と現地生産の両面追求です。国内生産（二七万石）に対する海外（輸出一万石、現地生産三・六万石）の比率は二割近いです。米国の醸造所（米国月桂冠）は、カリフォルニア州フォルサムに一九八九年に開設されました。

大手の中には輸出シェアを落としているケースがありますが、月桂冠は維持しています。これは同社が高級酒輸出に注力しつつあるためです。

たとえば米国向け輸出については、純米大吟醸酒の「鳳麟」（日本価格二四七八円、七二〇ミリリットル）が伸長しています。特に、香港、中国、シンガポール、マレーシアなどが有望とされ、安価な標準品主体であった台湾でも高級酒が伸びてきています。

日本食レストラン市場はすでに飽和状態にあり、高級酒市場はワインが中心であることから、月桂冠はワイン市場への浸透を優先的な課題としています。

まず、ソムリエに興味をもってもらうために、日本ソムリエ協会の田崎真也会長がリードする、ワインに近い表現を用いた販促活動に取り組んでいます。また、日本酒と西洋料理との相性に関するリサーチやイベントを海外料理学校（仏：ル・コルドンブルー）と開始し、オイスターバーへの売り込みも試みています。ワイン市場へのアプローチは、大手メーカーではなく、地方蔵が先行して取り組んできましたが、資金力や組織力に優れる月桂冠が追い上げています（筆者による二〇一六年一月調査）。

次に、日本酒のグローバル化戦略の全体像について統計的に確認してみましょう。筆者は『dancyu』誌が二〇一九年に実施した「酒蔵アンケート七二九蔵全データ」の個票データを分析する機会を得ました（都留二〇二〇）。

『dancyu』アンケートデータの分布を細かくみると、いくつかの特徴が読み取れます。アンケートに回答してもらった全七二九蔵中、全商品の中の輸出比率が五％以上の積極輸出派の蔵元が約二五％存在します。その一方で、一％未満の蔵元、いわば国内重視派も二六％を占めます。そのうち、輸出ゼロの蔵は一〇六蔵でした。

まず、輸出には、商社や現地トレーダーとの関係構築や独自のノウハウが必要で、蔵元にとって高いハードルです。あえて乗り越えようとしない蔵元もいます（輸出ゼロ）。

また仮に、そのハードルを乗り越えても、蔵元の酒造りの方針が輸出するかしないかに重要な影響を与えます。たとえば、近年増えている蔵元杜氏、自社栽培米や生酛造りのみで醸造するような蔵元の石高は一般に少ないため、輸出に回す余地は乏しいでしょう（国内重視派）。他方、蔵元が海外に展開しやすい製品を意識して開発し、国際コンクールにも果敢に挑戦するとき、積極輸出派となります。

輸出先の上位を大別すると北米（米国とカナダ）とアジア（香港、中国、韓国、台湾、シンガポールなど）が上位を占めます。では、地域別の違いはあるでしょうか。

統計分析を行った結果、見えてきたのは創業年と輸出地域との関係でした。創業年が新しい蔵ほどアジアへの輸出確率が増え、北米への輸出確率は減ります。つまり、老舗ほど北米に向けて輸出し、新興蔵元ほどアジアに輸出しています（図10・2）。

また「県産酵母を使っているか否か」も輸出に対して影響を与えており、使っている場合にはアジア輸出の確率が高く、北米輸出の確率が低いという関係が確認できました。そして、新製品開発に力を入れている蔵ほどアジアに輸出しています（図10・2）。

古くから開拓されてきた北米市場に老舗蔵元が比較的オーソドックスな製品を輸出しているのに対し、アジアは新興市場であり、新しい蔵元が個性を競う製品を輸出しているという構図があります。

これからの日本酒の主な舞台は国際コンクールの多くが開催される欧州となるでしょう。輸出量でも北米、アジア、欧州がそろい踏みするとき、日本酒の真の世界化が現実のものとなるでしょう。

日本酒のさらなるグローバル化の課題は、日本料理という壁を乗り越えることです。和食の枠内に留まる限り、浸透度の高まりは望めません。特に、今後、最大の輸入国となると予想される中国での中華

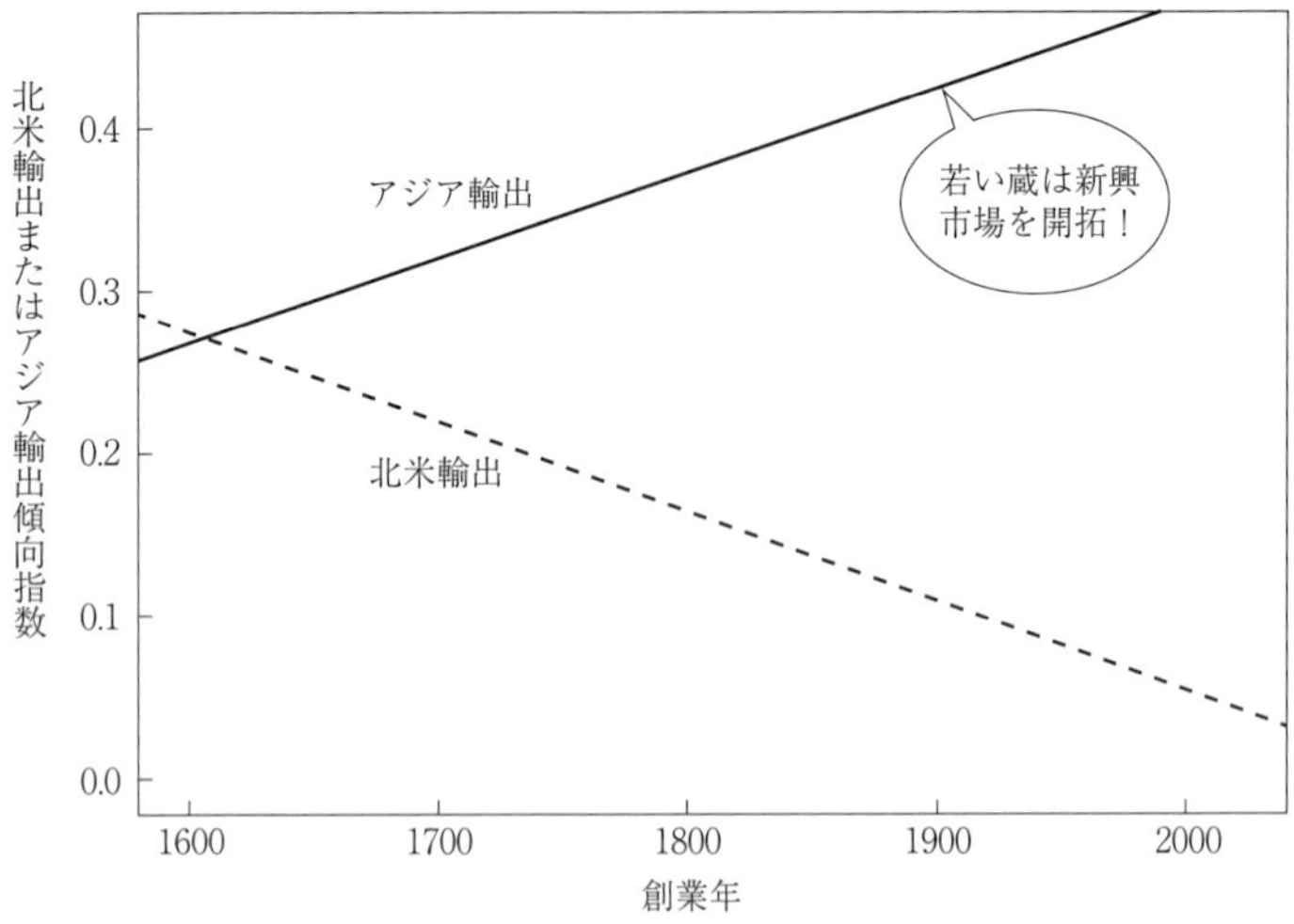

図 10.2　創業年と輸出先との関係

出典：都留（2020）。

料理とのペアリングや、発信力の高い欧米の主要都市の一流の現地料理レストランにどの程度浸透できるかが勝負です。

その鍵を握るのは、各国料理や食材とのペアリングの追求です。たとえば、生の魚介類は、ワインに含まれる二価鉄イオンや亜硫酸が魚介類の酸化を促し生臭くさせるためワインとの相性は実はよくないのです（田村二〇一〇、藤田二〇一二）。

日本では「魚離れ」が長らく水産業にとっての課題となっていますが、世界では魚の消費量が増加し続けています。これは日本酒にとっての大きなチャンスです。あらゆる食材と日本酒とのペアリングの良さを積極的に打ち出すことが必要です。

3　ビールのグローバル化
——大手三社の輸出と海外生産

ビールは高い鮮度によって品質を保つ商材で

す。このため、近隣国には輸出による対応が、遠方の市場には現地生産による対応がとられています。まず輸出の動向についてみてみましょう。

二〇〇四年以降の動向をみると、一時的な落ち込みはあるものの、増加が顕著です。特にリーマンショック後の二〇〇九年を底とした近年の伸びは急激であり、二〇〇九年から二〇二〇年まで二・二倍に増加しました。

国内のビール各社は、経済成長により所得の上昇するアジアを重要な市場と位置づけています。鮮度維持とメイド・イン・ジャパンによるブランド維持のため、韓国や台湾、シンガポールなど近隣のアジアには、中国などの工場からではなく地理的に近い博多港からの日本産の輸出によって市場を開拓しています。

特に韓国への輸出の増加は目覚ましいものがあります。二〇一九年の夏以降の外交関係の悪化にもかかわらず、二〇一九年に韓国への輸出額は四〇億円に達し、日本からのビールの輸出総額の四三・七％を占めました（ただし、二〇二〇年には五億円、〇・九％に激減しました）。韓国では近年、ビールの消費量が格段に増加しています。韓国国内では、低アルコールを好む若年層が増えていることや、女性のビール需要が高まっていることが要因となっています。こうした国内需要層の一部が、日本産ビールを嗜好しているのです。

以下では、アサヒ、キリン、サントリー大手三社のグローバル戦略をみながら、輸出と海外現地生産の動向を眺めましょう（伊藤ほか二〇一七）。

グローバル戦略の手段として、各社とも成長が見込まれる地域で、現地企業のＭ＆Ａを繰り返しています。Ｍ＆Ａのメリットは、世界で急速なスピードで進む企業集約化の流れに対応するため、一から事業を立ち上げるよりも、進出先での細かな規制や流通などを一挙に取得することができることにあります。時間を買うことで、グローバル戦略をスピーディーに進め、海外でのシェア獲得に力を入れるとともに、グローバルトップ企業との差を少しでも埋めようと努力しています。たとえば、アサヒは、二〇一六年以降、欧州の老舗ビールメーカーを次々と買収しています。

アサヒは、各国の市場に「スーパードライ」で切り込み、シェアの獲得を意識した経営戦略をとっています。現状では、全世界のなかでも、韓国、台湾、香港などの近隣アジア諸国・地域で健闘しています。特に韓国では、二〇一六年時点で推定シェア三％（金額ベース）で海外勢では首位にあります（伊藤ほか二〇一八）。

海外現地生産については、中国において、北京や深圳の工場で、アサヒブランドのビールを製造しています。中国市場では、近年の嗜好の多様化により味覚面でも「スーパードライ」のような洗練された味が受け入れられるようになってきました。

キリンは、国内酒類市場が縮小するなかで、海外市場にいち早く目を向けました。海外での販売量はすでに輸出：現地生産＝六：四となるなど、海外企業のM＆Aとそれによる現地生産は量的にも増加しています。いうまでもなく、現地生産は輸出には計上されません。

エリア的には、アジア、オセアニア地域に生産拠点をもちます。中でもアジアは有望な市場と位置付けており、フィリピンのサンミゲルや、ミャンマーのミャンマー・ブルワリーなどの現地企業に出資して生産を行っています。オセアニアでは、一九九八年に一〇〇〇億円でオーストラリアのライオンネイサン（現在のライオン）を買収して、現地生産を行っています。ライオンは、同国で四割のシェアをもつ有力企業で、キリンが本格的に海外M＆Aに踏み出すきっかけとなりました。

サントリーは徹底した輸出路線を敷いています。メイド・イン・ジャパンのブランドを重視しており、日本産「プレミアムモルツ」を輸出することで海外に攻め入っています。エリアは、東南アジアからハワイまでです。鮮度が生命線であるため、比較的狭い範囲にエリアを絞っています。すでに先進国・地域である韓国、台湾、香港、シンガポールは国全体を市場と捉える一方で、東南アジアは高所得者が比較的多い都市部をターゲットとしています。ちなみにM&Aについては、先述した通り米国のビーム社を買収しており、スピリッツ重視の姿勢がアサヒやキリンとは異なります（以上三社調査は筆者が二〇一五年一一～一二月に実施）。

ビールの海外展開の課題は、低価格帯では巨大ビールメーカーや現地メーカーが立ちはだかり、高価格帯では今後クラフトビールとの競合が避けられない、ということです。中国に次ぐ第二のビール消費国米国では、すでにクラフトビールが金額ベースで二〇％以上のシェアを占めています。この動きは、アジアの高所得地域にも早晩波及するでしょう。

4　ウイスキーのグローバル化――確立した国際評価と求められる品質確保施策

ウイスキーの輸出は、数量・金額とも一九九八年のピーク以降は減少を続けていましたが、二〇〇〇年代半ばに増加に転じました。二〇〇六年には酒類の輸出全体のうちウイスキーの占める割合は、金額ベースで八％弱（一〇億七〇〇〇万円）でした。その後輸出金額は増加を続け、二〇二〇年にはシェア三八％（二七〇億一一五〇万円）にまで伸張しています。なお、ウイスキーは、二〇一五年にビールを抜き日本酒に次いで二番目に高い輸出額となり、二〇二〇年には日本酒を抜きました

二〇〇四年以降のウイスキーの地域別輸出の変遷をみると、大きな変化がみてとれます。二〇〇〇年代中頃まではアジアへの輸出が九〇％超を占めていました。しかし、二〇〇〇年代後半からヨーロッパ、二〇一五年から北米への輸出が急激に上昇しました。アジアへの輸出の割合は金額では二〇一〇年から

五〇％を下回りました。欧米への輸出の伸びは、ハイボール・ブームによる国内消費の回復とは異なる要因によります。

二〇〇一年二月に英国のウイスキー専門誌『Whisky Magazine』が初めて開催したウイスキーコンテスト「ワールド・ウイスキー・アワード（WWA）」で、前年に販売を開始したニッカウヰスキーの「シングルカスク余市一〇年」が最高点を獲得しました。

その後、二〇〇三年にサントリー「山崎一二年」が「インターナショナル・スピリッツ・チャレンジ（ISC）」金賞を、二〇〇四年にはサントリー「響三〇年」がトロフィー（最優秀賞）を、それぞれ日本のウイスキーではじめて受賞しました。その後、WWA、インターナショナル・ワイン・アンド・スピリッツ・コンペティション（IWSC）、ISCのさまざまなカテゴリーで日本のウイスキーは受賞の常連となっています（各賞ウェブサイトより）。輸出の伸びは、このような国際的な受賞により海外で注目されたことが大きいのです。

実際、IWSRの調査によれば、二〇一六年の日本のウイスキーの国内消費は一二九〇万ケース（一ケース九リットル）、海外消費は四四万ケースで、二〇一一年からの年平均成長率は、海外では二四％と国内の七・八％を上回ります。国内消費量の五五％は「角瓶」で代表されるスタンダード・クラスで、それ以下のバリュー・クラスを合わせると九四％を占めます。対照的に輸出される日本のウイスキーの六四％がプレミアム・クラス以上で、明らかに海外向けは高級品です。

以下では、サントリーとニッカの戦略をみていきます。米国では、ビールとワインに続いてラム、ウォッカ、テキーラなどのホワイト・スピリッツを飲む人が多いです。その次に多いのがバーボンです。

日本のウイスキーに限定すると、米国市場シェアは一位のサントリーが六四％、二位のニッカが一四％です（二〇一六年）。二〇一七年八月のニールセン・データでは、サントリーがシェアを伸ばして七〇

%を超えています。牽引しているのは「HIBIKI Japanese Harmony」と、二〇一六年五月に米国一五州・カナダ三州限定で販売をはじめたブレンデッド・ウイスキー「TOKI（季）」です。「TOKI」は二〇一七年三月からは米国全体で販売されており、価格帯は「HIBIKI Japanese Harmony」（六五ドル）より安い三五ドルで、プレミアム・クラスに位置します。欧州でも二〇一八年六月から英国、ドイツ、フランスで販売を開始し、今後エリア拡大を予定しています。英国での価格は三五ポンド（日本円で四〇〇〇円台）で、サントリーの価格帯を広げることに貢献しています。

サントリーによれば、米国市場において影響力が大きいのは、ミレニアル世代（一九八一年～一九九五年生まれ）、ヒスパニック、女性という三種類の消費者セグメントです。ミレニアル世代はスピリッツ消費の三五%を占め、ヒスパニックは人口成長率が高く、女性のスピリッツ消費は過去一〇年で大きく増加しています。特にミレニアル世代はクラフト製品を好み、日本食や日本酒・日本のウイスキーはこのトレンドと適合しているといいます。

「TOKI」のターゲットもミレニアル世代、ジェネレーションX（一九六五年～一九八〇年生まれ）の年配層で、飲み方としてハイボールを提案しています。そして、一部のバーにはTOKIハイボール・マシン、TOKIのロゴ入りのハイボール用ジョッキなどを提供し、二〇一八年後半には一リットル・ボトルの販売も開始して、プレミアム・クラスでの需要を拡大したいとのことでした（筆者による二〇一八年三月調査）。

フランスのウイスキー市場には、他の国とは異なる特徴が二点あります。第一に、「フランス人は家で飲む」ということです。二〇一一年に実施されたアンケート調査によると、フランス人の五八%は自宅でしかアルコールを消費しないと回答し、全体では家（自宅、家族宅、友人宅）で飲む人が八〇%、残り二〇%が外食でのアルコール消費です（JETRO二〇一六）。

第二に、日本のウイスキーの市場シェアは大部分の国でサントリーがトップでニッカが二位ですが、フランスだけは例外でニッカ一位（二〇一六年は八三％）、サントリーが二位（一一％）となっています。

フランスでニッカの市場シェアが高い理由のひとつとして、二〇〇七年からニッカのヨーロッパ代理店となったラ・メゾン・ド・ウイスキー（ＬＭＤＷ）の役割が大きいです。ＬＭＤＷは一九五六年に小売店として設立され、現在は輸入業、流通業、ヨーロッパ最大のウイスキー・イベント Whisky Live in Paris の主催、ウイスキー専門雑誌の創刊編集、製品開発も行っています。二〇一七年度の売上は一億四〇〇〇万ユーロで、年二〇～三〇％の成長を続けています。

ＬＭＤＷとニッカとの関係は、二〇〇〇年から二〇〇一年頃、当時取引していたスコッチのベン・ネヴィス蒸留所（ニッカ所有）の紹介でＬＭＤＷの社長が知り、ニッカ製品に魅力を感じたことがはじまりです。品質は言うまでもなく、「フロム・ザ・バレル」、「ピュアモルト」（ブラック、レッド、ホワイト）などの「イノベーティブでモダン」なパッケージにも好印象を持ったのです。

ＬＭＤＷは当初からフランスの日本人、日本料理店ではなく、フランス人、フランス料理店、バーへの販売を促進してきました。その結果、日本のウイスキー、特に「フロム・ザ・バレル」は消費者の平均年齢を下げて若い層に浸透するとともに、女性へのウイスキー人気にも貢献したということです。

彼らの言葉「日本のウイスキーを飲まずしてウイスキーを知ることはできない」の通り、フランスではまず日本のウイスキーでウイスキーを知り、飲み始めるという「スーパートレンディ」なポジショニングを得ました。この背景にはフランスにおける日本製品、日本食の人気もあったでしょうが、日本のウイスキーの品質や各社の販売努力も貢献したと思われます（筆者による二〇一七年三月調査）。

日本産ウイスキーの品質に対する海外の評価は高いです。事実、国際的に権威のある賞の受賞が輸出増加の契機となっています。

問題は供給能力です。製造から販売まで数年程度を要するウイスキーは、需要が急増しても対応することは困難です。しかし、需要の変化に対応が難しいのは、原酒の熟成に時間がかかるという製品特性の影響ばかりではありません。日本企業における垂直統合型の生産（モルトやグレーンも自社生産）が関係しています。

英国では、一三〇におよぶ蒸留所の原酒を、資本関係を超えて融通・交換してきた歴史があります。自社生産のみの日本に比べると、アウトソーシングを活用できる英国方式には柔軟性があり、需要や嗜好の変化に対応が容易です。

もちろん、日本でも新たな動きがあります。それは、新興ウイスキー蒸留所の新規参入です。江井ヶ嶋酒造（兵庫県「あかし」ブランド）、本坊酒造（長野県および鹿児島県の「マルス」ブランド）、ベンチャーウイスキー（埼玉県「イチローズ」ブランド）などを後追いして、小規模メーカーの新規参入が相次いでいます。

これは、ビールにおけるクラフトビールと似た動きといえます。こうした動きは、垂直統合方式の大手メーカーを補完して、全体としての日本産ウイスキーの供給を確保するものです。ただし留意すべきは、確立した国際評価を毀損しないために、新規参入組の品質確保のための施策が必要だということです。日本洋酒酒造組合は国産ウイスキー「ジャパニーズウイスキー」の定義を初めて決め、日本国内で採取された水を使用するほか、国内での蒸留などの要件を定めました。二〇二一年四月一日から運用を始めたことは喜ばしい出来事です。

5　焼酎のグローバル化——容易ではない国際化への道

日本酒、ビール、ウイスキーの輸出が破竹の勢いであるのに対して、焼酎は後れを取っています。

二〇〇八年からの動向をみると、次のような特徴があります。ひとつは、本格焼酎の輸出数量は全体として二〇〇〇キロリットル台で増減を繰り返しています。もうひとつは、日本酒と比べると輸出金額の開きは年々増加しています。二〇二〇年には、酒類輸出に占める日本酒のシェアは三四％なのに対して、焼酎は一・七％にとどまりました。

輸出先としては、アジアが八割弱を占め最も多いです。次いで、米国を中心とした北米が二割弱と続きます。この二つの地域でほとんどを占めています。国・地域別にみると、中国が最も多く三割強を占めます。これに、香港と台湾を含めると五割弱を占め、高い割合を示しています。しかし、最近安定的に伸びている特徴的な市場はありません。

本格焼酎の現地生産は、主なもので八つの国・地域で行われています。しかし、日本の大手本格焼酎メーカーによる海外進出・現地生産は、現在行われていません。

以下では、霧島酒造（宮崎県）と三和酒類（大分県）の戦略を取り上げます。霧島酒造の海外戦略は、製品を輸出する方式であり、海外での現地生産方式ではありません。これは、地域の歴史的伝統や文化から生まれた日本固有の蒸留酒として自社の本格焼酎製品の価値を磨き、国酒として国際的な事業展開を図る、という同社の考え方によっています。基本理念は、「日本のこの地域でしか、この会社でしか造れない」製品づくりということとあります。

輸出では海外二三か国・地域に出荷しており、金額的には三億円程度といわれます。地域別でみると、中国、マレーシア、米国が多いです。海外市場で特徴的なのは、主に日本の駐在員が住む地域のスーパーや、駐在員が通う居酒屋や日本食レストランを中心に、販売・消費されています。

現地市場には、その国や地域に歴史的に根付いた酒があり、独自の法的規制や食文化・飲酒習慣と、固有の消費生活文化が息づいています。たとえば、カリフォルニア州では、蒸留酒を販売できる免許

（ジェネラル・ライセンス）とワイン販売免許（ワイン・ライセンス）とが区別されています。

同社の製品は、カリフォルニア州では、ワイン・ライセンス扱いで「Soju」（韓国の焼酎）として二四度七五〇ミリリットルボトルで販売されています。これは、韓国がロビー活動を通じて勝ち取った成果で、Sojuをワイン・ライセンスしかもたない飲食店でも販売できるようにしました。このため、日本の焼酎もSoju表示をして販売されています。

また中国には、五〇度台の高濃度の蒸留酒である白酒があります。水で割ることなくストレートで飲まれています。あるいは韓国では「ＪＩＮＲＯ」など固有の韓国焼酎があり、甘い味付けで固有の味わいや風味を醸し出します。輸出された日本の本格焼酎は特にアジア市場では現地製品と比べて四倍から五倍といった高価格で販売されています。

日本の和食文化が世界に広がっていることを背景に、霧島酒造は日本文化と関連させて本格焼酎の認知度を上げることを目指しています。その上で、現地市場に通じている商社や販売店などからの提案を精査し、現地の消費者に受け入れられる飲み方の工夫や主力出荷商品の絞り込みなどを行っています。国によっては二五度製品を主力にし、他の国では二〇度製品を主力にしたり、容量もその国の一般的な酒瓶の大きさに応じて対応させたりしています（筆者による二〇一五年一一月調査）。

次に三和酒類をみましょう。同社の海外輸出は一九八二年メキシコ向けで始まりました。一九八六年には米国に輸出され、その後世界各国に輸出されるようになり、現在約三〇か国に出荷されています。国別にみると、中国が最も多く、次いで米国、そのあとにタイなどアジア諸国が続いています。当初同社の製品を海外でも飲みたいという在留邦人の声に応える形で、輸出は始まりました。その後、海外輸出量は海外の「日本人市場」の拡大とともに増えてきました。その背景には、日本食ブームとともに日本料理店が世界各地で多く出店するようになったという事情があります。

しかし、近年、米国を中心に輸出数量は横ばい傾向です。海外における「日本人市場」には一定の限界があるのです。そこで、三和酒類は、現地の市場開拓をもう一歩進めるために、最近では海外事業体制を整備しました。従来の日本から出張して海外営業を行うものから、現地の商習慣、嗜好、制度等に適応できる海外営業部体制へと移行したのです。

三和酒類の認識では、蒸留酒・スピリッツ分野において、スコッチウイスキー、ウォッカ、テキーラ等による国際競争が熾烈に行われています。また欧米では、スピリッツは主に食後酒としてバー等で飲まれたり、社交の場で飲まれたりしています。米国市場においては消費量は増加傾向にあります。

日本の本格焼酎は、日本食や洋食、中華料理等それぞれの食中酒となる製品と、欧米で標準的スタイルとなっている食後酒となる製品とに分けて、独自な製品開発が海外市場で求められています。

三和酒類の製品は、国際的評価を高めています。たとえば、ロンドンのＩＷＳＣで「いいちこスペシャル」が二〇一六年に最高賞を受賞しました。ニューヨークの Ultimate Spirits Challenge でも二〇一八年に「iichiko ＲＥＳＥＲＶＥ禅和二〇一八」が最高賞を受賞しました。これらの評価をてこに、三和酒類が目指すのは、バーや社交場等での需要です（筆者による二〇一六年四月調査）。その製品としての具体化が、四〇度以上に上げて食後酒であることを強調する「iichiko 彩天」です。

ここに霧島酒造と三和酒類の戦略の明確な相違をみてとることができます。一言でいえば、高品質の食中酒としての焼酎にこだわる霧島酒造と、食後酒としての焼酎を打ち出す三和酒類との違いです。

現地の蒸留酒製品と比べると、日本の本格焼酎は高価格です。現地の消費者に高価格製品として認められ消費してもらうためには、日本の歴史的伝統文化に彩られた生活嗜好品であることを印象づけ、知名度の向上をはかる必要があります。しかし、これに焼酎は成功していません。

既存の「日本人市場」「駐在員市場」を乗り越えるには、バーを攻めるのは正しい選択です。しかし、カクテルのベーススピリッツでは、ジンなどとの競争が厳しすぎます。かといって、ウイスキーと真っ向勝負も厳しいのです。

参考になるのは、サントリーによる欧米のバー向けのウイスキー「ＴＯＫＩ」ハイボールの提案です。長期貯蔵した焼酎は、ウイスキーに似ているし、黒糖焼酎をブレンドすれば、自然な甘みが加わるでしょう。焼酎の国際化は容易ではありません。しかし、ウイスキーの成功に学ぶことが大事だと思われます。

6　グローバル化の先にあるもの

以上、酒類別にグローバル化の動向を分析してきました。グローバル化は「守り」から「攻め」に転ずべきです。その好例が日本酒の輸出パターンの変化です。第三次焼酎ブームに押し出された二〇〇三年頃からの第一次拡大期と、二〇一三年頃からの第二次拡大期とでは様相が異なることはすでに述べたとおりです。第二次拡大期には輸出単価の上昇が伴うプレミアム化を伴っています。国内消費が伸びないから海外に販路を求めるという「守り」の発想は転換すべきです。

「攻め」の発想とは、㈠海外料理とのペアリング、㈡海外の主流製品との「味の差別化」、㈢日本料理の多様性の強調です。

和食に日本酒が合うという発想は凡庸で、これでは和食拡大の上限が日本酒輸出の上限を画するに過ぎません。現地料理、特に世界三大料理（フレンチ、中華、トルコ）とのペアリングの追求が求められます。日本酒があらゆる食材と相性がいいことはすでに述べました。特に世界的に需要が増す魚料理とのペアリングを追求すべきです。

ジャパニーズウイスキーは主流派のスコッチウイスキーと「味の差別化」ができています。だから国際コンクールでの受賞が多いのです。日本のビールも世界的ブランドである「バドワイザー」「ハイネケン」「カールスバーグ」とは異なる味です。ライトでありながらコクがあります。その違いをもっと強調すべきです。

日本料理の完成形態は茶事の懐石料理といわれます。それは、飯、汁、向付にはじまり、日本酒を伴いながら、煮物や焼物などを経て菓子に至るフルコースです。その酒は日本酒以外にあり得ません。しかし、明治維新以降、西洋料理の一部を取り込みながら日本料理は多様化してきました。カレー、とんかつ、コロッケなどの「洋食」が独自に進化しました。筆者の見解では、「洋食」は西洋にはない立派な「和食」です。日本の懐石料理が日本酒を、西洋料理のフルコースがワインを不可欠とするなら、明治以降の日本料理に伴うお酒は多様です。日本酒はいうまでもなく、ビール、焼酎、ウイスキーの水割りやハイボールなど「何でもあり」なのです。

この広い意味での日本料理とお酒の多様性をそのまま海外に発信すればよいのです。このような多様な料理とお酒のペアリングは海外にはない日本の独自性であり強みにほかならないからです。

引用・参考文献

伊藤秀史・加峯隆義・佐藤淳・中野元・都留康「日本の酒類のグローバル化――事例研究からみた到達点と問題点」一橋大学経済研究所、二〇一七年（Discussion Paper Series A No.657）。
伊藤秀史・佐藤淳・都留康「日本の酒類のグローバル化――輸入側・最終消費の実態分析」一橋大学経済研究所、二〇一八年（Discussion Paper Series A No.677）。
国税庁課税部酒税課「令和三年三月　酒のしおり」（二〇二二年二月三日最終閲覧、http://www.nta.go.

jp/taxes/sake/shiori-gaikyo/shiori/2021/index.htm）。

ＪＥＴＲＯ『フランスへの日本酒の輸出ガイドブック』二〇一四年（二〇一六年改訂）。

田村隆幸「ワイン中の鉄は、魚介類とワインの組み合わせにおける不快な生臭み発生の一因である」『日本醸造協会誌』一〇五巻三号、二〇一〇年、一三九〜一四七頁。

都留康「日本酒の世界化が進んでいる！」『dancyu』二〇二〇年三月号。

都留康『お酒の経済学――日本酒のグローバル化からサワーの躍進まで』中央公論新社、二〇二〇年。

内閣府『経済財政白書』二〇〇四年。

藤田晃子「白ワインと清酒のシーフードとの相性――亜硫酸が生臭いにおいと不快味の生成に及ぼす影響」『日本醸造協会誌』一〇六巻五号、二〇一一年、二七一〜二七九頁。
＊本文中で紹介した聞き取り調査結果は伊藤ほか「日本の酒類のグローバル化――事例研究からみた到達点と問題点」一橋大学経済研究所、二〇一七年（Discussion Paper Series A No.657）の要約である。

ブックガイド

＊坂口謹一郎『世界の酒』岩波書店、一九五七年。

本書は応用微生物学の世界的権威である坂口謹一郎博士（新潟県上越市出身）が一九五〇年から五一年にかけて欧米諸国を視察した記録です。ワイン、ビールにはじまり、ウォッカ、紹興酒、白酒まで網羅しています。また、自然科学者でありながら、歌人でもある博士の文章には教養に裏打ちされた深い味わいがあります。『日本の酒』（坂口謹一郎、岩波書店、二〇〇七年）は他章の著者が推薦するかもしれないので、あえて『世界の酒』にしました。

＊麻井宇介『ワインづくりの思想』中央公論新社、二〇〇一年。
本書は日本ワインの先導者・麻井氏の最後の著作です。ウイスキー造りからはじまり、すべての酒類に通暁し、多くの若手を育成し、しかも多数の著書を残した麻井の姿勢や業績から学ぶべき点は大きいです。

＊都留康『お酒の経済学——日本酒のグローバル化からサワーの躍進まで』中央公論新社、二〇二〇年。
拙著は日本の酒類の生産から消費までを、経済学と経営学の視点から分析しています。なお、本章は同書第六章「グローバル化——現状と課題」に大幅な加筆修正を加えたものです。

第一一章　日本酒と税

小坂井博

我が国において酒類は伝統的・文化的に重要な産品であると同時に、貴重な財政物質でもあります。近代以前より酒類の製造や流通に対して一定の税負担が課されてきたところですが、それは、二一世紀の今日でも違いはありません。

本章では、我が国における酒類に対する税の概要や酒税が財政に占める寄与について説明していくこととします。

1　税法における酒類

酒類に関する法令上の規定は、酒税法をはじめとして租税特別措置法、酒類業組合法等により定められています。以下、これらの法令をまとめて税法と呼ぶこととしますが、税法において酒類はどのように定義されているのでしょうか。

税法上の酒類はアルコール分一度以上の飲料と定義されています。ただし、溶解してアルコール分一度以上の飲料とすることができる粉末状のもの（粉末酒と呼ばれるものです）も含みます。栄養ドリンク等で成分にアルコールが含まれるものがありますが、アルコール分一度未満であれば酒類には該当せず、したがって課税もさせません。

税法上の酒類は、四つのカテゴリーに分類されます。第一のカテゴリーは発泡性酒類です。この中にはビール、発泡酒、いわゆる新ジャンルと呼ばれる第三のビールが含まれます。令和二（二〇二〇）年の一〇月より新ジャンルの第三のビールが増税になったとマスコミ等で報道されていますが、実際は同時にビールや麦芽比率の高い発泡酒が減税となっています。これは、発泡性酒類間の税率格差を解消することが目的であり、令和八（二〇二六）年一〇月には発泡性酒類の税率は一本化されることとなっています。

第二のカテゴリーは醸造酒類です。これは、穀物や糖類の発酵により醸造された酒類です。この中には清酒、果実酒（ワイン等）が含まれます。

第三のカテゴリーは蒸留酒です。これは、醸造酒を蒸留して製造された酒類です。この中には焼酎、ウイスキー、ブランデー等が含まれます。

最後のカテゴリーは混成酒類です。これは、醸造酒や蒸留酒に香料や糖類を混和して製造された酒類です。この中にはみりん、甘味果実酒、リキュール等が含まれます。

それでは、本書の主役である清酒の定義を見ていくことにしましょう。清酒は、次に掲げる酒類でアルコール分が二二度未満のものをいいます。一つ目は、米、米こうじ及び水を原料として発酵させて、こしたもの。二つ目は、米、米こうじ、水及び清酒かすその他副原料（アルコール、焼酎、ブドウ糖等）を原料として発酵させて、こしたもの。ただし、副原料の使用量は米の重量の五〇％以下であるもの。三つめは、清酒に清酒かすを加えて、こしたものです。

この定義は、平成一八（二〇〇六）年の税制改正で見直されたものであり、醸造酒としての位置づけを明確にする観点から、アルコール分の上限を設定し（本来、アルコール発酵だけでアルコール分二〇度以上の酒類を製造することは困難ですが、アルコールを添加することで、アルコール度数の高い清酒を製造することは可能です）、副原料の使用割合を制限するとともに、副原料の範囲から米に由来しない麦、あわ、とうもろこし等を除外したものです。

さて、筆者はここまで「清酒」という用語を使用し、「日本酒」という呼び方をしてきませんでした。というのも、税法上、「清酒」と「日本酒」の定義が別のものだからなのです。「清酒」の定義は前述のとおりですが、「日本酒」は国税庁長官が指定した地理的表示であり、清酒のうち原料米に国産米のみを使用し、かつ、日本国内で製造されたものでなければ、その名称を使用することが許されないのです（意外に思われるかもしれませんが、清酒は日本以外でも製造されています）。

ちなみに地理的表示制度とは、酒類や農産品において、ある特定の産地ならではの特性が確立されている場合に、当該産地内で生産され、一定の生産基準を満たした商品だけが、その産地名を独占的に名乗ることができる制度です。清酒に関しては、「日本酒」の他に、「白山」（石川県白山市）、「山形」（山形県）、「灘五郷」（兵庫県神戸市の一部、芦屋市、西宮市）、「はりま」（兵庫県姫路市、相生市、加古川市等）、三重（三重県）、利根沼田（群馬県沼田市等）、萩（山口県萩市等）、山梨（山梨県）、佐賀（佐賀県）、長野（長野県）が地理的表示として指定されています。

それでは次に、清酒の中で特定の原材料や製造方法を使用した場合に表示することができる、特定名称酒についての定義を見ていくことにしましょう。

まず、特定名称を表示するためには、こうじ米の使用割合が一五％以上でなくてはなりません。こうじ米とは、白米にこうじ菌を繁殖させたもので、白米のでん粉を糖化させることができるものをいいます。酒造りに使用するその他の米を掛米といいますが、掛米はこうじ米のこうじ菌により徐々に糖化され、酵母によりアルコール発酵していきます。

特定名称酒には大きく三つのカテゴリーがあります。まず、第一のカテゴリーは吟醸酒です。吟醸酒は、使用原料に認められるのが、米、米こうじ、醸造アルコールだけです。吟醸酒といえば高品質であることをご存じの人は、アルコールを添加しても許されるのかと驚くかもしれませんが、醸造の際にアルコールを添加すると、香り高くすっきりした味になると共に、清酒の香味を劣化させる乳酸菌の増殖を防止する効果があります。ただし、特定名称酒に使用できる醸造アルコールの重量は、白米の重量の一〇%以下に制限されています。

次に、吟醸酒の精米歩合は六〇%以下でなければなりません。精米歩合とは、白米のその玄米に対する重量の割合をいい、精米歩合六〇%というときは、玄米の表層部を四〇%削り取って、酒造りには六〇%しか使用しないことをいいます。玄米を半分近く削ってしまうため、粒の小さい米では精米の途中でバラバラに砕けてしまいます。そこで、精米に耐えうる粒の大きな米を酒造りでは使用します。こうした粒の大きな米を酒造好適米といい、山田錦、五百万石などが有名です。

更に、吟醸酒の要件として、吟醸造りであること、固有の香味があること、色沢が良好であることが必要です。吟醸造りとは、よりよく精米した白米を低温でゆっくり発酵させ、かすの割合を高くして、特有な芳香を有するように醸造することを言います。これらの条件を満たしたものが、吟醸酒と表示されることとなるのです。

なお、吟醸酒の中でも、精米歩合が五〇%以下であり、固有の香味、色沢が特に良好なものについては、大吟醸酒と表示することができます。

特定名称酒の第二のカテゴリーは純米酒です。純米酒では、使用原料に米と米こうじしか使用できません。また、香味、色沢が良好である必要があります。純米酒のうち、精米歩合が六〇%以下又は特別な製造方法を使用したもので、香味、色沢が特に良好なものは、特別純米酒と表示することができます。

第三のカテゴリーは本醸造酒です。本醸造酒の場合、使用原料は米、米こうじ、醸造アルコールであること、精米歩合は七〇％以下であること、香味、色沢が良好であることが必要です。本醸造酒のうち、精米歩合が六〇％以下又は特別な製造方法を使用したもので、香味、色沢が特に良好なものは、特別本醸造酒と表示することができます。

更に、吟醸酒と純米酒の両方の要件を満たすものは、純米吟醸酒と、大吟醸酒と純米酒の両方の要件を満たすものは、純米大吟醸酒と表示することができます。

2　酒税の制度の概要

税が課されるために必要な要件を、課税要件と言います。課税要件には、納税義務者（租税債務を負担する申告・納税を行う者）、課税物件（課税の対象とされる物・行為又は事実）、課税標準（税額を算出するための課税物件の金額、数量等）、税率（税額を算出するために課税標準に対して適用される比率）などが含まれます。租税法の基本原則である租税法律主義においては、課税標準は法律で規定されなければならず、これを課税要件法定主義といいます。

それでは、酒税の課税要件を見ていくことにしましょう。酒税の納税義務者は、酒類の製造者と酒類を保税地域から引き取る者です。酒類を保税地域から引き取る者とは、海外から酒類を輸入する業者等を指し、酒類を引き取った時点で納税義務が発生します。

酒税の課税物件は、いうまでもなく酒類です。酒税の課税標準は、酒類の製造場から移出し、又は保税地域から引き取る酒類の数量です。酒税の税率は、酒類の種類に応じて定められています。清酒の場合は、一キロリットル当たり一一万円になります。前述した発泡性酒類の税率変更に隠れてしまっていますが、清酒も令和二（二〇二〇）年一〇月に税率が変更され、それまでの一キロリットル当たり一二万円から減税になっています。これは、発泡性酒類の場合と同様に醸造酒類についても税率格差を解消しようとするもので、同じ醸造酒類の果実酒は、一キロリットル当たり八万円から九万円に増税になりました。令和五（二〇二三）年一〇月には清酒、果実酒共に一キロリットル当たり一〇万円に税率が統一されることになっています。

酒税の申告と納税ですが、酒類製造者の場合は酒類を移出した月の翌月末日までに税務署に申告書を提出し、酒類を移出した月の末日から二月以内に納税をしなければなりません。保税地域からの酒類の引き取り者の場合は、引取の際に税関に申告と納税をしなくてはなりません。なお、酒類の製造者の場合、複数の製造場を有している場合がありますが、その場合は、製造場ごとに申告・納税を行う必要があります。

さて、酒税にはいくつかの特徴があります。第一に、間接税であることです。間接税は納税義務者と実際に税を負担する担税者が異なっている税です。所得税のような直接税の場合は、自分が獲得した利益（所得）の一部を納税することになりますので、納税義務者は担税者となりますが、間接税の場合は納税者と担税者がイコールにはなりません。前述のとおり、酒税の納税義務者は酒類の製造者と保税地域からの引き取り者ですが、税を彼ら自身が負担するわけではありません。納税義務者が支払った税金は、販売価格に上乗せされて酒類販売業者等に販売されます。販売業者は最終消費者への販売価格に税金分を上乗せします。結果として、酒税を実際に負担するのは、我々のような酒類の最終消費者ということになります。間接税は、直接税より歴史が長く、納税義務者が限られていることから、納税者管理が簡単で、徴税コストが少ないというメリットがある反面、担税者に対するきめ細かい配慮をすることができないというデメリットもあります（例えば、直接税の場合、低所得者に対してのみ減税することは可能ですが、間接税の場合は困難です)。

第二の特徴は移出時課税であることです。酒税の課税のタイミングとしては、移出時の他に製造時も考えられるのですが、酒類を製造したからといって直ちに販売されるわけではありませんので、製造時課税の場合は、酒類を販売し、酒税額を回収するまでタイムラグがあり、その間製造業者が酒税を負担しなければなりません。しかし、移出時課税であれば、概ね酒類が販売された時点で課税が行われますので、製造業者の負担は少ないことになります。なお、酒類を移出することなく、製造場で飲んでしまった場合も、酒類を移出したとみなされて課税されます。言ってみれば、酒類が胃袋の中に移出されたということになるのでしょうか。

第三の特徴は嗜好品に対する課税であることです。嗜好品は生活必需品というわけではなく、極論すれば無くても困らないものです。それ故に、同じ間接税でも消費税の場合とは違って、増税に対して社会は比較的寛容です。それどころか、酒類の場合、長期間大量飲酒を行えば、精神的、身体的なダメージを被ることもあることから、増税によって酒類の消費が減少することは、国民の健康増進に資するとする考えもあります。その一方で、嗜好品課税は、景気により税収が左右されにくく、安定した税収が見込まれるという特徴があります。一旦、嗜好品の良さを知ってしまえば、それを手放すことはなかなかできないということは、酒類に対する筆者自身の経験からもよくわかります。

第四の特徴は、酒類の製造・販売に対して免許制度が採られ、免許を得た者だけに酒類の製造、販売を許可していることです。酒類の製造免許は、一年間に製造しようとする酒類の見込み数量が一定量に達しない場合(清酒の場合は六〇キロリットル)は与えられません。また、税務署長は、製造・販売共に人的要件、場所的要件、経営基礎要件、需給調整要件、技術・設備要件に該当する場合は、免許を与えないことができます。人的要件は、免許の申請者が禁固以上の刑に処せられてから三年を経過していない場合や、二年以内に国税や地方税の滞納処分を受けた場合です。場所的要件は、正当な理由がないのに取締り上不適当な場所に製造場や販売場を設けようとする場合です。経営基礎要件は、その経営の基礎が脆弱であると認められる場合です。需給調整要件は、酒税の保全上酒類の需給の均衡を維持する必要があると認められる場合です。技術・設備要件は、酒類製造のための技術や設備が不十分と認められる場合です。

なお、酒類の製造免許を受けないで酒類を製造した者は、一〇年以下の懲役又は一〇〇万円以下の罰金に、また、酒類の販売業免許を受けないで酒類の販売をした者は一年以下の懲役又は五〇万円以下の罰金に処せられることがあり、罰則も厳しいものとなっています。

酒類の製造・販売に免許制度が採られているのは、国民の健康と衛生の維持ならびに酒税の保全のためとされています。酒税の保全のために、納税義務者である酒類の製造者だけでなく、販売者にも免許制度が採られているのは、酒税の確保には酒類製造者が販売した酒類の代金が確実に回収される必要があり、そのためには経営面で脆弱な販売業者を取引から排除する必要があるからです。

免許制度により、酒類の製造・販売業への参入に制限を加えていることは、職業選択の自由を規定した憲法二二条に抵触しているのではないかとの考え方があり、訴訟も提起されています。最高裁判所の判例では、免許制度について、立法府の裁量の範囲を逸脱するもので、著しく不合理であるということはできないとして、今のところ合憲とされています。

3　国家財政上の酒税

国税としての酒税は、明治四年の清酒、濁酒、醤油醸造鑑札収与並収税法規則の制定に始まります。

もちろん、江戸時代以前にも酒類に関する税は存在していましたが、幕藩体制においての藩は一種の独立国のようなものでしたから、酒類に関する税は全国バラバラであり、明治維新を期して改めて国税として誕生したわけです。

明治時代において、酒税（当時は酒造税）は地租と共に車輪の両輪として国家財政を支え続けました。明治三二（一八九九）年には酒造税の国税に占める割合は三五％を超え、地租を抑えて税収第一位となっています。その後、地租に税収第一位を譲ることもありましたが、明治四二（一九〇九）年から大正六（一九一七）年まで税収第一位の位置に返り咲きました（国税庁「2　国税の第一位へ」）。なお、この当時、酒造税を逃れようとする酒類の密造者や密輸者に対する取り締まりは苦労が多く、犯則調査の過程で職員が暴行を受けたり、場合によっては殉職したりすることもありました。

大正時代に入ると、地租は所得税にその位置を取って代わられていきますが、酒造税の立場は変わらず、大正七（一九一八）年に税収第一位の位置こそ所得税に譲りますが、その後も基幹税として戦前の我が国の財政を支え続けました。

戦後、我が国の税制は直接税中心に転換し（なお、平成元年に消費税が導入されて以降、直接税中心主義は見直されていきます）、経済発展に伴い、所得税、法人税の収入が増加したことから、酒税の国税に占める割合は低下していき、平成三〇（二〇一八）年度においては、国税の二％を占めるに過ぎません。しかし、税収額は一兆二七五一億円に及んでおり、我が国の財政に対する貢献は決して少なくはありません。酒類の財政物資としての重要性は、二一世紀においても引き続き維持されていくのではないでしょうか。

4　酒類及び清酒の課税数量の傾向

我が国の酒類の課税数量のピークは平成一一（一九九九）年度で、一〇一七万キロリットルの酒類が移出されましたが、平成三〇（二〇一八）年度の課税数量は八六八万キロリットルで、ピーク時より一五％減少しています。中でもビールの課税数量は平成一一年度の五八二万キロリットルから平成三〇年度の二四八万キロリットルへと半分以下に減少しています。これは、発泡酒や第三のビールにシェアを奪われた影響が大きいと考えられます（国税庁課税部酒税課「令和二年三月　酒のしおり」二頁、三九頁）。

酒類の課税数量の減少の理由としては、我が国の総人口が減少していること、成人人口の高齢化により飲酒量が減少したこと、若い世代の飲酒離れの傾向等が考えられ、一人当たりの酒類消費数量も、平成以降としては、ピークである平成四年度の一〇八リットルと比べると、平成三〇年度には七九リットルと二割以上減少しています（国税庁課税部酒税課「令和二年三月　酒のしおり」二頁）。

それでは、本章の主役たる清酒の課税数量の傾向を見てみましょう。平成一一年度の清酒の課税数量は一〇六万キロリットルでしたが、平成三〇年度には四九万キロリットルと半分以下に減少しています。清酒の課税数量のピークは昭和四八年度の一七七キロリットルですから、それと比べると平成三〇年度は七割以上の減少ということになります（国税庁課税部酒税課「令和二年三月　酒のしおり」三頁、三九頁）。

かつて我が国において酒類といえば清酒を指していました。ビールの課税数量が清酒を超えたのは昭和三〇年代に入ってからです。昭和四〇年代においても、清酒の酒類の中に占める割合は三割を超えていました。しかし、その後、清酒の酒類に占める割合は減少し続け、平成三〇年度においては、五・六％を占めるに過ぎません。清酒業界にとって、現在は非常に厳しい時代であると言わざるを得ません

（国税庁課税部酒税課「令和二年三月　酒のしおり」三九頁、国税庁「四　戦後の酒と酒税」）。

そんな中で、清酒のタイプ別の課税数量も近年変化が見られます。清酒の中で特定名称酒の占める割合が、平成二〇（二〇〇八）年度には二八％であったのが、平成三〇年度には三六％に上昇しているのです。ただし、特定名称酒の課税数量自体は、平成二〇年度と三〇年度とで大きく変化をしているわけではありませんので、特定名称酒以外の普通酒の減少により、相対的に特定名称酒の占める割合が増加したとも言えます（国税庁課税部酒税課「令和二年三月　酒のしおり」四五頁）。

しかし、前述したように、特定名称酒は原料や製法が吟味された高級酒です。清酒業界は、この厳しい時代を、清酒の量から質への転換と高付加価値による利益の確保によって乗り切ろうとしているのかもしれません。

5　清酒の容器や包装の表示事項

清酒の容器や包装には清酒の銘柄等の他にも様々な内容が記載されています。これらの記載は、酒税の検査取締上の必要性や酒類の取引の円滑な運行及び消費者の利益に資するために表示されているものです。それでは、記載内容を見てみましょう。

まず、必ず記載しなければならないものが、以下の事項です。（一）製造者名、（二）製造場の所在地、（三）内容量、（四）品目（清酒の場合はもちろん「清酒」と記載されますが、要件を満たしていれば（第一節参照）「日本酒」と記載することができます）、（五）アルコール分、（六）原材料名（使用した原材料を使用量の多い順に記載します。特定名称酒については精米歩合も記載します）、（七）製造時期、（八）保存又は飲料上の注意（加熱処理をしないで出荷する場合に記載します）、（九）原産国名（輸入酒の場合に記載します）、（一〇）外国製清酒を使用したものの表示（外国産清酒を使用して製造した場合に記載します）、（一一）二〇歳未満の者の飲酒は法律で禁止されている旨の表示（「お酒は二〇歳になってから」等の記載です）。

次に、清酒の容器や包装等に記載してもよい項目は、以下の事項です。（一）原料米の品種名（表示しようとする原料米の使用割合が五〇％を超えている場合に、使用割合と併せて表示できます）、（二）清酒の産地名（その清酒全部がその産地で醸造された場合に表示できます）、（三）貯蔵年数（一年以上貯蔵した場合に、一年以下の端数を切り捨てた年数を表示できます）、（四）原酒（製成後、水を加えてアルコール分などを調整しない清酒に表示できます）、（五）生酒（製成後、一切加熱処理をしない清酒に表示できます）、（六）生貯蔵酒（製成後、加熱処理をしないで貯蔵し、出荷の際に加熱処理した清酒に表示できます）、（七）生一本（一つの製造場だけで醸造した純米酒に表示できます）、（八）樽酒（木製の樽で貯蔵し、木香のついた清酒に表示できます）、（九）「極上」、「優良」、「高級」等品質が優れている印象を与える用語（自社に同一の種別又は銘柄の清酒が複数ある場合において、品質が優れているもので、使用原料等からそれを客観的に説明できる場合に表示できます。また、他社の清酒と比較するために使用することはできません）、（一〇）受賞の記述（国、地方公共団体等の公的機関から受賞した場合に表示できます）、（一一）有機農畜産物加工酒類の表示（有機農畜産物加工酒類の製造等の要件を満たしている場合に表示できます）、（一二）原材料に有機農畜産物を使用した旨の表示、（一三）「日本酒」等の地理的表示（第一節参照）。

逆に、清酒の容器や包装等に記載してはいけない項目が以下の事項です。（一）清酒の製法、品質等が業界において「最高」、「第一」、「代表」等最上級を意味する用語、（二）官庁御用達又はこれに類似する用語、（三）特定名称酒以外の清酒について特定名称に類似する用語。

このように清酒の容器や包装の表示事項から様々な情報を読み取ることができます。皆さんも清酒を購入する際には、表示事項を参考にしてみてはいかがでしょうか。

引用・参考文献

金子宏『租税法』第二三版、弘文堂、二〇一九年。

国税庁（二〇二二年二月三日最終閲覧、https://www.nta.go.jp/）。

国税庁「二　国税の第一位へ」（二〇二二年二月三日最終閲覧、https://www.nta.go.jp/about/organization/ntc/sozei/tokubetsu/h21shiryoukan/03.htm）

国税庁「四　戦後の酒と酒税」（二〇二二年二月三日最終閲覧、https://www.nta.go.jp/about/organization/ntc/sozei/tokubetsu/h22shiryoukan/05.htm）

国税庁課税部酒税課「令和二年三月　酒のしおり」（二〇二二年二月三日最終閲覧、https://www.nta.go.jp/taxes/sake/shiori-gaikyo/shiori/2020/pdf/200.pdf）

ブックガイド

書籍としてまとまっている適当なものはありませんが、興味のある読者は国税庁ウェブサイトの「お酒に関する情報」（二〇二二年二月三日最終閲覧、https://www.nta.go.jp/taxes/sake/index.htm）を参照してみて下さい。「酒のしおり」（二〇二二年二月三日最終閲覧、https://www.nta.go.jp/taxes/sake/shiori-gaikyo/shiori/01.htm）もそこで見ることができます。

コラム6

酒粕と健康

柿原嘉人・佐藤茉美

古くから日本で親しまれてきた酒粕

酒処である新潟のスーパーでは、新酒の季節が訪れると、袋いっぱいに詰められた〝白い固形物〟が冷蔵品売り場に所狭しと並び始めます。新酒の華やかな香りが残るできたばかりの酒粕です。その酒粕をふんだんに使った粕汁は、冷えた体を温めてくれる冬のごちそうです。遥か遠い万葉の時代にも日本人が酒粕を摂取していたことを物語る歌が残っています。

風まじり雨降る夜の　雨まじり雪降る夜は
術もなく　寒くしあれば　堅塩取りつづしろひ　糟湯酒　うちすすろひて　咳《しは》ぶかひ　鼻びしびしに　しかとあらぬ　……

山上憶良は万葉集の『貧窮問答歌』で、風が吹き雨や雪が叩きつける寒い冬の夜に、塩を舐めながら、酒粕を湯で溶いた〝糟湯酒〟を啜り、風邪をひきかけた体を温めている貧しい庶民の様子を歌にしました。

酒粕は、もろみを絞って清酒を得た後に残る醸造副産物です。絞り〝カス〟とはいいますが、麹菌や酵母による米の発酵によって作られたタンパク質、ビタミンB群やミネラルなどをはじめとする栄養成分が豊富に含まれています。酒粕が食品として優れている点として、例えば、酒粕一〇〇グラムで一日に必要な葉酸が摂取できます。葉酸は、私たちの体に必要な核酸やアミノ酸の素になります。先人達が酒粕を積極的に飲食してきたことは栄養学的にも理にかなっていたと言えるかもしれません。

また、江戸時代には、酒粕を使った料理が家庭や居酒屋でもふるまわれ、特に粕漬けは、冷蔵庫のない時代にキュウリやナスといった野菜、鮎や鮭などの魚を長期間保存するための知恵でした。季節の野菜や魚を酢や味噌で、ささっと和えるなます料理にも酒粕が使われていたとのことです。

江戸前寿司に欠かせない酢飯づくりにも、酒粕は重要な存在でした。酒粕を熟成させ、酢酸菌の力を借りて発酵させると、粕酢《かすず》とよばれる琥珀のような色をした酢ができます。粕酢は、当時高価であった米酢に比べ、日本酒造りの余りものである酒粕を再利用するため安価で製造することができました。また、独特の風味と甘みがあることから、江戸前寿司の酢飯づくりに好んで用いられていたようです。

酒粕に多く含まれるアミノ酸はうまみやコクの元となります。酒粕は様々な形で食材の下処理や味付けに用いられることで、日本料理の味をより多様で豊かにしてきたのです。そして現在でも酒粕は、甘酒、粕汁や粕漬けとして親しまれています。

これに加え、日本酒が和食にとどまらず世界の様々な料理に合うように、酒粕も鍋やスープ、ケーキなどの幅広い料理や菓子作りに取り入れられるようになってきました。このように、酒粕は古くから日本人の食文化に根差してきた伝統的発酵食品の一つであり、多様化する私たちの食生活の中にも溶け込む柔軟性をもっています。

日本酒の醸造〝福〟産物である酒粕

現在、我が国において一年間に生産される清酒由来の酒粕の量は、約四万トンと言われており、ジャンボジェット一〇〇機分に相当する重量です。この大量の酒粕を有効利用していくことは、日本の伝統産業である清酒製造業を持続可能なものとして発展させていくためにもとても重要です。しかしながら、酒粕は市販に出回るほか、肥料や飼料用などとして安価に取引されているという実情もあります。

先ほども述べたように、酒粕は様々な栄養素を豊富に含んでいます。日本酒の主原料は米と水ですが、その残りかすである酒粕には食物繊維、タンパク質やビタミンB群が多く含まれています。これは、日本酒造りに欠かせない微生物である麹菌や酵母の存在そのもの、そしてこれらが米に含まれる成分を利用しておこなう発酵に由来します。醸造に用いられる酒米や微生物、さらには水の違いによって、多種多様な風味や栄養成分をもつ酒粕が生み出されると考えられます。酒粕は日本酒造りで生じる単なる副産物ではなく、それぞれの酒蔵やその蔵が根差す風土を反映する地域の財産であり、醸造〝福〟産物といえるかもしれません。日本酒と共に古来から人々の暮らしに根付いてきた酒粕のもつ魅力とは何かをいま一度問い直し、酒粕を高付加価値化することができれば、食品産業と結びつけることも可能となるでしょう。

再び、江戸時代の暮らしぶりをふり返ると、人々は酒粕を栄養豊富な食品や食材を長期保存する以外にも活用していたことをうかがい知ることができます。江戸時代の百科事典『和漢三才図会』には、酒粕に痛み止めの効果があり、傷の修復や骨折の治癒に役立つことが記されています。

基礎医学研究における実験や分析手法が発達した現代においては、痛みを引き起こす物質は何か、傷や骨折はどのようにして治るのかといった、体の中で起こっていることについて、説明できることが多くなってきました。また、食品についても、そこに含まれる多数の成分を分離し、何がどれだけ含まれているかを知るための分析化学の手法が日進月歩の発展をみせています。天然に存在する食材やそれらを利用して作られる食品の中には、その健康作用の解明がすすんだことで消費が拡大したり、含有成分を抽出して医薬品に役立てられる可能性が見いだされたものもあります。

このようにして、現代科学の知見や技術を通じて江戸時代の人々が見出したものを見つめ直し、酒粕がもつ健康効果の仕組みを詳しく解明することができれば、江戸時代の人々が経験則的に知っていた酒粕の価値を再発掘できるかもしれません。

酒粕による健康効果の研究

近年、酒粕による様々な健康効果が見出されはじめています。例えば、酒粕には高血圧抑制効果（一）やアレルギー症状の改善効果（二）があることが明らかになりつつあります。また、酒粕に含まれる麹菌由来のα-エチルグルコシドは、脂肪肝の抑制効果（三）や皮膚のコラーゲン産生促進効果（四）を示し、さらに、コウジ酸やトリリノレイン（五）はチロシナーゼの活性を抑え、肌のシミの原因となるメラニンの産生を抑制することが分かっています。

日本酒を適量飲むと気持ちをリラックスさせたり、コミュニケーションを円滑にする効果がありますが、酒粕にもそのような効果はあるのでしょうか。まだ基礎研究段階ではありますが、アルコールをほぼ除去する処理を施した酒粕の摂取によっても精神的なストレスを緩和する可能性がある（六）ことが最近分かってきました。実際にどのような成分が抗ストレス効果を示すのかについては研究が進められているところではありますが、もしそのような成分が特定され、その効果が実証されれば、お酒が飲めない人にとっても朗報になるでしょう。

私たちは飲食によって、生きるために必要不可欠な栄養素を得ます。加えて、飲食物中には私たちの体を維持するしくみに作用し、健康や長生きをサポートするような成分も含まれます。特定の病気を治す医薬品がなかった時代においては、健康の維持、あるいは体調を崩したときの回復力を高めるために、食の存在は現代よりもいっそう重要な位置づけにあったことが想像されます。また、食事は一日の中にはさまれる安らぎの時間、料理のおいしさ、色どりや香りによる楽しみももたらします。

そのように考えると、私たちの祖先は、日本酒や酒粕を上手に日常生活へと取り入れ、心身の健康に役立てながら楽しんできたのかもしれません。日本酒や酒粕は、私たちの体も心も豊かにしてくれるかもしれない……。現代科学によって、そんな魅力が再発見されつつあります。

引用・参考文献

（一）高血圧抑制効果

Biosci Biotechnol Biochem. 1994 May;58(5):812-6. doi: 10.1271/bbb.58.812.

Antihypertensive effects of peptide in sake and its by-products on spontaneously hypertensive rats

Y Saito, K Wanezaki, A Kawato, S Imayasu

（二）アレルギー症状の改善効果

Biosci Biotechnol Biochem. 2011 Jan;75(1):140-4. doi: 10.1271/bbb.100541. Epub 2011 Jan 7.

Sake lees fermented with lactic acid bacteria prevents allergic rhinitis-like symptoms and IgE-mediated basophil degranulation

Seiji Kawamoto, Mitsuoki Kaneoke, Kayo Ohkouchi, Yuichi Amano, Yuki Takaoka, Kazunori Kume, Tsunehiro Aki, Susumu Yamashita, Ken-ichi Watanabe, Motoni Kadowaki, Dai Hirata, Kazuhisa Ono

（三）脂肪肝の抑制効果

Lipids Health Dis. 2017 Jun;16(1):106. doi: 10.1186/s12944-017-0501-y.

Sake lees extract improves hepatic lipid accumulation in high fat diet-fed mice

Hisako Kubo, Masato Hoshi, Takuya Matsumoto, Motoko Irie, Shin Oura, Hiroko Tsutsumi, Yoji Hata, Yasuko Yamamoto, Kuniaki Saito

（四）皮膚のコラーゲン産生促進効果

Biosci Biotechnol Biochem. 2017 Sep; 81 (9): 1706-1711. doi: 10. 1080/09168451. 2017. 1353400. Epub 2017 Jul 17.

Effects of ethyl-α-d-glucoside on human dermal fibroblasts

Takayuki Bogaki, Keiichi Mitani, Yuki Oura, Kenji Ozeki

（五）トリリノレイン

J Agric Food Chem. 2006 Dec;54(26): 9827-33. doi: 10.1021/jf062315p.

Identification and kinetic study of tyrosinase inhibitors found in sake lees

Hyung Joon Jeon, Masafumi Noda, Masafumi Maruyama, Yasuyuki Matoba, Takanori Kumagai, Masanori Sugiyama

（六）精神的なストレスを緩和する

Biosci Biotechnol Biochem. 2020 Jan; 84 (1): 159-170. doi: 10. 1080/09168451. 2019. 1662278. Epub 2019 Sep 4.

Daily administration of Sake Lees (Sake Kasu) reduced psychophysical stress-induced hyperalgesia and Fos responses in the lumbar spinal dorsal horn evoked by noxious stimulation to the hindpaw in the rats

Shiho Shimizu, Yosuke Nakatani, Yoshito Kakihara, Mayumi Taiyoji, Makio Saeki, Ritsuo Takagi, Kensuke Yamamura, Keiichiro Okamoto

第Ⅴ部　日本酒と文化

第一二章　日本酒のマナー

渡辺英雄・村山和恵

本章では、日本酒に関する法とマナーについて取り上げます。まず前半部分では、お酒を飲むにあたって、皆さんが守らなければならないルールについて考えます。

第1節では、マナーと法律の特徴や違いについて具体的な事例をもとに考察します。第2節では飲酒に関する法規制とその内容について概観し、時代や社会情勢によってマナーや法律が変化することの意義について検討します。そして、後半部分ではお酒に関するマナーについて深掘りしていきます。第3節では、マナーの概念について、日本の礼儀作法の歴史的な流れを基に約節し、小笠原流礼法による酒席の作法を紹介します。第4節では、実際に酒宴でどのような振る舞いが求められるのか、お酌に注目して解説していきます。

1　マナーと法

まず、マナーと法の関係や違いについて考えてみましょう。一般的にマナーというと、皆さんはどんなことを思いつくでしょうか。まず事例（一）として、公共交通機関を利用する場合で考えてみます。「歩きスマホ」と呼ばれる、歩きながらスマートフォンを見て操作する行為は、一般の歩道ではもちろんのこと、駅のホームにおいては、非常に危険です。なぜなら、もし誤って人にぶつかり、自分がホームから転落したり、相手を転落させたりすると、命にかかわる大事故につながる可能性があるからです。ですから、駅での歩きスマホはマナーとして慎むべき行動であると言えます。逆に、マナーとして推奨される行動もあります。電車やバスでお年寄りや身体の不自由な方、妊婦さんなどに対して、優先座席であるかどうかにかかわらず、積極的に席を譲るという行為は、とても良い行いだと言えるでしょう。これらが、公共交通機関を利用するにあたっての、マナーの一例です。

また、事例（二）として、酒蔵見学へ行く際に注意すべきマナーを紹介します。特に、酒造りをしている時期ほど重要なものです。まず、香りの強い香水や化粧品の使用は避けるべきです。その理由は、お酒に香りの成分が吸着してお酒の品質が悪くなる可能性があったり、強い香りによって作業をしている蔵人の嗅覚に悪い影響を与えたりすると言われているからです。

また、見学前の食事で発酵食品を摂取することには十分な注意が必要で、特に納豆を食べることはご法度だと言われています。なぜなら、納豆菌は非常に生命力の強い菌で、もし日本酒造りに使用する米麹に納豆菌が混入してしまうと、麹菌の力を上回って繁殖する可能性があり、目的とする米麹が造れなくなる恐れがあるからです。

酒造りに携わる蔵人の中には、お酒を仕込む時期になると、納豆の他にも漬物やヨーグルトなどの発酵食品をほとんど口にしない人もいると聞きますので、酒蔵見学へ行く際には特に気を付けなければいけないマナーだと言えます。

次に法律上のルールについて、事例（三）として、私たちの日常生活に身近な交通規則を例に考えてみます。赤信号が「止まれ」の合図であるということは、最も基本的な交通規則のひとつであり、車、自転車、歩行者など、道路を使用するすべての人が信号を守らなければ、道路を安全に使用する事はできません。それでは、信号機のない横断歩道で、道路を渡ろうとしている歩行者がいた場合、その道路を走行している車の運転手はどうすべきでしょうか。

答えは、「横断歩道等の前で一時停止する」です。基本的に、道路は歩行者が優先とされていて、横断歩道を渡ろうとしている歩行者がいた場合、車両側は、信号の有無にかかわらず一時停止することが義務となっています（道路交通法三八条）。このように、道路を利用するうえで様々なルールが法律によって定められており、人々がそれを守る事で、安全で秩序ある交通が保たれているのです。

もうひとつ、法律関係について考えるための事例（四）として、マイホームと土地を購入したいMさんと、不動産業者Fの関係性について検討してみましょう。Mさんは、土地と建物を購入するために物件を探していたところ、不動産業者Fで希望に叶うものが見つかったので、購入を決意し、契約を結びました。契約が成立したことによって、Mさんは、その土地と建物を購入するための代金を支払う義務が、不動産業者Fは、それらを売却することによる代価を受け取る権利が、それぞれ発生します。この権利義務関係を裏返して見ると、不動産業者Fは代金を受け取ることで土地と建物を受け渡す義務が、Mさんはお金を支払えばそれらを受け取る権利が、それぞれ発生することになります。このように、物を売る・買う際には「売買契約」と呼ばれる法律関係が常に生じています。

さて、ここまでマナーと法律について二つずつ事例を挙げてきたので、次にそれぞれどのような性質や特徴があるのか、検証してみましょう。事例（一）と（三）の共通点として、駅のホームで歩きスマホをしてはいけないというマナーも、信号を守らなければならないという法律も、他人の迷惑になる行為や、他人の生命や身体の安全を脅かすような行為をしてはならない、という点で一致しています。私たちが日々の人間関係や社会生活を円滑にするためには、お互いに一定のルールを守る必要があり、それらがマナーや法律として存在しているのです。

しかし、両者の決定的な違いは、そのルールを守らなかったときに現れます。事例（一）の場合、もし歩きスマホが原因で、他人にぶつかって怪我をさせてしまった場合は別として、現在のところ、ただ単に歩きスマホという行為そのものを禁止する法律は存在していません。したがって、駅のホームで歩きスマホをしていたとしても、それだけで警察官に逮捕されることはありません。では事例（三）の場合で、信号機のない横断歩道を渡ろうとしている歩行者がいるのに、車を一時停止させなかったところを、警察官に見つかった運転手はどうなるでしょうか。歩行者が横断歩道を横切ることを妨げたことを理由とする「横断歩行者等妨害等違反」として警察の取り締まりを受け、行政罰としての反則金または刑事罰としての罰金を支払うことになるかもしれません。

次に、トラブルの解決方法に着目してみます。事例（四）でMさんが代金を支払った後で物件を引き渡されたときに、不動産業者Fが事前に説明していた状況と少し異なり、建物に不具合があった場合、Mさんはどうしたらよいでしょうか。Mさんにとって、その物件は契約で合意した条件に見合わないので、不動産業者Fとの間で話し合いを行って、何らかの妥協点を見出すことになるでしょう。しかし、両者の間で話がまとまらなかった場合は、どのような解決方法があるでしょうか。Mさんと業者Fの間では、土地と建物に関する売買契約が結ばれています。この契約行為が法律関係に当たりますので、法的な決着という意味では、最終的に裁判所の判断を仰ぐことになります。私的な契約に関しては、一般的には民法による規定が適用され、契約者間にトラブルが生じたら、その規定にのっとって、裁判所がどちらの言い分に理があるかを判断し、決着させることになります。

では、事例（二）の場合はどうでしょうか。香りの強い香水や納豆菌のせいで、実際にお酒の品質が悪くなってしまったことが証明できるのであれば、法的な問題にもなり得ます。しかし、香りの強い香水をつけていることや、朝食にヨーグルトを食べてきたことだけで、酒蔵に何らかの損害を与えたことにはなりません。ですから、酒蔵側としてそれらの人に見学をご遠慮いただくことはできますが、警察官を呼んで強制的に排除する事はできないでしょう。

これまで見てきた事例から、マナーと法律の共通点は「社会生活を円滑にするため」のルールであることが分かると思います。その一方で、「権利と義務の関係」が成立するのか、「強制力が働く」のかが大きな違いであると言えます。マナーを守らない人がいた場合、非常識だと陰口をたたかれることはあっても、なんらかの罰を受けたり、不利益を被ったりすることはありません。しかし法律は、国家が強制力をもって国民に守らせるルールです。法律に違反した人がいた場合には何らかの罰が与えられたり、法的責任を果たすために補償や賠償などの義務が生じます。これが法律とマナーの大きな違いなのです。

では、マナーと法律が対象とする領域・範囲は固定されているかというと、そうではなく、時代や社会情勢などによって変化します。喫煙を例に考えてみましょう。欧米諸国では、日本に先んじて公共施設や路上などを、原則的に禁煙としました。わが国では、二〇一九年のラグビーワールドカップ日本開催および、二〇二一年の東京オリンピック・パラリンピック（新型コロナウィルスの影響により一年遅れての開催となりました）を契機として、世界的な禁煙の流れに従い、喫煙できる場所を制限する動きが加速しました。健康増進法が改正され、二〇二〇年四月から、建物内での喫煙は原則的に禁止となったのです。厚生労働省の「なくそう！望まない受動喫煙。」のウェブサイトには、『マナーからルールへ』という記載があります。これまではマナーとして、喫煙は「ご遠慮ください」という表現で、国民一人ひとりに吸わないで下さいとお願いしていた状態から、法律によって喫煙が禁止され、「吸えません」に変わったのです。このように、それまでマナーだったものが、国民全体が強制力をもってしても守るべきルールとして合意される――手続きとしては国会で法律として可決成立する――ことによって、法に

「昇格」することもあるのです。

2　飲酒に関わる法

ここからは、飲酒にかかわる法律について見ていきましょう。「飲んだら乗るな、飲むなら乗るな」という標語は有名ですね。飲酒運転はとても危険なので、絶対にしてはいけません。このルールは、前述した道路交通法に定められており、定義上は「酒気帯び運転」と「酒酔い運転」に分かれていますが、ここでは後者について説明します。

この法律の規定に違反して警察官に逮捕された人は、刑事裁判手続きを通じて、五年以下の懲役または一〇〇万円以下の罰金が命じられる可能性があります。刑罰の重みは、違反の程度や内容・本人の反省具合などの諸事情を考慮し、裁判所が決定します。お酒には人の思考力・判断力を鈍らせるという効果もありますので、飲酒運転によって本人や他人の生命・身体に重大な危険が及ぶことのないよう、国が刑罰という強制力をもって、国民にこのルールを守らせているのです。なお、この罰則規定は、悪質な飲酒運転が後を絶たないという社会情勢をうけて、より厳しくなったという経緯があります。不利益の程度を重くすることで、ルールを国民の間に一層徹底させるということも、法律を改正する一つの目的だと言えます。

飲酒にかかわる他の法律として、「お酒は二〇歳《ハタチ》になってから」というルールもまた一般的に知られています。コンビニでアルコール飲料を購入する際、レジのタッチパネルに「あなたは二〇歳以上ですか」の年齢確認画面が出て、「はい」のボタンを押した経験がある人もいるでしょう。これは「二〇歳未満の者の飲酒の禁止に関する法律」に定められたルールです。同法の趣旨は、文字通り二〇歳未満の者の飲酒を禁止することにあり、その手段として、飲んだ本人を罰するのではなく、アルコール類を提供する飲食店や、販売する小売店に対して規制をかけることで、二〇歳未満の者の飲酒を防ごうとするものです。先ほどコンビニの例を挙げた通り、年齢確認をせずに二〇歳未満の者へお酒を売ってしまうと、売ったお店側が罰せられるため、確認を行っているのです。

それでは、何歳からお酒が飲めるのか、換言すれば、何歳になったらお酒を飲んでいいのかについて考えてみましょう。二〇二二年三月までは、お酒が飲める年齢（飲酒可能年齢）と、単独で法律行為が行える年齢（成人年齢）は、どちらも二〇歳で変わりませんでしたが、民法の改正によって、二〇二二年四月から成人年齢が一八歳に引き下げられました。その一方で、飲酒ができる年齢は二〇歳のまま変えないという方向性が、現在の日本の政治状況下では大勢を占めているため、成人年齢と飲酒可能年齢にずれが生じています。成人年齢引き下げに伴い、二〇二二年四月からは旧「未成年者飲酒禁止法」の名称では言葉の辻褄が合わなくなったため、「二〇歳未満の者の飲酒の禁止に関する法律」へ名称が変わりました。この本を執筆している時点での政権与党は、一八歳で成人になったとしても、お酒は二〇歳になるまで飲んでいけない、という政治的判断をしているのです。

飲酒可能年齢を何歳で区切るのが妥当なのか、この問題については様々な見地からの考察が必要ですが、本節では実際にあった事件をもとに、「社会的な区切り」との関係性について、考えてみたいと思います。

二〇一七年一二月、東大阪市の飲食店で行われた某大学のテニスサークルの飲み会で、二年生のAさんがウォッカなど二十数杯を一気飲みした後、呼びかけに反応しないほどの泥酔状態になりました。同席していた一二人は急性アルコール中毒の危険性を認識できたにもかかわらず救急車を呼ぶなどの処置をせず、翌日にAさんは死亡してしまいました。また、このサークルには泥酔者の介抱などを担当する二年生のメンバーがおり、飲み会終了後に上級生に救急搬送すべきか相談していたのですが、Aさんに対して適切な処置が取られることはありませんでした。警察の調べによると、上級生たちはAさんの年齢を把握しておらず、もしAさんが二〇歳未満だった場合には、自分たちが処分されるのではないかと恐れを抱き、救急車を呼ばなかったそうです。

この非常に悲しく痛ましい事件の後、亡くなったAさんの両親が、飲み会に出席した一二人を保護責任者遺棄致死の罪で刑事告訴しました。その後の捜査の結果、検察は三名を嫌疑不十分で不起訴、残りの九名に対しては、死亡の危険性までは認識できなかったとして、より法定刑の軽い過失致死罪で起訴しました。最終的な裁判所の量刑判断は、九人のうち四人に罰金五〇万円、介抱役の五人に罰金三〇万円となりました。

一度に大量の飲酒をすることは、急性アルコール中毒につながり、死に至る可能性がある非常に危険な行為です。それを十分に認識せず、一気飲みをさせたことがこの事件の一番の問題であるのは確かでしょう。しかし、ここで私が指摘しておきたいのは、一緒に飲んでいた人たちが、酔いつぶれているAさんが二〇歳を過ぎているかどうか分からなかったという理由で、救急車を呼ぶことをためらったという事実です。あくまで仮定の話ですが、一八歳からお酒が飲めるという法律上のルールであったなら、躊躇なく救急車を呼んでいたとも考えられないでしょうか。

飲酒可能年齢を法律で定める以上、どこかで区切らなければいけません。一八歳でお酒が飲めるように法律を変えることに対しては、高校在学中に飲酒が可能となることを問題視する意見もあります。しかし、どこで区切ろうとも社会的な立場と不一致になる一定の期間が生ずることは不可避のようにも思えます。飲酒可能年齢を一八歳で区切ることは、高校を卒業した後、就職した人も進学した人も一律にお酒が飲めるようになっているという点で、ひとつの「社会的区切り」に合致している、とも考えられるのではないでしょうか。なお、何歳で区切るにしても、このような悲惨な事件が二度と起こることのないよう、適正飲酒に関する教育が不可欠であることを付言しておきます。

第1節の最後で述べたように、マナーや法律のルールは、その国の歴史や宗教など、様々な社会的背景によって時代とともに変化します。二〇歳未満の者の飲酒の禁止に関する法律（旧未成年者飲酒禁止法）は、一九〇一年に最初に議会に提案されてから、実に二二年もの議論の末、ようやく一九二二年に成立したという経緯があります。今では当たり前になっている「お酒は二〇歳から」も、法律を制定しようとした当時は世間一般の常識ではなかったことが伺えます。その法律の制定からちょうど一〇〇年目を迎える二〇二二年、民法改正による成人年齢の引き下げをひとつの契機として、お酒が飲めるようになる年齢をどこで区切るべきなのかと、飲酒に関する正しい知識を身に付けるための教育をどのように行っていくのかが、日本酒学の学問的課題になっています。

3　マナーと日本の礼儀作法

皆さんがマナーを学ぼうと思うとき、自分が恥ずかしい思いをしたくない、あるいは自分をかっこよく見せたいという気持ちが存在していると思います。それ自体は大切なことですが、さらに相手を思いやる気持ちや、相手を尊重する心遣いが加わると、一つ一つの動作が意味を持った美しいものになると思います。

マナーと聞くと多くの人たちはその「かたち」に注目してしまい、なぜそうするのかという理由にまで目を向ける機会は少ないように感じます。マナーについては礼儀、エチケット、作法といったように類似した言葉があり、それぞれの意味が曖昧になりやすいと思います。今日ではそれらが「マナー」という言葉でくくられて使用されているように感じますが、それら類似した言葉の意味を、あらためて表12・1で確認してみると、マナーや礼儀が「心」、エチケットや作法が「かたち」といったように解釈できます。

表12.1　各言葉の解釈

マナー，礼儀	エチケット，作法
規範に則って生活しようとする人々の温かい心，善意の表れ →社交上の心	他者への思いやりに基づいた行動の規範 →社交上の形や常識的なルール

出典：筆者作成。

マナーや礼儀といった社交上の心は表現しないと伝わりませんが、その表現方法によっては心が誤って解釈されることもあるため、エチケットや作法といった一定のかたちができあがりました。このように、心とかたちそれぞれが両輪の役割を果たし、バランスよく動作することが重要です。

日本においては礼儀作法という言葉が存在していますが、前述の内容を踏まえると、礼儀（社交場の心）と作法（社交上の形や常識的なルール）が合わさったものであり、表12・1の概念を包括したものと考えられます。では、日本においての礼儀作法はどのように出来上がったのでしょうか。歴史をたどると飛鳥時代の「冠位十二階」「十七条憲法」までさかのぼり、これらは朝廷で働く人々の階級や行動規範を定めたものでした。官僚に対する道徳的な訓戒が中心となっていました。その中で述べられている決まり事は、現代でもわたしたちが人間関係を構築するにあたって大切にしている考え方に通ずるものも多く存在しています。平安末期になると貴族たちは政権を維持するために作法を定め、「有職《ゆうそく》」という作法を体系化し伝える職業を置きました。有職は宮廷の儀礼や典礼に精通した者でしたが、「有職」という言葉の意味が次第に儀礼や典礼そのものを指すように変化し、有職に通じていることが身分を上げるための必須条件となりました。

鎌倉時代、武士が登場すると、貴族の政治体制は崩壊しました。当時の武士は、無作法な振る舞いが多く、身分が一段低いものとして見られていましたが、室町時代になると、武士の地位向上と政治的権力を強固にするために、武家の礼節を説明した「三議一統」が示され、武家の作法が生まれました。戦国時代になると、権力者は自分の権力を守るために朝廷に権威を求め、貴族社会の作法を武家の作法にも取り入れるようになりました。ここで貴族と武家の作法を融合した「有職故実」が生まれ、後に日本の礼儀作法の基盤となっていきました。

江戸時代になると家長を中心とした家族制度が形作られ、それまでは限られた階級のものだった婚礼や葬儀といった通過儀礼などが庶民にも広まり、飲食や服装、振る舞いなど日常生活全般にわたって、しきたりや作法が確立され、現代でも日本人の生活に根強く残っています。

明治時代に入ると西洋文明が取り入れられるなど、政府は新しい社会を作ろうとしましたが、和洋折衷の作法が広まり人々の混乱を招くことにつながりました。このような背景を持つ日本の礼儀作法ですが、ここでは室町時代をルーツとして武家の礼法を形作り、その後も幕府の公式礼法として取り扱われ、現代においては広く普及活動をされている小笠原流礼法の教えも紹介しながら、日本におけるマナーの在り方を考えていきます。

礼儀作法が目指すものを表す言葉として小笠原流礼法で示されているのは、「水は方円《ほうえん》の器に随う心なり」（小笠原一九九九）ということです。器の形はさまざまでも、水はいつも自然に器の形になって存在していることから、人もその時々に合わせて柔軟に、周囲への心づかいからなる自然な振る舞いができるようにということを意味しています。

小笠原流礼法が説いている作法については幅広く存在していますが、中でも酒席での作法は古くから存在していたようです。小笠原流礼法の教えの中には酒席でのふるまいを取り扱った書物が存在しており、その中には「いささかも油断なく気を使うべし。殊に酒盃に酔い候えば、こころがけてさえ落度あるものにて候」（小笠原一九九九）という一文が記されているそうです。この言葉から受け取れるのは、当時の人たちも、お酒の席で無礼がないように細心の注意を払っていたということです。お酒を飲んでいないときは、周囲に目が行き届くかもしれませんが、酔いが進むにつれてそれらが散漫になってくるということを、当時の人たちも認識していたのでしょう。

お酒が飲めない方の作法が存在していたことも次のような一文から理解ができます。「下戸は盃をとりざまに御酌の顔を見るべし。是は下戸というしるしなり。酌、心得べし」（小笠原一九九九）と、お酌をしに来た人の顔を見ることが「私は下戸である」という意思表示であり、それを見た相手は注ぐふりをすることになっていたそうです。飲めない場合でも、必要以上に遠慮したり騒いでしまえば場の空気を乱すことにつながることから、このような振る舞いが存在していたようです。

また、盃の干し方として、「一露」とか「一文字」（小笠原一九九九）という言葉があります。飲んだときに一滴も残さないように飲むのはお酒に飢えているようで見苦しいが、残してしまうのは相手の心づかいを無にするようで失礼だということから、盃の底に残った酒に指をつけ、一文字書けるくらいが美しいということからできた言葉だそうです。

4　酒席でのふるまいを実践する

「差しつ差されつつ」とは酒席においてお互いに酒を注ぎあって盛り上がる様子を表現している言葉で、「お酌をする」「お酌を受ける」ことです。「お酌」は神道にも通ずる日本古来の文化ですが、現代の酒席では相手との絆を深めあう行為といえるでしょう。酒席には気を配るべき点がいくつか存在していますが、ここでは主に「お酌」に注目します。酒席におけるいくつかの場面を想像しながら、どのように振る舞うべきなのかを考えてみましょう。

まず、お酌をする場合はその形以前にタイミングを計ることが重要です。相手の器にあるお酒がなくなる少し前、具体的には器のお酒が三分の一以下になったタイミングで相手にお声掛けし、お酒をすすめるのが良いでしょう。相手の器にお酒が並々と入っている状況でお酌をしようとした場合、相手の方は無理強いされているよう感じ、プレッシャーを与えてしまうかもしれません。相手のペースを尊重し、過度に酔いが進むことを防ぐためにも周囲に目を配り、タイミングを計ることは重要です。

お酌をする方法については、徳利を右手（きき手）で持ち左手（もう一方の手）を添えるのが一般的ですが、徳利を落として相手に危険が及ばないようにという、気遣いからなる形です。瓶から直接お酒を注ぐ場合も瓶を同様に扱いますが、この時、ラベルが上になるように持つと、相手が何の銘柄かを見ることができ、注ぎ終わった後に滴った液体がラベルを濡らし見苦しい状態となることを防ぎます。注ぎ方については、始めはゆっくりと細く、次に太く、注ぎ終わるときは細くというリズムで、「鼠尾《そび》、馬尾《ばび》、鼠尾《そび》」と表現されますが、こちらは酒器の容量によっても可能な場合とそうでない場合があるので状況によりますが、心がけたいのは注ぎ始めはゆっくりと細くということです。

では、お酌を受ける場合を考えてみましょう。やはり器は両手で持ちます。飲むときは、ひじを張らないようにすると、周囲との接触等も避けることができ、さらに飲んでいる姿も美しく見えます。お酌を受けるときには「ありがとうございます」「いただきます」など、相手への感謝の気持ちを一言添えましょう。また、自発的に目上の人からお酌を受ける場合は「お流れを頂戴したします」という言葉を添えることがあります。

お酌を受けたが、あまり飲みたくないという場合は、相手が施してくれた行為を無にしないための最低限の気遣いを表現するため口をつけて飲む素振りをしましょう。では、相手のお酌を断る場合はどのように振舞うのが良いでしょうか。「不調法《ぶちょうほう》ですので」と申し上げる方法がありますが、現在、「不調法」という言葉自体を使う機会が少なく、相手の方も理解できないかもしれません。したがって、「もう十分にいただきましたので」など、それ以上は不要であることと、さらにはお酌をしてくださるとした方への感謝の気持ちを添えましょう。

この時、自分の器に手をかざす動作をする、さらにはその流れで、こちらから相手にお酌をするのも良いでしょう。断るのが苦手な方もいると思いますが、その際には否定的な言葉を使用しないことや、相手の気遣いに対する感謝の気持ちを添えていただくと、相手の方も不快な気持ちになることなく受け止めてもらえるでしょう。断ることに気が引けるからといって、お酌されるがまま飲み続け、最終的に周囲に迷惑をかけてしまうのもマナー違反です。場合によっては断ることも一つのマナーであると考えましょう。

さて、お酌をする場合について、よくいただく質問を二つ紹介します。一つめは「注ぎ口」を使うか使わないかということです。どちらでも誤りではありませんので、お酒の席で周囲の方や目上の方がどのようにしているかを観察し、ふさわしい振る舞いをしましょう。注ぎ口から注がない方法について、理由は諸説ありますが、一般的な説は、注ぎ口は円の切れ目であり「縁が切れる」ことにつながるという説です。他には、武将を暗殺するため、注ぎ口に毒が塗られているかもしれないので避けるという説、注ぎ口は神仏が使うものであるという説、注ぎ口の真逆から注ごうとすると、その形が「宝珠《ほうじゅ》」を連想させ、相手の多幸を祈る気持ちを表すという説があるようです。

二つめは、お酌をしようとしたら相手の方に「手酌で」と言われた場合です。そう言われたからといって「それでは」と徳利を置いたのでは少し寂しいですので、「一杯だけ注がせてください」など言

図 12.1　逆手注ぎ

出典：筆者撮影。

葉を添えながらお酌をさせていただき、その後は相手の好きなようにしていただくのが良いでしょう。

ここからはマナー違反とされている振る舞いについて考えてみましょう。お酌をする場合、図12・1のように自分の利き手の掌を上にして徳利を持つ「逆手注ぎ」（逆注ぎ）はマナー違反です。見た目にもぞんざいな印象を与えてしまいますし、徳利を落としてしまう危険があります。もう片方の手を徳利に添えたら良いのかといえば、それもマナー違反とされています。ここで問題なのは利き手の掌が上を向いているという点にあり、こちらも諸説ありますが、刀の切先を相手の胸元に突きつけたとき、掌が上を向く形になるので、死を連想させて縁起が悪いという説が存在しているようです。

「置き注ぎ」というのはテーブルに器が置かれた状態でお酒を注ぐことですが、中座した方、または他者との会話に夢中になっている方の器が空きそうな時に行いがちです。お酌をする際には相手に声を掛け、酒器を持ってもらうのが基本と考えましょう。

お酌をする際の分量ですが、なみなみ注ぐことを避けましょう。こぼしてテーブルを汚してしまったり、なにより相手の方が飲みにくくなったりするため七分目から八分目を目安とします。しかし、飲食店などの演出でなみなみ注がれることや注ぎこぼす場合もあり、そのような場面で、マナー違反だからと声高に注意したのでは場の空気を乱すことにもつながりますので、状況にふさわしい振る舞いを考えてみましょう。

徳利の中のお酒の分量を確認する意味でよく行いがちなのが、「覗き徳利」や「振り徳利」ですが、徳利の中を覗いている姿は、酒に飢えているかのような印象を与えてしまいます。振り徳利については、控えめに行っていただく分にはそこまで見苦しいものではないと思いますが、大きく振ってしまうと中に液体が入っている場合は飛び散るかもしれませんし、手から徳利が滑り落ちるかもしれません。

酒席も中盤以降になると行いがちな振る舞いとして、徳利に残ったお酒同士を合わせる、「合わせ徳利」や空いた徳利をテーブル上の倒す「倒し徳利」があります。合わせ徳利は、温度帯や銘柄が異なるもの同士を混ぜてしまうかもしれませんし、倒し徳利はテーブルを汚してしまうかもしれません。しかし、倒し徳利については新潟県では地域によってはよく目にする光景であり、逆に正しいマナーとして認識されていることがあるようです。

さて、ここまでいくつかの振る舞いについて紹介しましたが、小笠原流礼法では「時宜によるべし」（小笠原一九九九）という言葉があり、時と場合によるということを指しています。したがって、数々の振る舞いについてはその状況にふさわしいということが重要で、いかなるときも「絶対」ではなく、他者に強いるものでもないということです。

マナーや礼儀作法は、円滑な人間関係を築くことや、異なる価値観や文化を持つ者同士がよりよい交流をはかるために、先人が歴史的に培ってきた知恵であるといえます。今回は、酒席に注目しその一端を紹介しましたが、日常生活のあらゆる場面で自然な振る舞いをするためには、知識として得たことを実践する必要があります。酒席については特に「酔い」が伴うこともあり、一層察する力を磨く場になると思いますので、是非経験を積み重ねていただきたいと思います。

最後に「無躾は目に立たぬかは躾とて目に立つならばそれも無躾」（小笠原一九九九）という言葉を紹介します。躾がない人の振る舞いは時として見苦しいものですが、躾を知っている人だとしても、知識この先みなさんが経験する数々の場においても、さりげなく自然な振る舞いを心がけましょう。

を見せびらかすような振る舞いは、躾を知らない人と同じように見苦しいものであるという意味です。

引用・参考文献

小笠原敬承斎『美しいふるまい――小笠原流礼法入門』淡交社、一九九九年。

加藤純二『根本正伝――未成年者飲酒禁止法を作った人』銀河書房、一九九五年。

神崎宣武『酒と日本文化』ＫＡＤＯＫＡＷＡ、二〇一三年。

厚生労働省健康局健康課「なくそう！望まない受動喫煙。」（二〇二二年二月三日最終閲覧、https://jyudokitsuen.mhlw.go.jp/）。

酒文化研究所「日本の飲酒規制の成り立ち――未成年者飲酒禁止法の制定過程」『酒文化研究所レター』三四号、二〇一五年、一～四頁。

日本マナー・プロトコール協会『「さすが！」といわせる大人のマナー講座』ＰＨＰ研究所、二〇一八年。

浜辺陽一郎『もっと早く受けてみたかった「法律の授業」』ＰＨＰ研究所、二〇〇四年。

ポスト、ペギー／ポスト、アンナ／ポスト、リジー／ポスト・セニング、ダニエル／野澤敦子・平林祥訳『エミリー・ポストのエチケット』宝島社、二〇一三年。

元森絵里子「フィクションとしての『未成年』――未成年者飲酒禁止法制定過程に見る子ども／大人区分の複層性」『明治学院大学社会学・社会福祉学研究』一三八号、二〇一二年、一九～六七頁。

ブックガイド

＊小笠原敬承斎『外国人に正しく伝えたい日本の礼儀作法』光文社新書、二〇一九年。
日本人が大切にしている習慣や振る舞いについて、日本の文化的背景から説明がなされていることからは、「な

ぜぞうするのか」といった本質への理解が深まります。また、わたしたちの普段の生活でも実践できる知識が豊富に掲載されているため、学生や社会人になりたての方はもちろん、指導する立場の方にとっても役立つ内容です。

＊小笠原忠統『小笠原流礼法入門』中央文芸社、一九七八年。

小笠原流礼法は、室町時代から武家の正式礼法として伝えられ、江戸時代においては徳川幕府の公式礼法となり、将軍家以外に明かすことを禁じられていました。本書は小笠原流礼法の成り立ちや考え方を紹介するとともに、堅苦しいと思われがちである礼儀作法について、「こころ」と「かたち」があいまって成り立つという本質を説いています。また、礼儀作法だけではなく、日本人の持つ精神や日本独自の文化についても理解ができます。

第一三章　日本酒アンバサダーになろう

田中洋介

あなたがもし日本酒好きだったとしたら、統計を見てなぜこんなにも日本酒の国内市場が縮小しているのか不思議に感じることがあるのではないでしょうか。テレビや雑誌では日本酒ブームと言われ、海外輸出も過去最高更新などと報道されています。しかし、日本酒業界に身を置き客観的な数字を眺めると、報道通りの感覚は受けません。こうしたなか、今後いかに市場を拡大していけるか、その鍵となるのは日本酒のアンバサダー（大使）をいかに増やしていけるかだと考えます。

日本酒の魅力を知った方が自分のまわりの方や外国の方に日本酒のコトを伝え、さらに次の日本酒アンバサダーを育ててくれる。そのような連鎖が起きれば、日本酒の魅力は国内・世界へ正しく健全にますます拡がっていくでしょう。あなたも今日から日本酒アンバサダーになりませんか？

1　インバウンドと日本酒が持つコンテンツとしての可能性

訪日外国人の数は二〇一八年には三〇〇〇万人を突破し、二〇二〇年に向けては四〇〇〇万人へ、という勢いでインバウンドは活況を呈していました。執筆時はコロナ禍であり先行き不透明ではありますが、それでも日本の観光産業のポテンシャルは高いままでしょう。

筆者が以前代表を務めていた今代司酒造がある新潟市にも訪日外国人は増えていました。新潟駅前で少しの時間立っているだけでも道に迷ったような外国人の姿を見かけることができ、地方であっても外国人が珍しいという状況ではまったくなくなっていました。今代司酒造では酒蔵見学を受け入れており年間四万人ほどの方が見学に来られましたが、そのうちの一〇％から一五％ほどが外国の方です。人数的にはやはり近隣であり新潟空港との直行便もある中国・韓国・台湾などアジアの方が多いのですが、本当に毎日のようにヨーロッパや北米といった遠方の方も来られました。

日本とは季節が真逆のオーストラリアの方は冬になると来訪が増えます。彼らが新潟に来る目的の多くはスキーやスノーボードで、湯沢などでスキーを楽しんだあと、「ついでに」といった感覚で新潟市まで新幹線に乗って遊びに来てくれるという形です。「ついでに」というのがポイントで、やはり訪日外国人の方々の距離的感覚は現地人である日本人のそれとは違っていて、新幹線で一時間から二時間という距離は近い距離なのでしょう。日本人もパリに旅行に行くとモン・サン・ミッシェルという有名な世界遺産まで足を運ぶことがあると思います。パリからモン・サン・ミッシェルは片道四時間から五時間くらいかかりますが、日帰りで行く方も多いと聞きます。それに比べたら新潟など東京から二時間ちょっとですから、日帰りでも気軽に行けるくらいの観光地なのだろうと思わされます。

では、観光スポットが少ないと言われがちな新潟市に何をしに来るかと言いますと、トリップアドバイザーを見ると推測することができます。トリップアドバイザーは日本人が使っているイメージはあまりないのですが、世界的には非常に人気のある観光クチコミサイトです。そこで新潟市の人気観光スポットを検索すると、今代司酒造やぽんしゅ館といった日本酒をコンテンツとした施設が上位にきます。新潟駅前にある観光案内所で二〇一七年に外国人向けに行われた観光資源認知度アンケートでも、今代司酒造は二三％ほどの方に認知されており第一位で、その他には神社や歴史的建造物も上位です。

はやはり神社や歴史文化系の施設が上位にきます。つまり、湊町の歴史と風情を感じながら酒処である新潟の日本酒を楽しみたいという外国人が多いのです。

全国に視線を移しても、訪日外国人が日本滞在中に求めているものは定番の観光スポットやテーマパークやショッピングだけでなく、特に食を含めた体験への欲求が強いと言われています。具体的は「居酒屋で飲む」「寿司・天ぷら・ラーメン・カレーなどの専門店に行く」「祭りに参加する」「温泉に入る」などです。面白いところでは、渋谷のスクランブル交差点をぶつからずに歩ける日本人を観察する、手を挙げてお辞儀して横断歩道を渡る小学生を観察するといった、日本人特有の規律や秩序を垣間見ることも楽しみなのだそうです。和食文化の中心的存在であり、神々との関わりの中で育まれた酒であり、凛と張り詰めた空気のなか規律をもって醸される日本酒の世界は、こうした欲求に対しても応えることができるのではないでしょうか。ワインの銘醸地ではワイナリーツアーが人気を博しているように、酒蔵ツーリズムも今後まだまだ世界から求められると考えています。

インバウンドでたくさんの外国人が来て、そこで日本酒の魅力をたっぷり体験しファンになって帰ってもらう。そして帰国先でも飲みたいと思ったり、家族や友人に体験を伝えてくれたりすることで日本酒の輸出が増える。輸出が増えると、今度はその酒がつくられている場所に行ってみたいとなり、またインバウンドが増える。こういう素晴らしい循環をつくっていきたいと考えています。読者の皆さんにもぜひ日本酒アンバサダーとなって、日本に来ている外国人と出会ったら日本酒のコトを伝え、素晴らしい循環をつくる一躍を担っていただきたい、心からそう願っています。

2　日本酒の伝え方と日本酒にまつわる文化風習

海外の方に日本酒のことを伝える際は、日本酒のことだけを伝えるよりも相手方の国にどういうお酒があって、それとどう違うのかを話すと伝わりやすいことがよくあります。「酒はその土地や文化をあらわす」とも言い、世界各地でいろいろなお酒がつくられていますが、伝統的にはその地域でよく栽培できる穀物や果実を原料にお酒がつくられています。大雑把に言えば、日本を含めたアジアは稲作文化で米がよく収穫できるため、米からつくられる日本酒や米焼酎や泡盛や老酒といったお酒になり、ヨーロッパはブドウからつくられるワインやブランデー、または麦からつくられるビールやウイスキーということになります。その土地のお酒を調べると、その土地の気候風土や文化がわかるとも言えるため、ぜひ外国人とお酒を飲み交わしながらお互いの国のお酒について話し合ってみてください。お酒についての会話は自然と双方の国の紹介につながるという、便利なツールです。

さて、前節では、日本酒の世界は訪日外国人の欲求にも応えられると述べましたが、どういうふうに日本人は日本酒と付き合ってきたのかということは知っておきたいところです。日本酒は米でつくられますが、米というものは日本において大変貴重な穀物でした。ご存じの通り日本は国土が狭く山がちで、水を多く使う稲作は容易なものではありません。そのような貴重な米を使ってお酒をつくるということは大変贅沢なことです。そのような贅沢品ですから、まず神様にお供えをして、神様からのお下がりとして人間が飲むというのが基本でした。白川郷で毎年行われる「どぶろく祭り」はそうした習わしを目のあたりにできる良い例です。

現在でも冠婚葬祭やお祝い事などになると日本酒が振る舞われています。年末年始は不思議と日本酒を飲みたくなりますし、出荷量は一二月が最大になります（総務省「家計調査」）。平成から令和に改元された際にも不思議と日本酒を飲もうという気持ちになった方が多かったのではないかと思いますが、五月の改元前後も実際に売り上げが上がりました。このように日本酒は大事なものとして扱われてきたので、今でもお供え物としては最高位のものですし、贈答用としても貴重なものとして使われています。お中元やお歳暮やお年賀にはやっぱり日本酒です。

乾杯をする時も日本酒が最適です。「〇〇を祈念して乾杯」というのをよく行いますが、人は何かを祈って乾杯を行うのです。その祈っている相手というのはやはり神様ですから、神様にお供えをする日本酒を使って乾杯するのが望ましいわけです。神式の結婚式では三三九度をしますが、大中小と三種類の杯を用意してそれぞれにお酒を入れ、その一杯ずつを三回に分けて飲むものです。三回＋三回＋三回で合計九回ですから三三九度ということなのですが、婚姻に限らず大事な約束事をする時には日本酒が使われてきたという風習があります。

花見も神事の一種です。花見といえばサクラですが、サクラというのは「サ」の「クラ」が語源と言われています。「サ」は豊穣の神の名前だと言われており、「クラ」は馬の背などに座りやすいように取り付ける「鞍」のことで「座る場所」という意味です。つまり豊穣の神「サ」が「座る場所」というのが「サクラ」の語源なのだそうです。人々は春になってサクラが咲くと、その木の下に集まって花見をします。現在はどんちゃん騒ぎの宴会というイメージがありますが、本来は神様が座っている木の下で行う神事でした。日本酒と食事をお供えして、踊ったり歌ったりと演芸も捧げます。そしてお下がりを楽しみながらいただくというのが、本来の花見の形なのでしょう。そう考えると、花見には日本酒しかないなと思えてきます。ちなみに「酒《サケ》」という言葉ですが、「サ」はやはり豊穣の神の名で、「ケ」は「食うもの」ということで、つまり「酒」は「神様の食べもの」という意味だと言われています。

このように、日本酒は日本人の歩みとともに文化を形成してきた存在であり、その歴史は稲作が伝来した弥生時代から始まっていると言われています。そして外国の方に日本酒のことを伝えるうえで、こうした文化風習もともに伝えていけると尚良いと考えています。確かに日本酒に興味を持っている外国の方は確実に増えていると思いますが、世界における一般的な認識としてはまだ東洋のマイナーでエキゾチックなアルコール飲料といったものでしょう。多くの一般的な外国人が興味を持っているのは現時点では日本酒そのものではなく、日本文化もしくは和食の一部としての日本酒であるという認識に基づき、世界へ日本酒を伝えていく姿勢がまだまだ必要だと痛感しています。そのため、現代の日本酒を表面的に伝えるだけでなく、文化風習とともに日本酒の話をすることで時間軸という厚みを持たせ、日本酒の価値をあげていくことが大事なのではないでしょうか。

3　日本酒ペアリングのポイント

日本酒に興味を持った次はどう日本酒を楽しんだら良いかを伝えましょう。楽しみ方がわかってはじめて、飲む行動に繋がります。海外の方に日本酒を紹介すると、決まって聞かれる質問があります。それは「何と合わせて飲めばいいの?」というものです。つまりペアリングです。特にワイン文化に親しみがある方からは必ずと言っていいほど聞かれ、最近ではペアリングという概念が広まったため日本人の方にもよく聞かれるようになりました。

日本酒は味の五味（甘味・塩味・酸味・苦味・旨味）のバランスが他のアルコール飲料と比べても非常に良く整っているため、多様な食事と合わせやすい特徴があります。極端に言えば、日本酒は何とでも合い、合わない料理がありません。しかしその合わせやすさがペアリングという楽しみ方が育つことを阻害してきた側面もあります。一方でワインの場合、酸味だけが他の味より飛び抜けて高かったり、甘みが強かったり、非常に味に幅があり五味のバランスが整っていない場合が多いのです。しかしだからこそ、料理の味と合わさった時にバランスが整えられ「合う！」という体験が得られたり、逆に選ぶワインを間違えるとさらにバランスを崩し「まったく合わない！」ということが起きたりします。これだからペアリングが面白くなるし、レストランにはソムリエがいて出てくる料理に最高に合うワインを選んでくれる文化が育ってきたとも言えるわけです。とはいえ、近年、特に平成以降は日本酒も個性的なものが増えてきておりペアリングの妙を楽しめるようになってきていますので、ここでは日本酒ペアリングを楽しむポイントやトリビアをご紹介したいと思います。

日本酒ペアリングを楽しむポイントその一は塩味です。日本は高温多湿な気候であり、食品にカビが生えたり腐りやすかったりする環境です。そのため食品を長持ちさせる加工技術が発達しており、特に塩を使ったものが多く存在します。日本酒もそうした塩味が特徴の食品との相性が良くなるように発達してきており、いわゆる酒の肴は塩辛いものが多いです。

ポイントその二は魚介類です。魚介類は多価不飽和脂肪酸（ＥＰＡ及びＤＨＡなど）を含むのですが、この物質は亜硫酸や鉄分と合わさった時に生臭さを発生させます。ワインには亜硫酸が含まれています。特に赤ワインには多くの鉄分が含まれていますので、魚介類をワインと合わせると生臭く感じるはずです。しかし日本酒にはそれらがほとんど含まれていません。つまり、魚介類と一緒に口にしても生臭さが広がらず、むしろ旨味の相乗効果だけが活きてきて美味しくいただけるというわけです。このことはワインに対して大きなアドバンテージとなります。

ポイントその三は野菜類です。野菜にもいろいろありますが、苦味が含まれるものが多いと思います。ワインには苦味や渋味を含むものが多く野菜の苦味とぶつかってしまう場合も多いのですが、その点日本酒は野菜の苦味をも優しく包み込み美味しく合わせることができます。

近年フレンチレストランのメニューに日本酒がリストされる機会が増えていると言われていますが、その理由の一つはこの魚介類や野菜類との相性の良さです。フレンチ料理はもともと肉やバターなどをたくさん使用してつくられていましたが、近年はヘルシー志向の高まりとともに魚や野菜を使用することが増えてきているようです。こうなるとワインでは合わせづらい料理がどうしても出てくるのですが、日本酒の場合は美味しく合わせることができるためフレンチレストランでも重宝されるのです。

他にも、臭みのある鶏卵や魚卵、酸味の強い料理、ヨード香の強い貝類や海藻類などはワインとのペアリングが難しい場合も多く、日本酒のほうが合わせやすいですのでぜひ試してみていただければと思います。

ところで、日本酒ペアリングを最高に楽しめる場所はどこかご存知ですか？　それはずばり料亭でしょう。料亭に行くと、多少の違いはあるにせよ、祝肴、椀、造り、蒸物、揚物、強肴《しいざかな》、食事、水菓子といった順で書かれたお品書きがお膳の上などに置かれています。そこでふと、ぜんぶが「食事」ではないことに気がつくわけです。食事は最後の方に出てきて、それは概ね茶碗に盛られた季節ごとのご飯なのですが、それまでの祝肴から強肴までのメニューは一体何なのか。それはまさに、お酒をたくさん美味しくいただくための酒の肴《さかな》なのです。これはとある料亭のご主人にうかがったお話なのですが、料亭というのは接待の場所であり、接待の際は相手にたくさん飲んでもらって気持ちよくなってもらうのが大事。そのため料亭では、お酒をたくさん美味しく飲めるようなメニュー構成になっているというのです。ぜひ接待の機会でなくとも、ペアリングを楽しみに料亭へ行ってみてはいかがでしょうか。

ちなみに、「肴」とFishの「魚」、どちらが先に生まれた言葉かご存知ですか？　答えは「肴」なのだそうです。「肴」は「さか（酒）」と「な（おかず）」という言葉の組み合わせが語源で、つまり酒を飲むためのおかずという意味です。そしてFishの「魚」は「うお」と呼ばれていたのですが、江戸時代に入って漁業が盛んになるとあまりにも「うお」が酒に合うというので、次第に「うお」のこと自体を「さかな」と呼ぶようになったのだそうです。こうした話からも、いかに日本酒が魚に合うかがわかりますね。

4 「世界酒」へ挑戦するＳＡＫＥ

日本酒業界に身を置く者としての夢のひとつは「日本酒が世界酒になる」ということです。「世界酒」とは何かと言うと、それは世界中どこにいっても知られているお酒のことを指します。例えばビールやワイン、ウイスキーやブランデー、ジンやウォッカなどが世界酒と言えそうです。特にビールやワインはどこの中華レストランでも置かれていますし、和食店でも飲むことができます。お寿司屋さんで白ワインを飲むという方もいます。日本酒は残念ながら、まだまだ世界酒には程遠いアルコール飲料です。前述の通り、世界における一般的な認識としては東洋のエキゾチックな飲み物といったもので、一部の日本好きの方や和食好きの方、なおかつお金をそれなりに持っている方しか飲んでいないというのが日本酒の現在の実態です。

筆者は海外へ日本酒を携えて商談や展示会に出向くことも多いのですが、入国審査の際に滞在目的を聞かれ「ＳＡＫＥのプロモーションに来た」と答えても、特に欧米の場合はほぼ一〇〇％の確率で「ＳＡＫＥとは何?」と聞き返されます。「米からつくる日本のアルコール飲料だ」と説明するのですが、よくわからないという顔をされ怪しまれるものです。ロシアでの食品展示会で試飲を提供していた際も、日本酒は無色透明な液体なのでウォッカと勘違いされ、ちゃんと味わうことなくショットで飲むようにスコンと一気飲みされ「軽いウォッカだな」と言われ続けていました。食品のバイヤーが集まっている展示会なのにそのような状況なのです。

しかし和食が世界で人気なのは間違いのない事実で、中規模以上の都市には必ず和食店はありますし、アジアの都市では目をつぶって歩いていても和食店に行き当たるほどの人気ぶりです。かつてワインがイタリア料理人気とともに日本の家庭に広がったように、日本酒も正しく伝えることで和食人気とともに認知度を飛躍的に上げていけるポテンシャルがあるはずです。そして前述のような特定の素材とのペアリングの優位性が理解されれば、和食だけでなく現地の料理とも一緒に飲まれるようになる日もそう遠くはないと信じています。

ところで、日本でビールやワインがつくられているように、日本酒も日本以外の国でつくられていると思いますか？　答えは「つくられていない」が正解です。これは少し意地悪な質問でした。実は「日本酒」という呼び方は「原料米に日本産米のみを使い、かつ、日本国内で製造された清酒」に対してのみ使えるということになっています。これは二〇一五年に国税庁が「地理的表示における日本酒」を定義し世界に向けて発信したものです。「米と米麹および水を原料にアルコール発酵させて濾した酒」のことは「清酒」と呼び、そのなかでも「原料米に日本産米のみを使い、かつ、日本国内で製造された清酒」のことだけを「日本酒」と呼ぶことになったのです。従って、海外に日本酒メーカーはないが、清酒メーカーはあるということになります。

現在、世界には約五〇の酒蔵（清酒メーカー）があると言われています（きた産業株式会社「世界と日本の『サケ』情報」）。明治から戦後にかけて、多くの日本人が移民として海外に渡りました。特にブラジルやハワイへ多く渡り、現在も多くの日系人がそれらの地域に住んでいますが、そうした日系人からの需要があるため海外で酒蔵が生まれました。

時代は移り一九八〇年代に入ると、今度は日本の大手清酒メーカーが海外に進出します。日本の経済成長を背景に、多くのビジネスマンが海外に駐在したり出張したりする時代です。そこではやはり接待が必要で、和食店と酒の需要が急増しました。そうしたことを背景に、灘や伏見の大手清酒メーカーが海外に酒蔵を建てるようになり、現在でもアメリカで多くの量を生産しています。少し前の数字ですが、日本全体からアメリカへの清酒の輸出量は約六〇〇〇キロリットルのところ（財務省「貿易統計」二〇一八年）、アメリカでつくられている清酒の生産量は約一万六〇〇〇キロリットルで（喜多二〇〇九）、輸出量よりも三倍近い量が現地でつくられていました。その約一万六〇〇〇キロリットルはもちろんアメリカでも飲まれていますが、ヨーロッパにもたくさん輸出されており、ヨーロッパにある清酒の多くはアメリカ産になっています。ヨーロッパの一般的なスーパーマーケットで売られている清酒のほとんどはアメリカ産であると言っても過言ではない状況で、やはりアメリカとヨーロッパは距離が近いため安く販売できるということはメリットだと思います。

二〇一〇年頃からは和食ブームを背景に、日本人ではなく現地の方が続々と小さくて手づくりのマイクロブリュワリーとも呼ばれる酒蔵を建て清酒をつくり出すようになります。そこで生み出される清酒は「クラフトＳＡＫＥ」とも呼ばれ、伝統的な清酒の製法にはこだわらず、現地の料理や人々の嗜好に合うように自由な発想でＳＡＫＥがつくられていたりします。ハーブ入れたり、スパイス入れたり、バニラを入れたり、本当にフリースタイルなのです。特に北米での動きが活発で、シアトル、トロント、ニューヨーク、サンフランシスコなどなど、次々に酒蔵が誕生しています。かつてクラフトビールメーカーが爆発的に増えて人気を博したように、クラフトＳＡＫＥメーカーも増え続けて将来的には日本国内の酒蔵数を超える日が来るかもしれません。

筆者は海外にある酒蔵をいくつか訪問していますが、初めて訪問したのはアメリカのシアトルにあるマイクロブリュワリーでした。「Cedar River Brewing」という名前で、近くにCedar Riverという場所があるそうです。日本名で「杉川」とも名乗っていましたが、もちろんアメリカ人が経営しています。訪問した際は驚きの連続でした。まず普通のアパートメントのような部屋が酒蔵になっていたのです。内部もDIYですべて整えましたというもので、理屈では理解できますがこういう設備でもSAKEができるのだなと大変感心したことを覚えています。仕込みタンクは日本の酒蔵だと数千リットルクラスが当たり前ですが、ここではドラム缶程度のサイズのタンクを使用していました。麹室はサイズだけはミニでしたが日本のそれと遜色ない構造でした。

酒母室には驚きました。麹室を見せてもらった後に、「酒母室はあるのか」とたずねたら冷蔵庫を指差すのです。そうです、冷蔵庫の中に小さいバケツをいくつか入れていて、その中で酒母を育てているのだそうです。瓶を洗うための小さな洗瓶機もありましたが、これは近所のホームセンターで買ったのだそうです。誰がそのようなものをホームセンターで買うのだろうと思ったのですが、クラフトビールを家庭でつくる人が多いためホームセンターで簡易的な洗瓶機が売っているのだそうです。アメリカの凄まじさを感じさせられたと同時に、近所で売っているものでしっかりと工夫して自分の手で醸造所をつくってしまうクラフトマンシップに感激したものです。なお、シアトルは気候的にやや寒冷でお米の栽培に適していないため、原料米はカリフォルニア産とのことでした。しかしカリフォルニアでも山田錦などの酒米が育てられており大規模農業で価格も安いため、アメリカ各地の酒蔵はカリフォルニア産の酒米を不足の心配なく使用できるようです。

このように現地生産が進むことは日本国内の酒蔵にとってはライバルが増えることでもあるため良くないことと捉える意見も多いのですが、将来的には日本の酒蔵にとってもメリットは大きいと考えています。当然ながら、現地生産のSAKEは輸送費が安く済むなど低コストなため低価格で販売できます。

輸送距離が短いということは生酒などの鮮度命なSAKEも流通させやすくなります。そうなると現在では一部の人々のみのSAKEではありますが、現地生産が進むことでマーケットが急速に拡大することになるでしょう。こうなれば単純に需要が増えるだけでなく、日本から輸入された本場の「日本酒」を飲みたいという消費者も増えるでしょうし、高価格帯でも販売できるブランド力を「日本酒」が得ることにもつながります。SAKEが「世界酒」になるにはこうしたプロセスも必要ではないでしょうか。

第1節でも述べたことに戻りますが、輸出が増えると今度はその酒がつくられている場所に行ってみたいとなり、インバウンドが増え酒蔵ツーリズムが活況を呈す日が来るでしょう。そして「日本酒」の魅力を存分に味わったインバウンド客が帰国先でも飲んでくれたり、体験を人に伝えてくれたりすることでさらに輸出が増える、このような循環を日本酒アンバサダーになってくれた皆さんとともにつくっていきたいと願っています。

引用・参考文献

きた産業株式会社「世界と日本の『サケ』情報」（二〇二二年二月三日最終閲覧、https://kitasangyo.com/archive/sake-info.html）。

喜多常夫「お酒の輸出と海外産清酒・焼酎に関する調査（1）——日本の清酒、焼酎，梅酒の未来図」、『日本醸造協会誌』一〇四巻七号、二〇〇九年、五三一～五四五頁。

財務省「貿易統計」（二〇二二年二月三日最終閲覧、https://www.customs.go.jp/toukei/info/）。

総務省「家計調査」（二〇二二年二月三日最終閲覧、https://www.stat.go.jp/data/kakei/index.html）。

新潟市「平成二九年度　新潟市来訪者動態等調査報告」（二〇二二年二月三日最終閲覧、https://www.city.niigata.lg.jp/kanko/kanko/promotion/syokandeta.files/houkokusyo.pdf）。

ブックガイド

＊和辻哲郎『風土——人間学的考察』岩波書店、一九三一年。

モンスーンや砂漠といった日本および世界各地の自然環境が、いかにそこで暮らす人々の文化や風習や宗教などに影響を与えているかを解説し「風土とは何か」を解き明かそうとする本です。高校時分から地理学に強く惹かれていた筆者は、当時慕っていた先生からの推薦でこの本を手に取りました。哲学的な考察に富んでおり容易く読める文章ではなかったのですが、自然と人間が織りなすドラマに心躍らされながら読み進めたことを覚えています。アルコール飲料というものもまさに人間学的であり地理学的であり風土の賜物だと思いますが、だからこそ私を含め皆さんが日本酒の魅力に取りつかれてしまうのは当然のこと。無駄な抵抗はやめて、さらに日本酒の奥深くまで歩みを進めていきたいものです。

第一四章　日本酒と料亭・花街の文化

岡崎篤行

筆者の所属は建築学プログラムで、専門は都市計画です。ご承知の通り、飲食を楽しむ際には、空間も重要な要素になります。日本酒に関係する建築や都市空間として、料亭があげられます。料亭と切り離せないのが、お座敷で舞踊や邦楽を披露する芸妓《げいぎ》です。料亭、茶屋などが集まり、芸妓が活動する市街地の一画を花街《かがい》と呼びます。花街は日本の伝統文化を継承する上で、極めて重要な役割を果たしています。本章では、日本酒を嗜む正式な場所としての料亭、そして花街の魅力や意義について考えてみたいと思います。

1　町並みを彩る酒蔵

日本酒と関わる建築として、まず料亭をあげたことを意外に感じる方もいると思います。料亭は消費の場ですが、製造の場として、直接日本酒に関わるのが酒蔵《さかぐら》です。そこで、本題の料亭の話に入る前に酒蔵について、少し述べたいと思います。

ここでいう酒蔵とは酒造場のことで、店舗、住居、工場、庭園など多様な要素を含む大きな敷地です。私は全国各地の歴史的町並みに調査に行くのですが、造り酒屋の軒先に杉玉が吊るされているのを見かけます。酒林《さかばやし》ともいい、新酒が出来たことを知らせるもので、酒蔵の目印になっています。それで気がついたのですが、町場には酒蔵が存在することが、よくあります。以前は日本人が飲む主なお酒は日本酒で、地産地消でしたから、よく考えれば当然のことです。地元の有力者が経営していることも多く、酒蔵は町のシンボルでもあるのです。

例えば、新潟大学五十嵐キャンパスに近い内野（新潟市西区）の町には「鶴の友」の銘柄で知られる樋木酒造があります。主屋や土蔵が国の登録有形文化財になっており、地域の景観に彩りを添えています。県内には令和三（二〇二一）年一月現在、約九〇件もの酒蔵（新潟県酒造組合加盟のもの）があり、全国一の数を誇ります。

近年では、工場見学の他、資料館やカフェなどとして公開するところも増えています。酒蔵ツーリズム（佐賀県鹿島市の登録商標）という言葉もあり、観光資源としての新たな価値が生まれています。例えば、新潟県長岡市にある吉乃川では、大正時代に建設され、国の登録有形文化財になっている倉庫を改装し、令和二（二〇二〇）年一〇月に酒ミュージアムとしてオープンさせました。また、同じく長岡市の朝日酒造では、昭和初期に創立者が建てた洋館付き和風住宅「松籟閣《しょうらいかく》」が、国の重要文化財に指定されています（令和三年一月現在、修理のため一般公開は中止されている）。酒蔵については、まだ研究を始めたばかりですので、いずれ別の機会に成果を報告したいと思います。

2　料亭と和宴の文化

これ以降は、一〇年以上に渡り、全国各地の研究者や研究室の学生と一緒に研究してきた料亭、花街について述べたいと思います。都市計画学は、物理的空間を扱うのみでなく、都市や計画に関わる社会、歴史、文化なども含めて研究する文理融合の学問分野です。とはいえ、料亭、花街に関連する分野は非常に幅広いので、筆者の本来の専門以外のことも含めてお話せざるを得ません。宴会や和食については、専門的に研究したわけではなく、料亭、花街を研究する上での基礎知識として勉強した程度です。詳しい方には当たり前のこともあるかと思います。しかし、学生達に話を聞くと、近年は和室で過ごす機会すら無くなりつつあります。そこで、調査の一環で、全国各地の料亭で食事をさせていただいた経験を踏まえ、今の筆者にできる範囲での解説を試みたいと思います。

皆さん、「ワインを飲むのに一番正式なところは?」と聞かれてどこを思い浮かべるでしょうか。近年は、居酒屋でも、ファミリーレストランでもメニューにあります。しかし、一番正式なお店といえば、やはりのフレンチレストランになるのではないでしょうか。テレビドラマのシーンにも出てくるように、人生の大事な場面で、高級なフレンチのコース料理を食べながら、上等なワインを飲みたいと思う日本人は少なくないと思います。

では、日本酒を飲むのに一番正式なお店はどこでしょうか。手軽に居酒屋で飲む人が多いと思いますが、フレンチレストランに相当する日本のお店は何でしょうか。それは恐らく料亭でしょう。現代の日本人にとって、料亭を使う機会は非常に少なくなってしまいました。しかし、地方都市では、まだ料亭を使う文化が比較的残っています。筆者自身も福岡や東京で過ごしてきた中では、料亭に行く機会はありませんでした。ところが、約二〇年前に新潟大学に着任した時、学科が開いてくださった歓迎会の会場が、内野にある「松のや」さんという料亭だったのです。それまで料亭で宴会を開くという経験がなかったので、非常に驚いたのを覚えています。

料亭というのは、主に日本料理を提供する高級飲食店のことをいいます。元は料理屋と呼ばれており、料亭という呼び名は比較的新しいものです。ただ、一般には料亭の方が通じやすいと思いますので、ここでは料亭という言葉を用いることにします。料亭では、会席料理と呼ばれるコース料理をいただきながら、お酒を飲みます。ビールも出ますが、やはりメインは日本酒でしょう。あまり見かけない、特別に上等な銘柄が用意されていることもあります。料亭は、今でも両家の顔合わせ、結納、お食い初め、還暦のお祝いといった慶事や法事など、人生の節目となる重要な場面で使われます。企業等の接待も多く、また大広間があるので各種団体の宴会にも用いられます。また後の節で詳しく述べるとおり、料亭では、元来、芸妓を呼ぶのが通例です。逆にいえば、芸妓を呼べるお店が、本来の料亭です。もっとも、最近では洋装の宴会コンパニオンさんを呼ぶことも多いようですが。

料亭が日本酒を飲む正式な場所というのは、単に高級というだけではありません。お酒を飲むにも、本来は作法があるのです。例えば、図14・1の道具をご存知でしょうか。まず右側の徳利の下に置かれているものですが「袴《はかま》」といいます。徳利が倒れないように安定させたり、こぼれたお酒で周囲が汚れるのを防いだりするものです。また、料亭の座卓（今風に言えばローテーブルでしょうか）やお膳（一人前の食器を置く小さな台）は、居酒屋や一般家庭のものとは異なり、漆塗りなどの上等なものです。徳利を含め陶磁器の底は、素焼きのザラザラした部分が露わになっていることもあります。そこで、徳利を座卓などに置く時に傷を付けないように袴をはかせるのだそうです。ちなみにこの袴、お茶屋で芸舞妓さんと「金比羅船々」という定番のゲームをする時には、大事な小道具になります。

なお、徳利に限らず、料亭では卓上のお皿などを手元に寄せる時、そのまま引っ張ってはいけません。傷が付かないように持ち上げて運びます。また、徳利やビール瓶が空になったことを示すため、横に倒して置くのをみかけますが、これも転がって他の皿にぶつかったり、床に落ちたりする恐れがありますから、マナー違反とされています（第一二章参照）。

もうひとつの左側の道具ですが、これは知らない方も多いと思います。筆者の場合は、運良く比較的

図 14.1　杯洗と袴

出典：久保有朋氏撮影。

若いうちにこれに出会いました。今から三〇年ほど前の大学院生時代、町並み調査で訪れた岐阜県飛騨市の旧古川町で呼ばれた宴会でのことです。古川は町並みも含め、本来の日本の文化や習慣が色濃く残っているところで、宴会も昔ながらの正式な方法によっていたのです。これは「杯洗／盃洗《はいせん》」と呼ばれるもので、今では料亭くらいでしか見かけなくなりました。以前の宴会の作法では、まず目上の人の杯にお酒をつぎ、つがれた人は自分が飲んだ後の杯《さかずき》を、この杯洗で軽くすすいでから相手に渡し、それにお酒を注ぐことになっていました。これを返杯といい、当然ながら杯洗は必需品になります。最近では料亭ですら、使う人が減って、杯洗を出さないことも増えているようです。古川では宴会の最初は、皆、正座しています。参加者全員で祝い歌を歌い、それが終わってから、足を崩してお酒を飲み始めます。座布団を足で踏んではいけないと教わったのも古川の宴会でのことです。なお、お座敷では芸者さんは自分の杯は持たず、お客から返杯を受けるのがしきたりということですので、やはり本来は杯洗が必要になります。

これらのことは、以前の日本人にとっては、教わるまでもない常識だったようです。現代では中学や高校で、洋食のテーブルマナーを学ぶことがありますが、むしろ和食の作法こそ教わらなければならなくなってしまったのかもしれません。

3　伝統文化としての和食

西洋化が進む日本人の生活ですが、衣食住の中で、もっとも日本文化が残っているのは食かもしれません。とはいえ、日本人の食生活の中で和食が占める割合は低下していると言われています。衣についていえば、和服、つまり着物を着るのは成人式、卒業式、結婚式など限られた儀式の場くらいになってしまいました。そもそも、洋服という言葉を用いる時、「西洋の服」と意識している人は少ないでしょう。単に着る物という意味で使っているはずです。着物と逆転してしまったわけです。住についてもしかりですが、後で詳しく述べたいと思います。

ユネスコ（国際連合教育科学文化機関）は、世界遺産条約が対象としてきた有形の文化遺産に加え、無形文化遺産についても国際的保護を推進するための条約を二〇〇三年に採択しています。日本では、能楽、歌舞伎、新潟県内の小千谷縮・越後上布などに続いて、二〇一三年に「和食：日本人の伝統的な食文化」が登録されました。農林水産省のウェブサイトでは和食の特徴として、次の四つの点があげられています。第一は「多様で新鮮な食材とその持ち味の尊重」です。地域に根差した多様な食材があり、素材を活かす調理技術・調理道具が発達しているとされています。

第二は「健康的な食生活を支える栄養バランス」です。一汁三菜を基本とし、理想的な栄養バランスと動物性油脂の少ない食生活で長寿や肥満防止に役立っているとされています。一汁三菜については後で述べます。

第三は「自然の美しさや季節の移ろいの表現」です。季節の花や葉などで料理を飾りつけたり、季節に合った調度品や器を利用して、自然の美しさや四季の移ろいを表現するとされています。着物も含め、季節感を重んじるのは日本文化の大きな特徴だとされています。西洋でも季節を楽しむ感覚はあるのですが、日本では単に四季だけではなく、二四節気とも言われるように、こだわりの程度が違うように思えます。例えば、京都の舞妓さんの花かんざしは、月ごとに変わります。

第四は「正月などの年中行事との密接な関わり」です。自然の恵みである食を分け合い、食の時間を共にすることで、家族や地域の絆を深めてきたとされています。

和食にも色々ありますが、フレンチのフルコースに相当するような正式な和食は何でしょうか。まず、本膳料理というものがあるのですが、現代ではほとんど廃れてしまったといわれています。一方、今でも広く料亭で提供されているのが、本膳料理を簡略化したといわれる会席《かいせき》料理です。ちなみに、同じ発音で懐石料理というものもありますが、これは茶道の一環で提供される別の食事です。

会席料理はコース料理で、出された順番に食べていくのが基本のようです。仲居さんが空いたお皿を下げて、次の料理を置いてくれます。汁物一品、料理三品の一汁三菜を中心に構成されます。正式な定義は少し難しいので、一般的に提供される例でいうと、ご飯、漬物と一緒に出される汁物に加え、刺身、煮物、焼き魚の三品という具合です。このほかに、最初に出されるのは先付、八寸などといわれる前菜で、趣向を凝らして目を楽しませる盛り付けがなされています。揚げ物、蒸し物、鍋物、和え物、酢の物などが出されることもあります。最後は水菓子といわれるデザートですが、メロンなどの高級果物が多いように思います。全部で一〇品くらい出てきますので、相当満腹になります。

無形文化遺産の説明にもあったように、和食において器は重要な要素になっています。日本では各地に陶磁器の産地があります。たとえば金沢の料亭では、やはり九谷焼が使われます。器に盛られた食べ物をとると、下から何かしら意味のある絵柄が出て来ることもあります。料亭に行くならお正月はお薦めです。家庭ではできなくなった本格的な正月飾りや、干支にちなんだ縁起物などを楽しむことができます。

4　料亭建築の特徴

二〇二〇年には「伝統建築工匠の技：木造建造物を受け継ぐための伝統技術」もユネスコ無形文化遺産に登録されました。建造物木工、屋根瓦葺（本瓦葺）、畳製作など一七件の選定保存技術で構成されます。これもあまり意識されていないかもしれませんが、近年では住居でさえ、従来の日本建築は造られなくなっています。以前は当たり前だった畳の部屋や瓦屋根を持つ新築物件は、今やなかなか見当りません。このままだと将来は、文化財など限られた建物を除いては、純粋な日本建築が無くなってしまうかもしれません。最近は、日本建築とセットだった和風の庭をしつらえることもなくなりました。空地はコンクリートで固められた駐車スペースと小さなイングリッシュガーデンで占められています。造園業の方の話では、最近は木を植えるより、切る仕事の方が多いくらいだそうです。

現代の料亭は、鉄筋コンクリート造のビルに入っていることや鉄骨造のこともありますが、少なくとも内装は和風で、外観もなるべく和風にすることが多いと思います。料理に限らず日本文化を重んじる業種なのでしょう。明治から戦前までに建てられた伝統的な料亭の建物は、主に近代和風建築と呼ばれます。旅館やお屋敷と同じ様式です。意匠としては、格式を重んじた書院造と、茶室に由来し、軽妙洒脱な数寄屋造《すきやづくり》とが併用されます。料亭建築では、数寄屋風の意匠が目を引きます。竹や丸太を用いたり、細かい造作を施したり、木口を銅板で仕上げたりと、手の込んだ大工仕事がなされています。このように料亭建築は立派に造られた上等なものですが、一般的には、これ見よがしに豪華絢爛で派手というわけではありません。上質でありながら、粋で、落ち着いていて品がいいというのが料亭建築だと思います。これは芸者さんにもいえることです。和風のお庭も重要な要素です。庭屋一如と言われますが、お座敷に座って、庭を眺めることを前提に全体が設計されています。

また大人数の宴会が可能な大広間も特徴にあげられます。一〇〇畳敷くらいまでは時々見かけますが、新潟市中央区古町地区の鍋茶屋さんは、全国的も希な二〇〇畳敷の大空間を有します。現代でいえばホテルの大宴会場のようなものでしょう。近年では、このような広間を利用した料亭ウエディングも人気を博しているようです。料亭の機能は多様で、食事や宴会のみでなく、今では公民館やホテルで行われることが多い、会議、お稽古事の練習や発表会などにも用いられます。また昔はカラオケがなかったので、料亭に芸者さんを呼んで、三味線の生伴奏で当時の流行歌を歌ったそうです。料亭が日本人の生活にとって不可欠だったことが想像されますし、だからこそ全国至る所に有ったのでしょう。残念ながら、料亭は減少の一途をたどっています。現代のニーズや価値観と合わない部分が出てきたのもあるかもしれませんが、日本人が日本的な生活をやめてしまったことにも関係するのではないでしょうか。

幸い新潟には、まだ組合に加盟する料亭が一二軒ほど営業しています。全国的にみても多い方です。中でも前述の鍋茶屋さんと、少し離れた中央区西大畑にある行形亭《いきなりや》さんは、歴史、規模、格式からみて、全国でも有数の料亭です。いずれも江戸時代の創業で、建物は国の登録有形文化財になっています。鍋茶屋さんの大広間は昭和初期に建てられた木造三階建の最上階にあります。二階建てで明治時代に建てられた棟もあります。都市の中心部にあって、威容を誇っています。行形亭さんは二〇〇〇坪の広大な敷地に、複数の棟が配されています。お庭には池や滝もあります。新潟の人にとっては、一生に一度は入ってみたい憧れの二大料亭ですが、全国的に見ても貴重であり、まさに新潟の宝です。

なお、新潟のよいところは、料亭の幅が広く、比較的リーズナブルな料金設定のお店もあるところです。おかげで、サラリーマンのポケットマネーでもお座敷に上がることができます。金沢にも多くの伝統的料亭があり、市も支援しています。東京で有名な料亭建築といえば、新橋の新喜楽さんがあります。近代数寄屋建築の生みの親として知られる吉田五十八の設計で、直木賞・芥川賞の選考会会場としても知られています。

5　伝統文化継承者としての芸妓

これまでお話してきたように、日本文化は全般にじわじわとですが消滅の危機にあるといっても過言ではないと思います。どうして、そうなってしまったのでしょうか。誰も日本文化を滅ぼそうと思っているわけではないでしょう。ただ新しくて便利なものを選択したら、それが結果的に西洋文明だったということなのだと思います。私たちは、もう過去のような日本文化による生活には戻れそうにありません。でも、どこかで誰かが日本文化を守ってくれるはずと期待しているのではないでしょうか。実はそれが芸者さんなのです。詳しいことは次の節で述べますが、まず芸者さんとは何かについて考えたいと思います。

芸者さんのことを正式用語では芸妓といいます。お医者さんと医師のようなものだと思います。芸妓組合とはいいますが、本来は芸妓さんとはいいません。芸者さん、あるいは芸者衆といいます。ややこしいのですが、京都、金沢などでは芸妓と書いてげいこと読みます。なお、舞妓《まいこ》さんというのはテレビドラマや映画にもなっているので、よく知られた用語ですが、これは若くて一人前になる前の芸妓《げいこ》さんのことです。舞妓さんに相当する若い成り立ての芸者さんのことを、東京などでは半玉《はんぎょく》さんといいます。現代では、多くの日本人にとって、本物の芸者さんに接する機会がほとんどなくなってしまったので、入ってくる情報といえば、時代劇や映画くらいでしょう。そのためか、誤解や偏ったイメージが定着してしまったようです。まず、理解しなければならないのは娼妓（遊女）と芸妓は違うということです。先にも述べましたが、少なくとも現代の芸者さんは派手ではなく、色気を前面に出すようなこともありません。基本的に粋で、上品を旨とする方々です。

昔は生活苦から芸者さんになる人も少なくなかったと聞きますが、現代において、芸妓を目指す動機は、着物、音楽、舞踊など、何らかの日本文化に興味があるからのようです。そうでなければ、わざわざ大変な思いをしてお稽古に励む意味がないでしょう。京都には憧れの舞妓さんになるために、全国から中学を出たばかりの若い女性たちが集まってきます。

芸妓の職能は「おもてなしと芸」であると言われます。「芸がなければ芸者じゃない」ともいわれ、逆に芸さえあれば、生涯現役でいられます。実際、九〇歳を超えてお座敷に出る方もいらっしゃいます。ここでいう芸とは、主に日本舞踊と、その伴奏としての三味線、笛、鼓などの音楽を指します。つまりいわゆる古典芸能です。他に俳句なども芸のうちです。京都の舞妓さんは、茶道も必修です。今の日本で、おそらく最も日本人らしい生活をしているのが芸者さんでしょう。今時、かつらとはいえ、日本髪を結っている人は他に見当たりません。舞妓さんに至っては地毛のため、時代劇でしか見ないような箱枕で寝ているそうですから、毎日が修行です。

筆者が拝見する限り、芸者さんの根幹をなしているものは、日本舞踊だと思います。その象徴に、各花街の芸者衆が総出演し、毎年一回開催される日本舞踊公演があります。京都の祇園甲部という花街が主催し、明治の始めから続く「都をどり」が最初といわれています。花街のメインイベントであり、芸者衆はこれを目標にお稽古を積んでいます。地方では、日本舞踊公演が催されることも少なく、花街の「をどり」は貴重な機会になっています。なお「お」ではなく「を」を用いるのは、伝統を重んじてか、今でも旧仮名遣いによっているからです。もっとも、この公演の実現は費用等で容易ではなく、近年は京都、東京、金沢、福岡など、限られた都市でしか開催されていません。そのような中で、新潟では「ふるまち新潟をどり」が毎年、りゅーとぴあ（新潟市民芸術文化会館）で開かれています。

筆者の祖母くらいの世代までは、女子の習い事といえば、お琴や日本舞踊でした。それが今では、ピアノとバレエに代わりました。私たちは小学校から音楽の授業でクラシック音楽を学び、バイオリンのことは多少知っていますが、三味線についてては実物を見る機会すらありません。今、CD売り場の邦楽コーナーを見るとロックやポップスの曲が並んでいます。つまり日本人が演奏している西洋音楽です。本来の邦楽である三味線音楽や箏曲などは、一番隅に小さく設けられた純邦楽というジャンルに追いやられています。このように音楽の分野でも、芸者さんは日本文化の貴重な継承者になっています。もちろんプロの演奏家もいます。しかし、芸者衆が「本職さん」と呼ぶそれらの方々や、お稽古ごととして習っている一般の生徒さんだけでは、人数やレベルの広がりという面で限りがあるのです。

新潟の花柳界には他とは違う特徴があります。それは芸妓を育成するために、多くの地元企業が出資して約三〇年前に設立された柳都《りゅうと》振興株式会社があり、若手芸妓は社員として現代的な条件で雇用されている点です。なお、柳都というのは、堀割に沿って植えられた柳並木にちなんだ新潟の美称です。ハローワークにも求人が出ており、高校の先生に紹介されて面接を受ける人もいるそうです。福利厚生も充実し、お稽古に専念できる安定した生活が保証されている、全国でも類を見ない画期的な仕組みです。社員とはいえ、独立したベテランの芸者さんたち同様、正当なお稽古を積んだ立派な芸者さんです。

6　花街は最後の純和風空間

最初に述べたとおり、芸妓を呼べる料亭、茶屋などの店舗が分布している市街地の一画を花街《かがい》と呼んでいます。音読みなのは、語源が中国の「柳巷花街《りゅうこうかがい》」という古語だからです。花柳界の語源も同じです。昭和からは「はなまち」という訓読みの方が普及しましたが、近年では、また正式な「かがい」に戻りつつあります。混同されやすいのは吉原に代表される娼妓の遊廓です。以前は、遊廓、色街も含めて、広義に花街といわれていました。しかし、明治以降の政策で、一般的に娼妓と芸妓の営業地は分離されていきます。こうして芸妓のみの狭義の花街が形成されます。戦後には売春が禁止され、簡単にいえば、狭義の花街だけが生き残ったことになります。

以前、日本人が皆、日本文化で生活していた時代は、花街は社交や遊興の場所として機能していました。そういう意味では特殊な場所でした。しかし、これまで述べてきたように、日本人の生活がほぼ西洋文明に入れ替わった現在では、花街には当事者の方々の意図とは必ずしも関係なく、別の意義が生まれたのです。それは、あらゆる日本の伝統文化を包括的に継承する、恐らく唯一の場所だということです。ハード面でいえば、建築、庭のみでなく、路地などの都市空間も含まれます。ソフト面では、料理、酒、衣装、髪型、舞踊、邦楽、茶道、華道、香道、書道、日本画など、すべての要素が花街にあります。個別にはそれぞれのお師匠さんやお弟子さんが守っているわけですが、全て一括してとなると花街以外に見当たらないのです。花街は最後の純和風空間といってもいいでしょう。これは重要かつ普遍的な価値だと思います。

さきほどからお座敷という言葉を使っていますが、これは日本建築の住居の中で接客に用いられる最も上等な部屋のことです。最近の一般住宅では、ほとんど造られることがなくなりました。また、料亭や旅館などの和室も、お座敷であることが一般的です。このことから派生したのか、芸妓を呼んで催す宴会自体もお座敷と呼びます。部屋としてのお座敷には、一般に床の間が設けられています。日本建築の主要な見どころの一つです。図14・2のように床の間には香炉が置かれ、壁には日本画の軸がかけら

図 14.2　料亭の床の間

出典：筆者撮影。

れています。生け花が飾られることもあります。お座敷では、これらの美術品を拝見する楽しみもあります。それも含めて考えると、料亭の値段も、決して法外に高いわけではないことが理解できます。印象派の巨匠の名前を複数あげられる日本人は多いと思いますが、日本画家の名前を何人あげられるでしょうか。筆者も恥ずかしながら、料亭のお座敷に上がるようになってから、小林古径や土田麦僊を覚えました。いずれも新潟県出身の著名な日本画家です。

花街は、以前は全国どこの街にもありました。定義にもよりますが、現在では現役といえる花街は六〇か所程度と推定されます。東京区部には新橋、赤坂、神楽坂、葭町（日本橋）、浅草、向島の六花街などがあります。多摩には八王子の中町があります。京都には祇園甲部、祇園東、先斗町、宮川町、上七軒の五花街などがあります。金沢には、ひがし、にし、主計《かずえ》町《まち》の三茶屋街があります。新潟には先述の古町があります。中には名古屋のようにまとまった花街がなく、市街地に料亭が分散しているところもあります。新潟県内には比較的多く残っており、長岡、高田、三条、新発田、巻などがあります。

これらの中で、大規模空襲を免れ、戦前の花街の町並みがまとまって残っているのは、京都、金沢、そして新潟です。ただし京都、金沢はお茶屋さんの花街で、それ以外は、少なくとも現在は、北海道から九州まで、料亭の花街です。したがって、戦前の面影を残す伝統的料亭街としては、新潟古町（図14・3）が全国で随一といえます。料亭と茶屋の違いは、お店の仕組みにあります。一般に料亭は板前を抱え、自前の料理を提供します。これに対し、

図 14.3　古町花街

出典：筆者撮影。

茶屋は板前を抱えず、基本的に料理は仕出しを取ります。またこれも一般論ではありますが、茶屋は料亭に比べて小規模で、普通は大広間はありません。

花街は単に日本文化を継承するだけでなく、料理、音楽、美術工芸品、方言などの面で、郷土文化も守っています。これらのことから、近年では花街の文化遺産、観光資源としての価値が見直され、行政や経済界がその活用や支援に取り組んでいます。花街のまちづくりに取り組む市民も増えています。確かに料亭は減っていますが、このまま衰退するだけとは決め付けられません。むしろ、新しい価値を見出し、未来に継承すべき存在といえるでしょう。

ローカルな文化は、普遍的な文明に比べて脆いものです。文化は守らなければ残せません。花街という文化を守るためには、新しい文明の力も必要だと思います。筆者はその一つがまちづくりだと思っています。これからも、色々な方々と協力して、花街のまちづくりに取り組んでいきたいと思います。

引用・参考文献

浅原須美『東京六花街——芸者さんに教わる和のこころ』ダイヤモンド社、二〇〇七年。
太田達・平竹耕三編著『京の花街——ひと・わざ・まち』日本評論社、二〇〇九年。
小林信也『柳都新潟古町芸妓ものがたり』ダイヤモンド社、二〇一八年。

加藤政洋『花街――異空間の都市史』朝日新聞出版、二〇〇五年。

西尾久美子『京都花街の経営学』東洋経済新報社、二〇〇七年。

農林水産省「『和食』がユネスコ無形文化遺産に登録されています」(二〇二二年二月三日最終閲覧、https://www.maff.go.jp/j/keikaku/syokubunka/ich/)。

初田亨・大川三雄・藤谷陽悦『近代和風建築を探る』上下巻、エクスナレッジ、二〇〇一年。

藤村誠『新潟の花街』新潟日報事業社、二〇一一年。

ブックガイド

＊木下光・東野友信・前谷吉伸『日本の美しい酒蔵』エクスナレッジ、二〇一八年。

全国の酒蔵建築を幅広く紹介する本としては、類例がなく貴重な書籍です。カラー写真を中心に構成され、誰でも気軽に楽しめる一方、専門的にも充実したガイドブックになっています。著者のバックグラウンドを反映して、建築・都市デザインの観点から、各酒蔵の詳細な解説がなされています。全国から三五件、新潟県からは八海山の八海醸造（南魚沼市）、朝日山や久保田の朝日酒造（長岡市）、鶴齢の青木酒造（南魚沼市）の三件が紹介されています。巻末には酒造用語の解説もあります。

＊全国料理業生活衛生同業組合連合会和宴文化研究会編著『おもてなし学入門――和宴の文化と知識』ダイヤモンド社、二〇〇七年。

料亭・料理店とそこでのおもてなしについて、体系的に書かれた稀な本として重要なテキストです。もてなしの伝統、日本料理や料理店の歴史、数寄屋造り等の建築も含めたもてなしの空間、もてなしと芸能や茶道・華道などの芸道との関係、料亭・料理店と花街との関係、現代の風営適正化法における扱いなど、あらゆるテーマについて、歴史から現況まで、詳細に説明されています。過去とは状況が変わった料亭・料理店の問題について、立ち止まって考えるための一冊という位置づけで、巻末で「本質に帰るべき」と説いています。

＊浅原須美『夫婦で行く花街――花柳界入門』小学館、一九九八年。
「花街は決して限られた人たちの遊び場ではない」という思いから、全国の花街や料亭を旅する形式で書かれたわかりやすいガイドブックです。戦前を除けば類書はなく、丁寧な取材に基づく労作です。まず冒頭で、花街の歴史、仕組み、料金体系、遊び、習わし、四季について解説しています。続いて、北は札幌から南は熊本まで、新潟古町を含む一九の花街について、花街の成り立ち、主な料亭、お座敷や芸者衆の特徴、お土産ものまで、訪れる人にとって有益な情報が網羅されています。今となっては貴重な史料でもあります。

コラム7

海外からみた日本酒

アンドリュー C ウィタカ

世界で日本食（和食）の人気

日本食は世界中で非常に人気があります。筆者の出身地である英国の例をいくつか挙げてみましょう。筆者が英国で育った一九七〇年代から一九八〇年代には、おそらくロンドンでしか美味しい日本食レストランを見つけることができず、それは非常に高級で非常に高価だったでしょう。日本食レストランはとてもめずらしかったのです。

しかし、今では状況が大きく異なります。「Yo! Sushi」や「Wagamama」などの人気レストランチェーンが英国中に広がっています。英国人は、ラーメン、丼物、天ぷら、そしてもちろん寿司などの料理を楽しむことができます。筆者がイギリスに帰国した時、ヒースロー空港からロンドンに到着するパディントン駅で回転寿司も見つけました。お弁当を販売しているお店「Wasabi Sushi ＆ Bento」などもあり、コンビニエンスストアやスーパーでも寿司を見つけることができます。現在、一般的な人々は英国でさまざまな日本食に親しんでいます。

二〇一三年にユネスコが和食を無形文化遺産に指定したことは、日本食と日本酒が世界中でさらに評価される絶好の機会です。日本食を楽しむようになれば、きっと日本酒と共にさらに日本食を楽しむことになるでしょう。

海外からみた日本酒のイメージ

まず第一に、英国や海外でよく見られる日本酒についての誤解がいくつかあります。日本酒はウイスキーのように蒸留して作られたスピリットドリンクだと多くの人が考えているため、アルコール度数も非常に高いと考えています。もう一つの誤解は、すべての日本酒はほとんど同じであり、常に熱燗で楽しんでいると思っています。この誤解は、多彩な日本酒についての知識と認識の欠如の結果です。最後に、日本酒は洋食とは合わないと思い込まれているため、料理との組み合わせが難しいと考えられます。

筆者も日本に来る前は、この中のいくつかの誤解をしていました。しかし、日本に二〇年以上住んでいる筆者の現在の日本酒のイメージを皆さんへお伝えしたいと思います。筆者の第一印象は、日本酒は地元の文化を反映しており、英国の地元のエールの多様性と同じように、日本全体で非常に多様であるということです。地域によってスタイルや好みは異なります。筆者の故郷のケントでは、新潟が何百もの美味しい日本酒を生産するのと同じように、何百もの美味しいエールを生産しています。地元の小さな生産者がたくさんいて、切磋琢磨しています。日本酒は日本の文化や伝統の重要な部分であると感じており、筆者自身も彌彦神社（新潟県）での結婚式の不可欠なしきたりとして日本酒をいただきました。

何よりも、イングリッシュエールがイングリッシュチーズやミートパイととても合うように、日本酒は、日本食の楽しみを高めると感じています。日本酒のラベルはエレガントな漢字の美しい芸術作品であることも、イメージに貢献しています。最近、英語の情報が追加されたことで、さまざまな種類の日本酒を見分け、探しているものを見つけることが、はるかに簡単になりました。

日本酒のアピール

筆者にとっての魅力の一つは、日本酒がワインやビール、スピリッツとは異なり、麹を使った複数の並行発酵によって製造されるという点で独特の飲み物であることです。ワインの魅力は、さまざまな地域のさまざまなブドウの品種、さまざまな土壌と気候の特徴、生産者の技術、そしてそれらすべてがワインの味にどのように貢献しているのかということかもしれません。でも日本酒はどうですか？　日本酒の味を決める物は何ですか？　もし海外の人たちにこの答えを教えられれば、日本酒の魅力を高めることができると思います。彼らに答えを教えてあげませんか？

　最近、海外でお酒を楽しむ人たちは、純米大吟醸のような最高品質の日本酒を高く評価するようになりました。そういった人たちは、米粒をさまざまな程度に磨いて酒の味を変えたり改善したりする技術に精通しているかもしれませんし、純米酒の純粋さの魅力を好むかもしれません。しかし、日本酒を作るために使用される特別な酒米の品種や、最高の日本酒を作るために必要な寒い雪の冬ときれいな軟水の重要性についてはあまり知られていません。酒の物語は、世界中の人々にアピールするための最高のイメージを生み出す上で重要です。おそらく長い歴史を持つ、地元で経営されている酒蔵での杜氏の伝統的な技術を伝えることは、日本酒をアピールする方法の一つです。

日本酒について話そう

あなた「May I help you choose some sake?」（日本酒の選び方で何かお困りですか？）

外国人「Which sake pairs well with sashimi?」（刺し身に合う日本酒はどれでしょうか？）

あなた「Let me see, light and smooth sake pairs well with raw fish like sashimi.」（そうですねえ、軽くてスムースなお酒は刺し身のような生魚に合いますよ）

外国人「Do you drink this hot or cold?」（これはHotで飲みますか？ Coldで飲みます？）

あなた「It's OK as you like, but it is better to drink chilled if the sake has high aroma.」

（お好みで大丈夫ですが、香りの高いお酒は冷やして飲んだほうが良いと思います）

外国人「There are various types of sake, but what are the differences?」（いろんな種類のSakeがあるけど、どういう違いがあるの?）

あなた「It is distinguished by how much the rice is polished, whether brewer's alcohol is added or not, and so on.」（米をどれだけ磨くか、醸造用アルコールを使うか否かなどによって区別されています）

外国人「Ginjo seems expensive, is it a good sake?」（吟醸は高いようですが、良いお酒ということですか?）

あなた「Generally, Ginjo sake is expensive and its fragrance is gorgeous, but whether it is a good sake or not is another story. Please focus on other elements like umami, flavor, matureness, smoothness, and find your taste!」（一般的に、吟醸酒は高価で香りが華やかですが、良い酒かどうかは別の話です。旨味、熟成度、滑らかさなど、他の要素にも注目して自分の好みを探してみてください）

外国人「What is Sake? Is it different from Shochu」（Sakeって何? Shochu と何が違うの?）

あなた「Sake is a brewed drink like wine and beer, and shochu is a distilled spirit like whisky and gin. Wine is made from grapes, but sake is made from rice」（Sake はワインやビールと同じような醸造酒で、Shochu はウィスキーやジンのような蒸留酒です。ワインはぶどうからつくられますが、Sake は米からつくられます）

おわりに

「日本酒学」講義の追体験、お楽しみいただけたでしょうか。日本酒学には、文系・理系の枠組みを超えた大きな広がりがある事をご理解いただけたのではと思います。

日本酒学の概念が共有され始動した瞬間を鮮明に憶えています。二〇一六年九月三〇日、新潟大学の二名の教員（鈴木一史、岸保行）が、経済学部と農学部の意見を携え新潟県酒造組合を訪れ、大平俊治・県酒造組合会長に「新潟大学を日本酒の教育研究拠点にしたいのでご協力を」と要請しました。その際、大平会長は「たいへん有難いお話です。それは我々が求めていた日本酒を中心に全ての分野が集う日本酒学です。大学全体（全学）で取り組まれるなら協力します。」と応対しました。一同、新潟大学を日本酒学の世界的拠点に、という目標を掲げた記念すべき日となりました。

日本酒学・サケオロジーは世界で初めて誕生した学問です。二〇一八年四月の「日本酒学」の初回講義には、定員二〇〇名に対し八〇〇名を超える聴講希望がありました。なぜ、こんなに学生に人気があるのだろうかと思いました。学生の声は、「酒どころ新潟にきたので日本酒を学びたい」「日本の文化の一つとして日本酒を学びたい」「酒類の知識と飲酒のマナーを学び格好良く飲める大人になりたい」など、動機はさまざまのようです。一つの分野に留まらない広がりと面白さ、日本酒の新たな魅力があるのかもしれません。

他者の言葉によって、はっと気づかされる瞬間があります。例えば、二〇一八年二月のボルドー大学ブドウ・ワイン科学研究所（ＩＳＶＶ）を三者（新潟県、新潟県酒造組合、新潟大学）で訪問した際の所長Alain Blanchard 教授の言葉。「我々は産官学の連携を構築するのに苦労しました。あなた方の三者連携は素晴らしい。ＩＳＶＶも最初は建物のないバーチャルからのスタートでした」。このエールから、三者連携の重要性を再確認しました。

また、二〇一九年一月のカリフォルニア大学デービス校（Robert Mondavi Institute）の訪問の際には、所長Andrew Waterhouse 教授から「日本酒は神秘的です」との発言がありました。おそらく、ワイン研究者は、米（デンプン）から醸し出される日本酒のユニークな醸造法、そして原料ブドウの品質によって酒質が変化するワインと比較して一定の酒質が生み出される日本酒、それらに神秘性を感じているのではと思いました。

多方面からの研究によりその本質に迫る、日本酒の新たな魅力を発見する、日本酒学のコンセプトかもしれません。今後の日本酒学の広がりを楽しみにしてください。

最後に、本書の企画から執筆に至るまで、温かく、辛抱強く、励ましていただきました島村真佐利氏・水野安奈氏に感謝いたします。

二〇二二年一月

新潟大学日本酒学センター・副センター長　平田　大

ま　行

や　行

ら　行

わ　行

な　行

は　行

た　行

さ　行

索　引

（「日本酒学」は頻出のため省略した）

岡崎篤行（おかざき・あつゆき）**第一四章**
新潟大学工学部教授。

アンドリュー C ウィタカ（Andrew C Whitaker）**コラム7**
新潟大学農学部准教授。

伊豆英恵（いず・はなえ）**第七章**
元・独立行政法人酒類総合研究所主任研究員。

武井延之（たけい・のぶゆき）**第八章**
新潟大学脳研究所准教授。

藤村　忍（ふじむら・しのぶ）**コラム4**
新潟大学農学部教授。

山口智子（やまぐち・ともこ）**コラム4**
新潟大学教育学部准教授。

山本正彦（やまもと・まさひこ）**コラム5**
新潟大学日本酒学センター特任助教。

都留　康（つる・つよし）**第一〇章**
一橋大学名誉教授。

小坂井博（こさかい・ひろし）**第一一章**
元・新潟大学経済科学部教授。

柿原嘉人（かきはら・よしと）**コラム6**
新潟大学日本酒学センター助教，新潟大学大学院医歯学総合研究科助教。

佐藤茉美（さとう・まみ）**コラム6**
新潟大学日本酒学センター特任助教。

渡辺英雄（わたなべ・ひでお）**第一二章**
新潟大学日本酒学センター助手，新潟大学経済科学部助手。

村山和恵（むらやま・かずえ）**第一二章**
新潟青陵大学短期大学部助教。

田中洋介（たなか・ようすけ）**第一三章**
LAGOON BREWERY合同会社・代表。

執筆者紹介（執筆順）

鈴木一史（すずき・かずし）**序章**
新潟大学農学部教授，新潟大学日本酒学センター・元センター長。

岸　保行（きし・やすゆき）**序章，第九章**
新潟大学日本酒学センター・副センター長，新潟大学経済科学部准教授。

西田郁久（にしだ・いくひさ）**コラム1**
新潟大学日本酒学センター特任助教。

平田　大（ひらた・だい）**第一章**
新潟大学日本酒学センター・副センター長，新潟大学農学部教授。

後藤奈美（ごとう・なみ）**第二章**
独立行政法人酒類総合研究所・前理事長。

畑　有紀（はた・ゆき）**コラム2**
新潟大学日本酒学センター特任助教。

金桶光起（かねおけ・みつおき）**第三章**
新潟食料農業大学食料産業学部教授。

伊藤亮司（いとう・りょうじ）**第四章**
新潟大学農学部助教。

大平俊治（おおだいら・しゅんじ）**第五章**
新潟県酒造組合会長，緑川酒造株式会社代表取締役社長。

宮本託志（みやもと・たくじ）**コラム3**
新潟大学日本酒学センター特任助教。

伏木　亨（ふしき・とおる）**第六章**
甲子園大学副学長，同大学栄養学部教授。

《編者紹介》

新潟大学日本酒学センター（にいがただいがくにほんしゅがくせんたー）

2017年，日本酒に関する文化的・科学的な広範な学問分野を網羅する世界初の「日本酒学」の構築，日本酒学の国際的拠点の形成を目的として，新潟県，新潟県酒造組合，新潟大学の三者で連携協定を締結。日本酒学センターは，この協定の目的を達成するために，新潟大学内に設置され，2020年に全学共同教育研究組織となった。日本酒に係る「教育，研究，情報発信，国際交流」に関する事業を展開している。

日本酒学講義

2022年４月10日　初版第１刷発行
2023年12月10日　初版第４刷発行

〈検印省略〉

定価はカバーに
表示しています

編　者　新潟大学日本酒学センター
発行者　杉　田　啓　三
印刷者　藤　森　英　夫

発行所　株式会社　ミネルヴァ書房
607-8494　京都市山科区日ノ岡堤谷町１
電話代表（075）581-5191
振替口座 01020-0-8076

亜細亜印刷

ISBN978-4-623-09318-2
Printed in Japan